高等职业教材

卫星导航接收机原理与检修基础

Principle and Maintenance Basis of
Satellite Navigation Receiver

陈国军　贾学东　何　婷　卜令冉　朱　蕊
沈　菲　马智刚　马嘉琳　常嵩雨　编

测绘出版社
·北京·

内容简介

本书主要针对卫星导航接收机在使用过程中遇到的维护及检修问题,讲述了相关基础知识和基本技术,如卫星导航接收机基本原理、硬件组成、典型模块电路基础、接收机典型电路、常用检修仪器仪表操作等内容,总结归纳了日常维护注意事项、卫星导航接收机常见故障及故障定位方法,在此基础上着重设计了与卫星导航接收机检修相关的实验。

本书读者对象为高校通信、电子、仪器等相关专业的师生,也可供从事电子设备维护、检修的工程技术人员参考。

图书在版编目(CIP)数据

卫星导航接收机原理与检修基础 / 陈国军等编.
北京 : 测绘出版社, 2024. 9. --(高等职业教材).
ISBN 978-7-5030-4517-2

Ⅰ. TN967.1

中国国家版本馆 CIP 数据核字第 2024QR4138 号

卫星导航接收机原理与检修基础

WEIXING DAOHANG JIESHOUJI YUANLI YU JIANXIU JICHU

责任编辑　安　扬　　**封面设计**　李　伟　　**责任印制**　陈姝颖

出版发行	测绘出版社	**电　话**	010－68580735(发行部) 010－68531363(编辑部)
地　址	北京市西城区三里河路 50 号		
邮政编码	100045	**网　址**	https://chs.sinomaps.com
电子邮箱	smp@sinomaps.com	**经　销**	新华书店
成品规格	184mm×260mm	**印　刷**	北京捷迅佳彩印刷有限公司
印　张	11.125	**字　数**	275 千字
版　次	2024 年 9 月第 1 版	**印　次**	2024 年 9 月第 1 次印刷
印　数	001－500	**定　价**	42.00 元

书　号　ISBN 978-7-5030-4517-2

本书如有印装质量问题,请与我社发行部联系调换。

前　言

导航的发展可以追溯到古代的星座导航，随着科技的进步和现代交通工具的出现，导航也逐渐在演变和发展。最早的导航形式是天文导航，古代的航海者通过观测星体的位置来确定方向和位置。19 世纪末无线电技术的发展，使得人们可以通过接收和发送无线电信号来确定位置。无线电导航技术在 20 世纪得到了快速发展。20 世纪后期，导航卫星系统的发展推动了导航的革命，相继出现了美国的全球定位系统、苏联的格洛纳斯导航卫星系统、欧盟的伽利略导航卫星系统及中国的北斗导航卫星系统等全球导航卫星系统。

导航卫星系统在各个领域得到广泛应用，在国防和经济建设中发挥着不可替代的关键作用，已成为国家综合国力及科学技术发展水平的重要标志之一。目前，美国、俄罗斯、中国等已将卫星导航装备全面配发部队，并应用于融合作战、态势感知、辅助决策等联合作战信息保障的各个重要环节，深刻影响着现代军事向信息化方向发展。同时，民用领域也为卫星导航应用提供了广阔的空间，在车辆调度、水文测报、抗震救灾、通信组网、电力输送、森林防火、气象预报、物联网与智慧城市建设等领域与导航卫星系统进行融合，极大地提高了各领域的智能化水平。卫星导航接收机是导航卫星系统应用的基础，作为专业设备，其日常维护、维修需要一支专业的人才队伍，而各领域检修人才的缺乏已经成为制约导航卫星系统应用的主要问题之一。

为进一步推进导航卫星系统的产业化应用，发挥其在国防、军事、经济、民生中的重要作用，帮助相关技术人员掌握卫星接收机的基本原理和模块级检修方法，本书本着深入浅出、注重实效的原则，从基本概念与原理入手，以检修方法、检修技术、实际案例为重点，系统阐述了卫星导航接收机检修的基础知识和基本技术，总结归纳了卫星导航接收机日常维护注意事项、常见故障及故障定位方法，最后设计了卫星导航接收机检修实验。具体内容为：第 1 章系统阐述了卫星导航接收机的基本原理与组成；第 2、3 章介绍了卫星导航接收机检修的电路基础理论；第 4、5、6 章结合实际案例，详述了检修技术、故障诊断、检测的流程及方法，并设计了检修实验。

最后，衷心希望本书对从事卫星导航接收机维护和检修工作的技术人员有所帮助。由于编者水平有限，书中难免有错漏和不妥之处，敬请广大读者指正。

目 录

第1章　卫星导航接收机基本原理与组成

1.1　概　述

卫星定位涉及多学科的技术，如卫星测控技术、时间基准的确定与比对技术、计算机技术、无线电通信技术等。卫星定位系统也是随着这些技术的发展而建立起来的。1957 年 10 月 4 日，苏联成功地发射了世界上第一颗人造地球卫星，开创了空间技术的新时代。这颗卫星入轨运行后不久，美国约翰斯·霍普金斯大学应用物理实验室(Applied Physics Laboratory, APL)的魏芬巴赫(Weiffenbach)和吉耶尔(Guier)等学者，在地面已知坐标点位上，用自行研制的测量设备捕获和跟踪到苏联卫星发送的无线电信号，并测得该信号的多普勒频移，进而解算出苏联卫星的轨道参数。依据这项实验成果，该实验室的麦克卢尔(McClure)等学者，设想了一个"反向观测方案"：若已知在轨卫星的轨道参数，地面观测者又能测得这颗卫星发射信号的多普勒频移，则可计算出地面观测者的点位坐标。这个设想成为第一代导航卫星系统的基本工作原理，即将导航卫星作为一种动态已知点，利用测量卫星信号获得的多普勒频移，通过计算实现海洋船舶等运动载体的定位导航。

1958 年 12 月，美国约翰斯·霍普金斯大学应用物理实验室在美国海军的资助下，开始用上述原理研制一种卫星导航系统，称为美国海军导航卫星系统(Navy Navigation Satellite System，NNSS)。因为这些导航卫星沿着地球子午圈的轨道运行，即轨道绕过地球的南北两极上空，故又称为子午仪卫星导航系统(Transit Satellite Navigation System, TRANSIT)。由于子午仪卫星导航系统在全球覆盖上存在时间间隙，定位时长以及定位精度不尽如人意，美国和苏联分别从 20 世纪 70 年代和 80 年代开始研制新一代导航卫星系统。

1973 年 12 月，美国国防部批准陆海空三军联合研制新的导航卫星系统 NAVSTAR GPS，它是"Navigation Satellite Timing And Ranging Global Positioning System"的缩写词，意为：卫星定时测距全球定位系统。该系统是以卫星为基础的无线电导航定位系统，具有全能性(陆地、海洋、航空、航天)、全球性、全天候、连续性、实时性的导航、定位和授时的功能，为各类用户提供精密的三维坐标、速度和时间，还可以用于情报收集、核爆炸监测、应急通信和卫星位置确定等军事目的。GPS 的建成，对人类活动的影响极大，应用价值很高，在很大程度上解决了人类在地球及地球附近的空间定位问题。它是继阿波罗登月计划和航天飞机计划后的第三大计划，前后耗资 200 多亿美元。

为了与美国在卫星导航领域的霸主地位相抗衡，苏联于 1976 年开始发展全球导航卫星系统，称为格洛纳斯导航卫星系统(Global Navigation Satellite System, GLONASS)。从苏联 1982 年 10 月 12 日发射第一颗 GLONASS 卫星开始到 1996 年，历经 13 年的周折，虽然经历了苏联解体和俄罗斯接替部署，但 GLONASS 卫星的发射始终没有停止。1995 年初，只有 16 颗 GLONASS 卫星在轨工作，同年俄罗斯又进行了三次成功的发射，将 9 颗卫星送入轨道，完成了 24+1 颗卫星的布局。经过数据加载、调试和检验，整个系统于 1996 年 1 月 18 日开始正常运行。此后一段时期内，俄罗斯国内经济紧张，缺少资金注入，无法更换新的卫星，而GLONASS卫星寿命较短，致使星座不全。直到2011年12月，GLONASS再度完成星座组网，可为民间和军队用户提供实时、全球、全天候的不限量的海洋、陆地、空中三维定位、测速和授时服务。

为了打破一个或两个国家的军事部门对导航卫星系统的控制，满足民用特别是航空部门的要求，从20世纪90年代开始，国际民航组织、国际海事卫星组织、欧洲各国一直倡导发展完全由民间控制的全球导航卫星系统，并将其称为伽利略导航卫星系统(Galileo Navigation Satellite System, Galileo)。Galileo是由欧盟研制和建立的全球导航卫星系统，于1999年2月公布。该系统空间部分由30颗卫星(24颗工作卫星，6颗备份卫星)组成。2016年12月，已经发射了18颗工作卫星，具备了早期操作能力(early operational capability, EOC)。目前，欧洲空间研究与技术中心(European Space Research and Technology Centre, ESTEC)已完成伽利略系统第一代第三批次卫星测试任务，该批次总计发射12颗全运行能力(full operational capability, FOC)卫星Galileo-FOC，已于2021年底完成前2颗卫星的发射，随后择机陆续发射其余第三批次的卫星，最终完成第一代星座的部署。

中国北斗导航卫星系统(BeiDou Navigation Satellite System, BDS)是中国自行研制的全球导航卫星系统，是中国着眼于国家安全和经济社会的发展需要，自主建设、独立运行的导航卫星系统，是为全球用户提供全天候、全天时、高精度的定位、导航和授时服务的国家重要空间基础设施。北斗导航卫星系统(以下简称"北斗系统")和美国全球定位系统(GPS)、俄罗斯格洛纳斯系统(GLONASS)、欧盟伽利略系统(Galileo)是联合国全球导航卫星系统国际委员会已认定的供应者。2020年7月31日，习近平总书记向世界宣布北斗三号全球导航卫星系统正式开通，标志着北斗系统迈进全球服务新时代。北斗系统将持续提升服务性能，扩展服务功能，保障连续稳定运行，不断提升全球定位、导航、授时和区域短报文通信服务能力，并提供星基增强、地基增强、精密单点定位、全球短报文通信和国际搜救等服务。

导航卫星系统可在全球范围内提供高精度的位置、速度和时间信息，在军事和民用各领域的应用非常广泛。

(1)军事指挥。

导航卫星系统可以提供统一的时间基准、空间坐标以及实时位置。有了统一的时间基准，就能实现快速同步通信，进行高效的指挥控制；另外，导航定位系统为指挥机构提供各种目标和事件所发生的时间和位置信息，对协同作战具有重要意义。

(2)空中、空间、陆地及海上导航。

——为空中提供全球航路导航，可有效实施空中管制。导航卫星系统能提供精度很高的高度数据，因此空中交通管制部门可减小空域在垂直方向的分层高度，使空域可容纳更多的飞机，并保证飞行安全。

——确定空间运载体轨道。航天飞机、轨道卫星等空间运载体装备卫星导航接收机[1]，可以精确确定自身的轨道，快速修正轨道偏差，进而减少对地面跟踪网的依赖。

——车辆导航。目前普遍应用的车载导航仪，将卫星定位与地理信息系统相结合，实时显示道路地图和车辆位置。我国青藏铁路的运行也应用了卫星定位技术，大大方便了运行管理，

[1] 为表述方便，如无特别强调，均简称"接收机"。

提高了效率和安全性。

——海上导航。卫星定位最早就在海上导航中得到了应用，对港口交通管制、建立导航浮标、减少碰撞发挥了重要作用。另外，利用导航卫星系统，船舶可以沿大圆航线精确航行，节省了时间和燃料，提高了航行效率。

(3)全球大地测量。

确定地球表面的整体形状和重力场、平均地球椭球的大小，建立国际地球参考系统，精化作为陆地和海洋参考面的大地水准面，求解各种大地测量基准之间的关系，建立国家大地测量基准与全球大地测量基准之间的坐标转换关系。

(4)大地控制网。

建立国家大地控制网和均匀三维大地控制网，分析并改善现有地面网，实现海岛之间或海岛和大陆之间的大地测量联测，实现大地控制网的加密，为工程测量建立基准。

(5)地球动力学。

进行地壳运动控制点测量、极移和地球自转监测及固体地球潮汐测量。

(6)工程测量及其他方面。

——辅助建立大型工程控制网，测量工程放样。

——提供摄影测量摄影机的定位与定向信息，辅助建立摄影测量与遥感的地面控制网点。

——进行制图外业控制点测量，为地理信息数据快速更新提供基础数据。

——提供地球物理观测(如重力测量、磁测量和地震监测)的定位和速度信息，包括海洋和空中的测量。

除上述应用外，卫星导航系统在交通、电力、通信、金融等领域都发挥着重要的作用，这里不再赘述。

导航卫星系统重要作用的发挥离不开接收机。接收机广泛应用于社会、经济和军事等各个领域，给人们带来了极大的便利。随着产业应用的不断推广，接收机已经形成了完整的类型体系，以满足不同领域、不同场景的各种应用需求。接收机种类繁多，如手持型、车载型、机载型、板卡等，有单频点的，也有多频点的，有定位型的，也有授时型的。总体而言，不同种类的接收机根据需求有不同侧重点，如运载方式、功能、服务类别、保密性等。但是，各种接收机的基本原理和组成是类似的，都包含天线模块和射频模块，有一些还包含通信模块。

接收机属于复杂的电子产品，存在日常维护和检修问题。操作不当、缺乏维护，可能会导致接收机精度下降、寿命缩短，甚至直接损坏，进而影响接收机的正常使用。一般采用冗余配置和返厂维修的方式解决上述问题，但这会造成人力、物力和时间的浪费，甚至直接导致某些应急任务无法开展实施。其实，接收机的很多故障是可以现场解决的，如馈线连接、电池、适配器，甚至内部射频模块及个别电路等，从而提高接收机的使用效果，对于其效能的发挥具有重要意义。

北斗接收机作为我国自主产品，其保有量巨大，日常维护及检修工作需求旺盛。后续章节将主要针对北斗一号接收机，详细阐述其类型、原理、组成、常见故障检修等相关内容。从检修角度看，其他类型接收机与北斗一号接收机并无太大差别，可参考北斗一号接收机的相关内容。

1.2 北斗接收机类型介绍

目前,北斗接收机多为北斗二号和北斗三号接收机,只有很少一部分北斗一号接收机仍在使用。接收机分类比较复杂,可根据不同分类标准进行划分,常见接收机如图 1.1 所示。通常情况下,按照使用功能,可分为普通型、指挥型、定时型、数传型和救生型接收机;按照运载方式,分为手持式、车载式、舰载式、机载式、装甲车载式和嵌入式接收机;按照服务频度和响应时间,分为一类、二类和三类接收机;按照有无保密模块,分为民用和军用接收机。接收机的分类是存在交叉的,也就是说一款接收机可以既属于这一类又属于另一类,如手持型的也可能是普通型的。下面对不同种类接收机进行简要介绍。

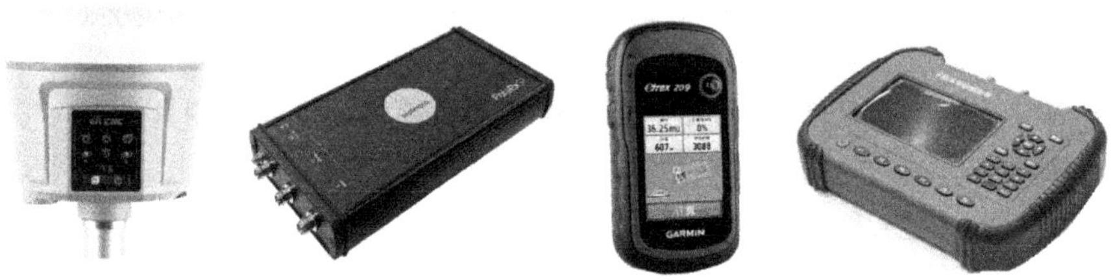

图 1.1　常见接收机

1.2.1　使用功能

根据接收机所具有的功能,接收机可分为以下类型。为适应不同场景的需求,每一类除了具有基本的导航定位功能外,一般还增加了其他特定功能。

(1)普通型接收机。普通型接收机是指具有定位、通信和导航等基本功能的接收机。

(2)指挥型接收机。指挥型接收机是指拥有一定用户(下属接收机)数量的上级管理接收机。除了具有普通型接收机的所有功能外,还能够播发通播信息(发送给所有下属接收机)和接收处理中心控制系统发给所属用户的定位、通信信息(即兼收功能)。

(3)定时型接收机。在普通型接收机的基础上,配装定时终端或增加定时处理功能,可提供单向和双向定时功能。

(4)数传型接收机。在普通型接收机的基础上,配备外接传感器,具有数据、信息等的采集、传输功能。

(5)救生型接收机。用于飞行员跳伞等特殊情况的位置报告,具有常用短语报告功能。

1.2.2　运载方式

根据运载方式,接收机衍生出不同机型,有的便于个人携带,有的适合安装在特定的车、船、飞行器等载体上。

(1)手持式接收机。适合个人携带使用,满足个人使用的环境指标要求。

(2)车载式接收机。适用于通用车辆,完成定位、通信、导航等基本功能,满足车辆使用的环境指标要求。

(3)舰载式接收机。适用于各种水面及水下舰艇、潜艇,可实现定位、通信、导航等基本功能,满足舰艇、潜艇使用的环境指标要求。

(4)机载式接收机。适用于速度在 1 000 km/h 以下的飞行器,可实现定位、通信、导航等基本功能,满足飞行器使用的环境指标要求。

(5)装甲车载式接收机。适用于轮式、履带式装甲车辆,可实现定位、通信、导航等基本功能,满足装甲车辆使用的环境指标要求。

(6)嵌入式接收机。主要用于集成应用场合,可实现定位、通信、导航等基本功能,满足集成平台的应用环境指标要求。

1.2.3 服务频度

北斗接收机除了基本的定位、导航功能外,还具有短报文通信功能,但是通信以及北斗一号定位功能都属于主动方式,需要中心站接收信号并处理,所以存在系统容量上限问题。在同一时段内,为了避免用户数量超出系统容量上限,北斗一号系统对不同接收机的服务频度、响应时间都进行了一定的限制。

(1)一类接收机。服务频度 5～10 min,响应时间 5 s。

(2)二类接收机。服务频度 10～60 s,响应时间 2 s。

(3)三类接收机。服务频度 1～5 s,响应时间 1 s。

除了服务频度和响应时间受到限制外,在接收机的通信功能中,每次传输的报文长度也受到通信等级限制。通信等级是卫星无线电定位服务(radio determination service of satellite, RDSS)授权用户参数之一,用于规定用户单次可以发送报文的最大长度。通信等级共分为四级,各级别加密和非密用户的最大传输报文长度也不相同:一级加密用户 10 个汉字或 35 个代码,非密用户 7 个汉字或 27 个代码;二级加密用户 25 个汉字或 90 个代码,非密用户 29 个汉字或 102 个代码;三级加密用户 41 个汉字或 145 个代码,非密用户 44 个汉字或 157 个代码;四级加密用户 120 个汉字或 420 个代码,非密用户 60 个汉字或 212 个代码。随着需求的增加和技术的进步,北斗系统不断升级,对于北斗三号接收机,短报文服务频度及等级都有一定变化,如服务频度可细分为 15 个等级(1 s～15 min),短报文长度可达 1 000 个汉字(14 000 bit,区域范围)和 40 个汉字(560 bit,全球范围)。具体分级,这里不再赘述。

1.2.4 有无保密功能

根据军事上的特殊需求,有的北斗接收机上安装有保密模块和产生长周期扩频码的精密测距码模块(precise ranging code module,PRM),以提高保密性。

(1)军用接收机。该类型接收机内置保密模块,对用户发送的信息(信源)加密,并采用适当的长周期扩频码进行扩频处理(信道加密),以达到对用户信息加密的目的,保密级别为机密级。

(2)民用接收机。民用接收机无保密模块,仅采用短周期扩频码进行扩频,实现用户信息的加密传输。

1.2.5 其他类型接收机

北斗一号接收机只能定位出经纬度,由于卫星数量少,无法直接获取高程数据,因此,需要其他方式辅助测量高程或由中心站给出高程。另外,有的接收机除了可以接收北斗系统的信号外,还可以接收其他导航卫星系统的信号,甚至能够将多个导航卫星系统的信号进行联合处理,进而获得接收机位置信息。

(1)测高型接收机。具有气压测高功能的接收机,用于多值解(存在多个定位结果)地区用户或使用地区超过高程库范围的用户。

(2)兼容型接收机。与 GPS、Galileo、GLONASS 等其他卫星导航系统兼容,具有航位推算、定位增强等功能。

1.3 接收机工作原理

接收机要完成定位、定时和通信功能,综合考虑卫星无线电定位服务(RDSS)和卫星无线电导航服务(radio navigation service of satellite,RNSS)两种工作模式,需要发射(通信或北斗一号接收机定位时需要发射信号)或接收特定信号,并对信号进行处理。本节主要围绕接收机的定位、定时和通信三大功能,介绍接收机的典型结构、工作原理,以及主要单元的功能、性能与关键技术指标。

1.3.1 接收机组成

接收机主要由天线、收发终端、数据处理控制、数据加解密、电源等单元构成。其中,天线单元包括收发天线、滤波器、功率放大器和低噪声放大器等,实现电磁波信号与电信号之间的转换;收发终端单元实现收发信号处理及数字基带信号处理;数据处理控制单元包括主处理器、显控接口及数据接口等,实现导航解算与数据传输、显示等功能;数据加解密单元包括保密模块和身份识别卡(集成电路 IC 卡),用于用户数据加密;电源单元包括电池及电源适配器,并利用电源转换电路,为接收机各单元供电。

1.3.2 基本原理与工作过程

接收机的原理如图 1.2 所示。接收机天线接收电磁波信号,由接收通道经过下变频、中频放大与滤波,转换为额定功率的数字中频信号。基带信号处理模块对数字中频信号进行捕获、跟踪,解调出导航电文并获得必要测量值,发送至信息处理模块。信息处理模块利用微控制器(microcontroller unit,MCU)对数据进行解算、存储以及显示。

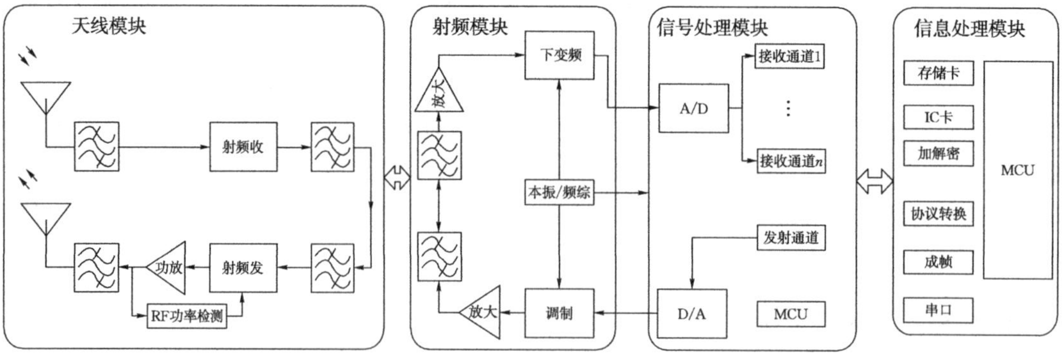

图 1.2 接收机原理

对于北斗一号接收机(RDSS 模式),信息处理模块按协议格式形成入站信息,通过编码、扩频、调制等处理形成入站信号。入站信号经功率放大器发送至发射天线发射,通过卫星转发回中心控制系统。北斗一号接收机同时收到两颗卫星出站信号(卫星发射的信号)时,采用双收单发体制,收到一颗卫星信号时可以采用单收双发体制,两种工作体制可自动转换。北斗二号接收机(RNSS模式)在实现定位的过程中,不需要发送信号,只需对多颗卫星信号进行处理即可。

北斗一号接收机在实现定位、定时和通信三大功能时,需要发射和接收特定的信号。信号处理是整个接收机的工作核心,因此,从信号处理的角度来理解接收机的功能和工作原理,深入理解其本质内涵,对于接收机的使用与维护及其效能的充分发挥都具有重要意义。

现代接收机充分利用了数字处理的灵活性和高精度特性,发展演进为数字接收机的形式。北斗系统发播信号的中心频率包括 2.491 75 GHz、1.268 52 GHz、1.561 098 GHz 等,这样高的频率是难以直接进行数字化处理的。因此,接收机广泛采用了数字中频方案,即将射频(radio frequency, RF)信号下变频后转换为频率较低的中频(intermediate frequency, IF)信号,再经数字化处理,由廉价的专用集成电路(application specific integrated circuit, ASIC)或现场可编程门阵列(field programmable gate array, FPGA)以及数字信号处理器(digital signal processor, DSP)来处理。这里以中频信号的数字化为界,分为射频前端和数字基带处理两部分进行阐述。此外,接收机还包括电源及主控、显示器、按键、IC卡等的接口。

1. 射频前端

射频前端(也称模拟电路部分)(如图1.3所示)的接收通道主要由天线(antenna,ANT,包含馈线)、低噪声放大器(low noise amplifier,LNA)、可变增益放大器(variable gain amplifier,VGA)、射频和中频放大器(amplifier,AMP,图中未区分射频、中频、功率三种放大器,这取决于放大器所处位置)、下变频器(接收通道乘法器)、带通滤波器(band pass filter,BPF)、模数转换器(analog to digital converter)等部分组成。发射通道包括数模转换器(digital to analog converter)、带通滤波器、放大器、上变频器(发射通道乘法器)、功率放大器、功率检测器(power detector,PD)、天线等部分。射频前端涉及模拟信号处理,主要功能是将特定频点的信号接收、滤波、放大、下变频,并转换为数字中频信号,或将基带信号上变频、功率放大并经天线发射。射频前端中,处理器主要负责数字下变频(digital down converter,DDC)、自动增益控制(automatic gain control,AGC)、功率检测等。

射频前端包含了射频信号和中频信号处理两部分,其性能决定了整机所能达到的最好性能。无论后端采用多么精妙的算法,总逃不出前端的限制,如同能量守恒与发动机效率的关系一样。在射频前端中,最复杂、最重要的是接收通道,它所处理的信号能量很低,噪声功率高,所需的处理最复杂。因此下文主要对接收通道部分展开讨论。

为了更好地讨论内部细节,图1.3与前面给出的接收机原理框图有所不同。该图打破了模块的界限,从信号流的角度更详细地描述了处理过程,虽然在细节上会有一些差异,但基本原理是相通的。其中,竖虚线左侧的即为射频前端。两条横虚线将射频前端分为三个部分:接收通道、本振单元和发射通道。这就是射频前端的主要组成部分。由于实际射频前端所涉及的器件、特性和性能是相当复杂的,如在接收机中滤波器涉及声表面波滤波器、介质滤波器、LC滤波器等,它们具有不同的特性和用途。这里为了更好地阐述接收机的工作原理,仅从功能方面展开讨论,不过多纠缠具体的技术细节。

1)工作原理

正如前面所提到的,射频前端的主要功能就是完成信号的频率变换和放大,使它们易于后端处理(接收通道)或空间传输(发射通道)。放大相对容易理解,就是将信号的幅度或功率放大。但对于发射和接收,放大面临的主要矛盾是不同的:对于接收通道,由于所收到的信号非常微弱,在放大过程中一方面应提供足够的增益(放大倍数),另一方面希望在放大过程中尽量少引入噪声(噪声的引入是不可避免的),过高的噪声将对信号接收产生不利的影响,因此,在接收通道的各级处理环节中主要考虑的是"噪声匹配",以达到较小的噪声系数(noise figure, NF);对于发射通道,由于信号是本地产生的,本身就具有较高的功率和较低的噪声,此时放大器的工作效率和输出功率成为主要关注目标,因此设计时主要考虑的是"功率匹配"。

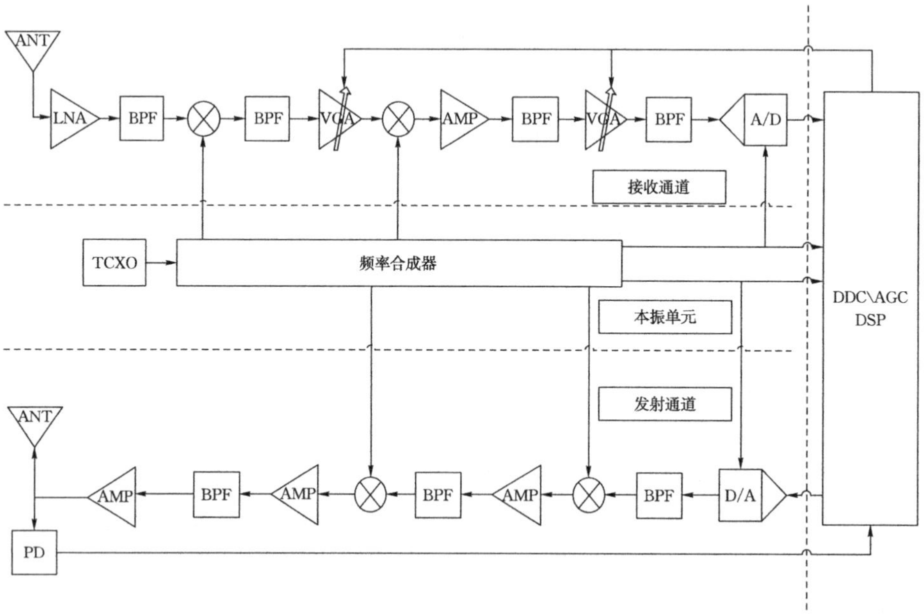

图 1.3 射频前端原理

射频前端的另一个主要功能是变频(频率变换),可以通过混频器和滤波器实现,具体分析过程参见 3.3 节。变频的目的是便于数字基带处理。虽然数字接收机表现出巨大的优势,但是由于射频信号直接数字化的困难和数字基带处理能力的限制,目前还难以低成本地实现直接射频数字化处理(即全数字化接收机)。总的来说,数字前移是技术发展趋势,相信未来会大量出现全数字化接收机。

作为变频的主要器件,混频器是非线性器件,会产生大量的谐波成分,这就对带通滤波器提出了严格的要求。从这个角度来说,混频器产生的和频分量与差频分量相差越大(相对于中心频率而言),对带通滤波器的要求越低,但这也意味着频率不能一次变到很低的中频。因此往往采用多级组合的方式进行变频,以实现较低的中频和较高的带外抑制。近年来随着电子器件工艺和技术的提高,也出现了直接变频、高中频(较高的中频频率)等方式,这里不再赘述。

本振单元是射频前端的重要组成部分,为整个接收机处理提供了一个本地频率基准。本振单元一般包括温补晶体振荡器(temperature compensated crystal oscillator, TCXO)和频率综合器(frequency synthesizer, FS)两部分。温补晶体振荡器提供一个固定的频率,一般频率准确度可达 1×10^{-6};频率综合器用于合成混频、模数转换、数模转换等各部分所需要的特定频率信号。

需要注意的是，在接收机中经常提到本地钟信号的概念，它可以源于本振信号，但与本振信号是不同的。本地钟信号可以通过对本振信号计数得到，隐含了时间原点（计数起始时刻）、时刻（相位）和时间尺度（频率）信息；而本振信号作为频率信号仅提供了时间尺度信息。

2）工作过程

在初步探讨了射频前端的基本工作原理后，可以进一步了解其工作过程。对于接收通道，其工作过程如下：

（1）卫星信号经天线接收后，直接送入低噪声放大器进行放大。天线一般采用微带天线或螺旋天线。天线有一个比较重要的指标即方向图，所谓方向图是指天线对不同方向的信号具有不同的增益，根据方向图可将天线分为全向天线和定向天线。RNSS接收机一般采用全向天线，以便于接收各个方向的卫星信号；RDSS接收机可采用定向天线，考虑北斗卫星为地球同步卫星，采用定向天线可获得更高的增益。低噪声放大器具有较低的噪声系数，一般与天线集成或尽量靠近天线，以降低放大器自身的噪声对信号的干扰。

（2）将放大后的信号送入带通滤波器，滤掉信号中的带外成分。这里的带通滤波器中心频率即为接收信号的中心频率，如北斗一号接收机接收信号的中心频率为2 491.75 MHz。

（3）将滤波后的信号送入第一级混频器，混频后信号经第一带通滤波器后得到第一中频信号。以2 491.75 MHz为例，如果第一本振频率为1 700 MHz，则第一中频频率为791.75 MHz，镜频为908.25 MHz。这里的带通滤波器通带中心频率为第一中频频率，其作用是滤掉镜频和带外信号。

（4）将滤波后的第一中频信号送入可变增益放大器，将放大后的信号送入第二级混频器。这里采用可变增益放大器的目的是调整信号的增益，使第二级混频器的输入信号有一个适当的功率。这对提高接收机动态范围、提高抗干扰能力是非常有意义的。

（5）将第二级混频后的信号放大，并送入第二带通滤波器得到第二中频信号。如果第二本振频率为770 MHz，则第二中频频率为21.75 MHz。这里的带通滤波器通带中心频率是第二中频信号的中心频率21.75 MHz，其作用也是滤掉镜频和带外信号。

（6）将第二中频信号经可变增益放大器进行适当的增益调整，经滤波器后送入模数转换器，使模拟中频转换为数字中频。这里的增益调整的目的是使输入模数转换器的信号具有合适的电平，以充分利用模数转换器的量化精度，一般应达到模数转换器满幅电平的1/2到2/3。这里的滤波器又称为抗混叠滤波器，用来防止模数转换器采样过程中引起的频域混叠。理论上模数转换器的采样率应为信号频率/带宽的2倍以上，考虑滤波器的实际特性，工程上通常取4倍以上的采样率，如21.75 MHz的信号应采用87 MHz的采样率。

以上是接收通道的工作过程。从中可以看出接收机工作时，一方面各级增益是要相互协调的，另一方面工作频点和信号的带外抑制也是需要协调的。

对于发射通道，其工作过程与接收通道是类似的：数字基带信号经数模转换器转换为模拟基带信号，经抗混叠滤波后送入第一级混频器，混频后的信号经放大、滤波后送入第二级混频器。第二级混频后的信号经滤波、放大和功率放大后由天线发送至空间。其基本原理与接收通道是类似的，不同的是这里采用上变频，即滤波器滤掉的是镜频中频率较低的一个。此外在天线输入端往往还有一个功率检测电路，实时检测输出功率的大小，防止输出功率不稳定。此外，大部分北斗二号接收机不需要发射信号，所以一般不包含发射通道。

2. 数字基带处理

数字基带处理的主要任务是完成中频信号的解扩、解调。其基本工作过程是：按照一定的频率和扩频码合成一个本地信号；检测该信号与接收到的卫星信号的载波相位差和码相位差；根据载波相位差和码相位差，调整本地合成信号的载波频率和码速率。如此不断循环，形成载波跟踪环和码跟踪环。这两个环路是接收机的核心，其性能的好坏对接收机整体性能有着决定性的影响。下面主要以北斗一号接收机为例进行阐述。北斗二号接收机的伪随机噪声(pseudo random noise，PRN)码(常简称为伪随机码、PN码)、巴克码略有不同，但处理方式类似。

1)工作原理

接收机对卫星信号的检测是基于伪随机码的自相关特性和互相关特性的。所谓相关运算是描述两组数据之间相似程度的一种运算，定义为

$$R_{xy}(\tau)=\int_{-\infty}^{\infty}x(t)y(t+\tau)\mathrm{d}t \tag{1.1}$$

它表示将一个函数 $y(t)$ 向左时移 τ 后，与函数 $x(t)$ 的相似程度。例如，两个正弦信号的相关运算为

$$\begin{aligned}R_{xy}(\tau)&=\int_{-\infty}^{\infty}x(t)y(t+\tau)\mathrm{d}t=\int_{-\infty}^{\infty}\cos(\omega_x t+\varphi_x)\cos(\omega_y(t+\tau)+\varphi_y)\mathrm{d}t\\&=\frac{1}{2}\int_{-\infty}^{\infty}\cos((\omega_x+\omega_y)t+\varphi_x+\omega_y\tau+\varphi_y)\,\mathrm{d}t+\\&\quad\frac{1}{2}\int_{-\infty}^{\infty}\cos((\omega_x-\omega_y)t+\varphi_x-\omega_y\tau-\varphi_y)\,\mathrm{d}t\end{aligned} \tag{1.2}$$

实际系统不可能对无穷大的区间积分，那需要无穷大的存储空间和计算时间，实际过程是对一个有限区间进行积分，即

$$\begin{aligned}R_{xy}(\tau)=&\frac{1}{2}\int_{-T}^{T}\cos((\omega_x+\omega_y)t+\varphi_x+\omega_y\tau+\varphi_y)\,\mathrm{d}t+\\&\frac{1}{2}\int_{-T}^{T}\cos((\omega_x-\omega_y)t+\varphi_x-\omega_y\tau-\varphi_y)\,\mathrm{d}t\end{aligned} \tag{1.3}$$

由上式可知：当频率不相等，即 $\omega_x\neq\omega_y$ 时，$R_{xy}(\tau)\to 0$；当频率相等，即 $\omega_x=\omega_y$ 且 $\varphi_x=\varphi_y$ 时，$R_{xy}(0)$ 取得最大值。信号跟踪的目的就是要获得最大的相关值，跟踪过程实际上也是频率和相位同步的过程。

所谓自相关定义为

$$R_x(\tau)=\int_{-\infty}^{\infty}x(t)x(t+\tau)\mathrm{d}t \tag{1.4}$$

它表示将一个函数 $x(t)$ 向左时移 τ 后，与函数自身的相似程度。伪随机码在导航卫星系统中得到了广泛应用，首先它具有良好的自相关特性，即该码与自身相关可以得到一个较大的值，而与经过移位后的信号的相关结果趋于0，这样就可以得到一个很尖锐的相关峰，如图1.4所示；其次具有良好的互相关特性，即该码与其他码的相关结果趋于0，便于区分同一频率下不同的卫星信号(码分多址)；最后它是伪随机的，具有周期特性，但周期可以很长，能够解决测距模糊问题。

可将中频信号写成简化形式，即

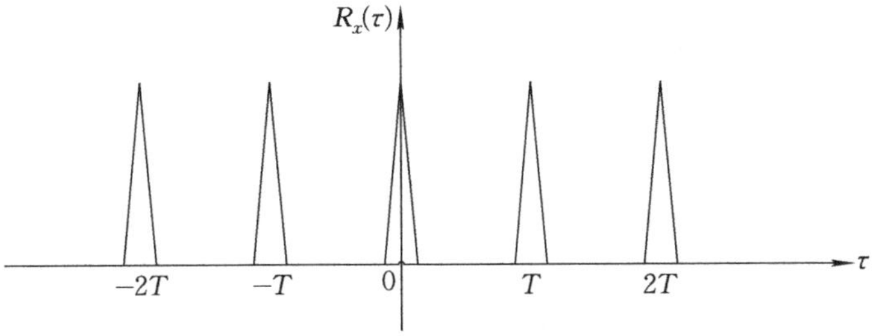

图 1.4　伪随机码的自相关特性

$$s_{if}(t)=A_{if}\cos(\omega_{if}t+\varphi(C(t)D(t))+n(t)) \tag{1.5}$$

式中，A_{if} 为幅度；ω_{if} 为频率；$C(t)$ 表示扩频码；$D(t)$ 表示数据；$\varphi(\cdot)$ 表示相位调制函数，即 $C(t)D(t)$ 的变化将引起相位的变化；$n(t)$ 为随机噪声。此外，$C(t)D(t)$ 表示扩频后的信号，$C(t)$ 的码速率要远大于 $D(t)$ 的码速率，其倍数 $G_p=\dfrac{C(t)}{D(t)}$ 称为扩频增益。

如果本地信号为

$$s_1(t)=A_1\cos(\omega_1 t+\varphi(C(t))) \tag{1.6}$$

式中，A_1 为幅度；ω_1 为频率；$C(t)$ 表示扩频码；$\varphi(\cdot)$ 表示相位调制函数，即 $C(t)$ 的变化将引起相位的变化。此外，由于本地不知道卫星要发的数据，所以不包含 $D(t)$。

将本地信号 $s_1(t)$ 与中频信号 $s_{if}(t)$ 作相关运算(相关长度为数据速率的整数倍)，其中噪声 $n(t)$ 与 $s_1(t)$ 的相关结果趋于0；而当 $\omega_1=\omega_{if}$ 且扩频码为 $C(t)$ 时，才可以得到最大相关值。也就是只有当本地信号准确复制了中频信号后，即与中频信号频率、相位(包括载波相位和码相位)严格同步时才能得到相关峰。

因此，接收机在工作时必须先完成频率同步、载波相位和码相位同步，才能跟踪接收数据并维持同步状态。这两个工作阶段分别称为捕获阶段和跟踪阶段。

接收机开机时，首先工作在捕获阶段。卫星与接收机的相对运动会引起信号的多普勒频移，而且地面用户设备的本地钟与卫星钟也存在频偏。通常的做法是预先设定若干频带，由接收机分别在这些频带内驻留搜索，直至捕获到卫星信号。在卫星信号载波频率的可能变化范围内，按照一定步长调整本地信号的载波频率，并判断其是否与卫星信号载波频率基本一致，该过程称为频域搜索。与此同时，还需要同步进行码域搜索。所谓码域搜索是指不断调整本地信号的码相位，并判断其是否与卫星信号对准。只有当本地信号载波频率和码相位都与卫星信号基本同步时，才可以获得相关峰。整个捕获过程一般可以在1～2 s内完成，实际捕获时间与信噪比、码周期、多普勒频移等有关。

确认完成捕获后，接收机进入跟踪阶段。这个过程的主要任务是载波和码相位跟踪维持，以及解扩、帧同步等。对本地信号与接收到的信号进行相干积分，对于北斗一号系统，积分时间是一个严格的伪随机序列周期，即积分器每62.5 μs产生一个输出并将自身清零，这个输出即为卫星信号上调制的数据。由于该数据是成帧的，其帧头是一组13位的巴克码(巴克码具有良好的自相关性)，接下来还要完成帧头的寻找。考虑帧内数据位中可能有与巴克码相同的情况或有干扰的影响，一般在某个位置检测到巴克码，并连续3次以上在后继帧位置同样检测到巴克码，就认为完成了帧同步，然后对帧内数据进行处理。北斗二号系统与北斗一号系统类似，这里不再赘述。

在北斗一号系统中对数据采取卷积码的编码方式来提高抗干扰能力，在接收端需要对帧内数据进行译码处理。为达到较高的性能，一般采用维特比译码(北斗二号系统为 BCH 译码)，译码后的数据还需要进行循环冗余校验，以保证数据的完整性。

2)工作过程

一般采用锁相环(phase locked loop, PLL)和延迟锁定环(delay locked loop, DLL)分别来实现载波跟踪和码跟踪。当接收机包含多个接收通道时，它们的基本处理是类似的。图 1.5 给出了数字基带处理原理(单个通道)。

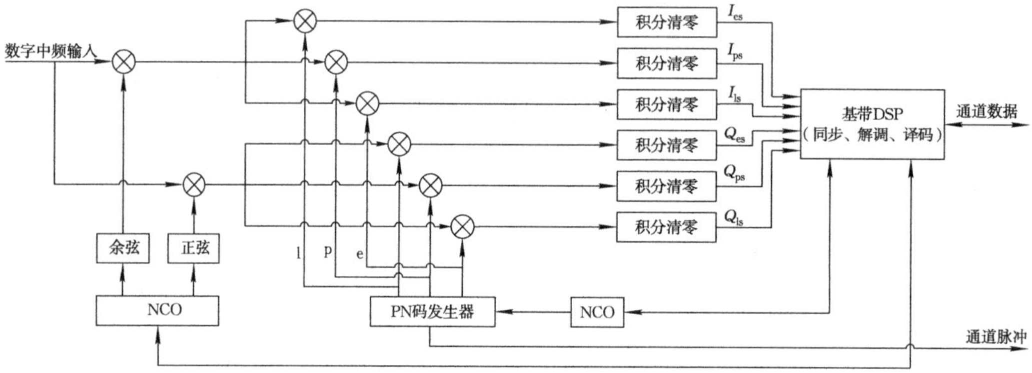

图 1.5 数字基带处理原理

检测中频信号与本地信号的载波相位差是实现载波跟踪的第一个环节，一般采用正交变换的方式。本地信号载波被分为余弦和正弦两路正交的信号，分别与中频信号相乘，得到 I 支路和 Q 支路两路信号。I、Q 支路信号分别经过解扩，即与本地产生的伪随机码相关，其结果 I_{ps}、Q_{ps} 送入 DSP 中进一步处理，图 1.6 和图 1.7 分别给出了数字基带跟踪和解调原理。

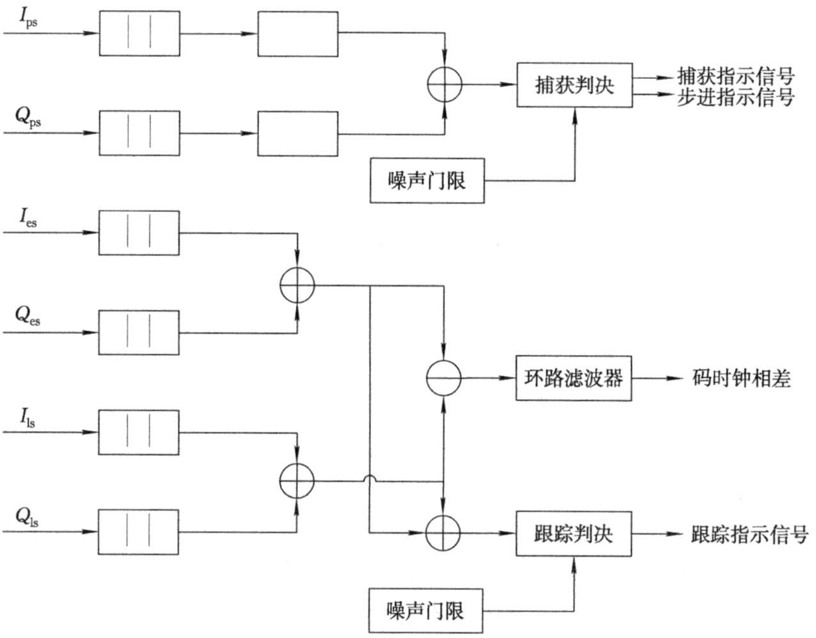

图 1.6 数字基带跟踪原理

在捕获状态时，首先判别 I_{ps}、Q_{ps} 是否达到跟踪门限。如果达到，说明当前载波相位和码相位已对准，则进入跟踪状态；否则继续在该频率上留驻，并调整伪随机码数控振荡器（numerical controlled oscillator，NCO），搜索下一个伪随机码相位。若遍历所有伪随机码相位仍无法达到跟踪门限，则进行下一个频带搜索，直至完成信号的捕获。

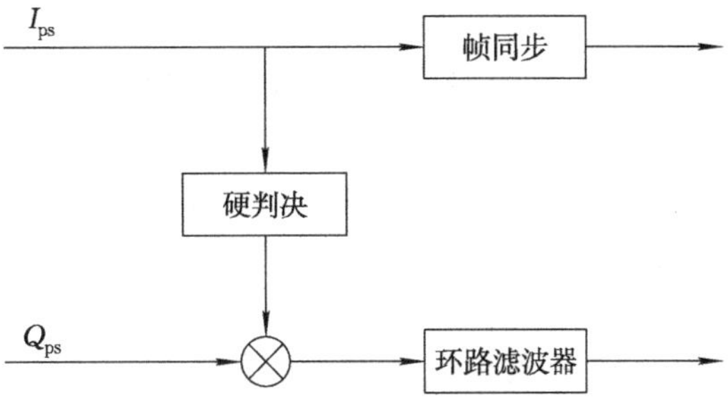

图 1.7　数字基带解调原理

在跟踪状态时，可以利用二象限反正切函数 arctan2(Q_{ps}，I_{ps}) 来判别本地载波信号与卫星载波信号的相位差，由多个连续观测历元可以得到频率差。该差值经过环路滤波器后，对载波数控振荡器频率控制字和相位控制字进行调整，使该载波相位和本地相位差保持在较小范围内。

码跟踪环路一般采用延迟锁定环，如图 1.8 所示。该环路的工作原理是，伪随机码发生器产生相位上依次相差 0.5 个码片（T_c）的迟码(l)、即时码(p) 和早码(e)，迟码和早码分别比即时码滞后、提前 0.5 个码片。这些码分别与 I、Q 支路信号相关，相关器输出分别为 I_{ls}、I_{ps}、I_{es} 和 Q_{ls}、Q_{ps}、Q_{es}。

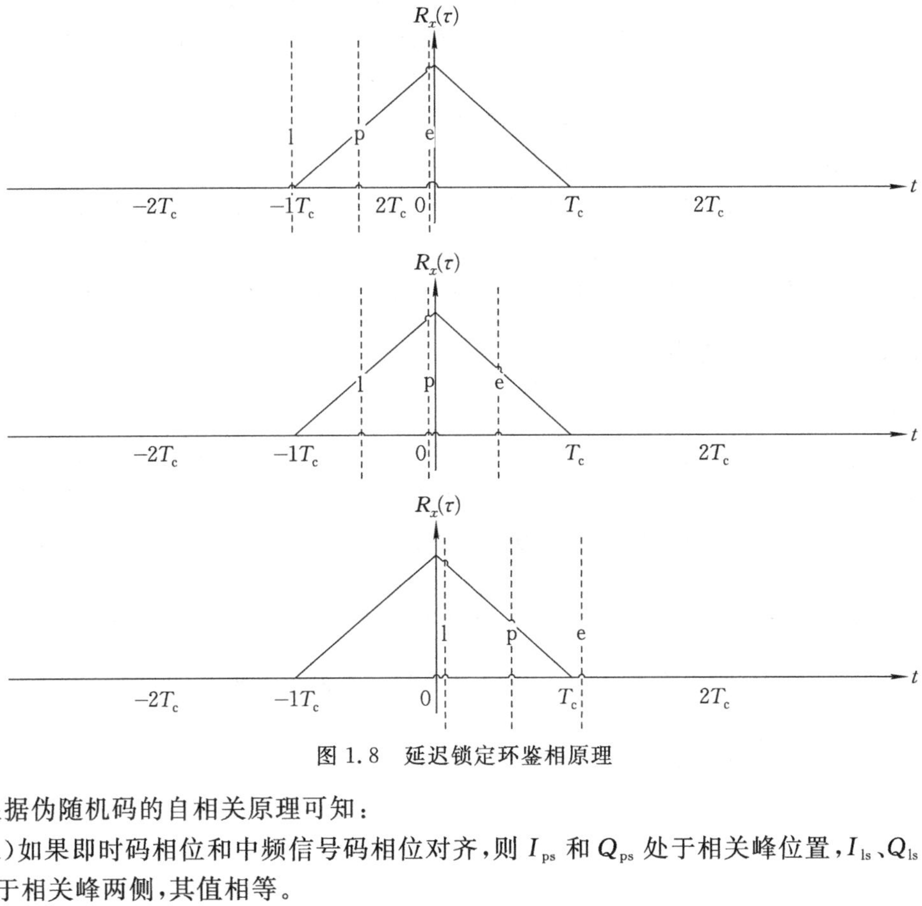

图 1.8　延迟锁定环鉴相原理

根据伪随机码的自相关原理可知：

(1)如果即时码相位和中频信号码相位对齐，则 I_{ps} 和 Q_{ps} 处于相关峰位置，I_{ls}、Q_{ls} 和 I_{es}、Q_{es} 处于相关峰两侧，其值相等。

(2)若即时码相位滞后中频信号码相位 0.5 个码片以内，则相关峰位于 I_{ps}、Q_{ps} 和 I_{es}、Q_{es}

之间，且 I_{es}、Q_{es} 大于 I_{ls}、Q_{ls}。

(3)若即时码相位超前中频信号码相位 0.5 个码片以内，则相关峰位于 I_{ls}、Q_{ls} 和 I_{ps}、Q_{ps} 之间，且 I_{ls}、Q_{ls} 大于 I_{es}、Q_{es}。

(4)若即时码相位和中频信号码相位差超过 1 个码片，则积分结果 I_{ls}、I_{ps}、I_{es} 和 Q_{ls}、Q_{ps}、Q_{es} 趋于 0。

通过以上关系，可得到本地信号与中频信号码相位差，经环路滤波器后，通过调整伪随机码数控振荡器相位，可使该相位差控制在几十分之一个码片以内。

在数字基带处理中一般采用全数字化处理实现多通道的接收，在硬件上一般采用现场可编程门阵列(FPGA)和数字信号处理器(DSP)结合的方式实现。高速的处理由 FPGA 实现，主要运算是乘法和累加；低速的处理(基带环路处理)通过 DSP 实现，主要包括跟踪环路、捕获策略等相对复杂但运算量较小的算法。高速部分的控制主要由基带环路 DSP 通过控制数控振荡器和伪随机码生成器来实现。

采用上述模式具有以下优点：

(1)更高的性能。如上所述，接收机复杂和核心的运算集中在基带环路处理中，这些运算在 FPGA 中采用数字逻辑实现是极困难和不经济的，而通过 DSP 实现是简便和高效的。这种模式更有利于采用复杂、高效的处理算法，也意味着更高的性能。

(2)更优的灵活性。现代接收机处理技术的发展主要集中在载波环、码环和基带处理上，这一点可从美国 GPS 接收机的发展得到印证。在此模式下，接收机的升级将主要集中在基带处理软件上，这意味着更优的可扩充性和更短的研发周期。

(3)更高的性价比。由于基带处理速率较低，完全可以通过一个基带环路 DSP 实现对多通道数据的处理，提高共用程度，降低硬件成本。

此外，接收机电源及主控、显示屏、按键、IC 卡等的接口常用 ARM 处理器(由 Acorn 公司设计)通过美国 Windows CE 操作系统进行控制，进而实现用户交互、数据存储、电子地图、导航、通信等功能。对于电源模块，每种接收机并不完全相同，具体请参考设备文档。

1.3.3 关键性能指标

1. 噪声系数

噪声是除了有用信号以外，一切不需要的信号和各种电磁干扰的总称。按照噪声发生的地点可分为设备外部噪声和设备内部噪声。在接收机中需要对信号进行放大、滤波等一系列处理，而噪声在整个处理过程中是不可避免的，对接收机性能也有重大影响。这里主要讨论设备内部的噪声。

在电路中，噪声的来源主要有两个方面：电阻热噪声和半导体热噪声。通常使用噪声系数来衡量设备噪声性能。噪声系数 NF 具体定义为输入端的信噪比 $\left(\frac{S}{N}\right)_i$ 与输出端的信噪比 $\left(\frac{S}{N}\right)_o$ 的比值，其中 S 为信号功能，N 为噪声功率，即

$$NF=\frac{\left(\frac{S}{N}\right)_i}{\left(\frac{S}{N}\right)_o} \tag{1.7}$$

通常用分贝表示为

$$NF = 10\lg \frac{\left(\dfrac{S}{N}\right)_{i}}{\left(\dfrac{S}{N}\right)_{o}} \tag{1.8}$$

由于输入端的信噪比总是大于输出端的信噪比，故噪声系数总大于1，用分贝表示为正值。假设有三级放大器级联，每一级的噪声系数和增益分别为 NF_1、NF_2、NF_3 和 A_1、A_2、A_3，那么级联后噪声系数为

$$NF = NF_1 + \frac{NF_2 - 1}{A_1} + \frac{NF_3 - 1}{A_1 A_2} \tag{1.9}$$

可见，级联后噪声系数主要取决于第一级的噪声系数，越到后级，对噪声系数的影响越小。这是因为越到后级，信号功率越大，其内部噪声对信噪比的影响也相应减弱。但对于第一级，不但希望噪声系数小，也希望增益大，以减少后继噪声的影响。这也是接收机为何第一级采用低噪声放大器，并且与天线集成（低噪声放大器前置）的原因。

2. 增益与增益分配

由于卫星信号非常微弱，在接收机中需要将信号放大1万到10万倍，一般利用多级放大器实现，而且放大器要稳定可靠，不产生自激。在放大器级联时，往往在每一级之间加入适当的滤波器，一方面有利于带外信号的抑制，另一方面也有利于减少自激的可能。

增益（放大倍数）定义为放大器输出和输入的比值，通常分为电压增益、电流增益和功率增益，一般用dB表示。电压增益定义为输出电压 U_o 和输入电压 U_i 的比值，即

$$A_U(\mathrm{dB}) = 20\lg \frac{U_o}{U_i} \tag{1.10}$$

电流增益定义为输出电流 I_o 和输入电流 I_i 的比值，即

$$A_I(\mathrm{dB}) = 20\lg \frac{I_o}{I_i} \tag{1.11}$$

功率增益定义为输出功率 P_o 和输入功率 P_i 的比值，即

$$A_P(\mathrm{dB}) = 10\lg \frac{P_o}{P_i} \tag{1.12}$$

值得注意的是，工程中的放大器等器件都是非理想的，存在饱和的问题。特别是在接收机中，射频前端放大器增益一般都比较大，当信号中叠加有瞬时强噪声或干扰时，经前级放大，有可能在后级产生很大的输出，以至于后级放大器处于饱和状态，致使接收机阻塞而无法工作。因此，在接收机设计时应很好地分配各级余量，增加自动增益控制器，控制工作点，降低瞬时强干扰情况下接收机饱和的可能；或在适当的位置加入微波二极管对信号进行限幅，当强干扰来临时，放大器或其他器件不至于进入深度饱和状态，一旦干扰消失能及时从饱和区退出，缓解干扰的影响。

3. 带外抑制

卫星信号有确定的中心频点和带宽，对于带外信号，人们不希望它进入接收机，以免引起信号质量下降，使接收机不能正常工作，因此需要加入滤波器予以滤除。

在接收机中往往需要多级滤波器组合使用。例如，北斗一号接收机有源天线集成了低噪声放大器和介质滤波器，可在(2 491.75±30)MHz、(2 491.75±50)MHz、(2 491.75±100)MHz

分别达到 12 dB、30 dB、50 dB 的带外抑制能力。但这样的抑制还是不够的，后继射频处理中还需要组合使用介质滤波器、声表面波滤波器等器件，最终在中频信号端实现 60 dB 以上的带外抑制。

4. 动态范围

对于带外的干扰可以采用滤波器滤除，而带内噪声或干扰信号则很难滤掉，它将伴随着卫星信号进入接收机，并被放大器逐级地放大，最终可导致接收机射频饱和而无法工作。对于这样的信号可以从信号处理算法上进行抑制，但前提是接收机硬件不能饱和。

因此接收机的动态范围是一个关键指标。在增益分配中，已经提到越到后级，器件越容易饱和。而处于最后的就是模数转换器了，模数转换器的动态范围往往是最后的瓶颈。

模数转换器的动态范围定义为其能够同时区分的最大信号和最小信号的比值，一般体现在模数转换器的位数上。一个 N 位的模数转换器大约能够提供 $6\times N$ dB 的动态范围，如 14 bit 的模数转换器大约具有 84 dB 的动态范围(部分多位高速模数转换器对我国进口是限制的，美军军用接收机内模数转换器往往都在 14 bit 以上)。值得注意的是，这里强调同时区分最大信号和最小信号的能力，与自动增益控制是不同的。自动增益控制在降低增益时，大信号和小信号同时降低，虽然自动增益控制不再饱和，但是小信号可能由于幅度太低而无法量化、识别。

5. 灵敏度

灵敏度的定义是接收机能够可靠工作的最小信号功率。理论上的灵敏度可以按照如下公式计算，即

$$S=-174\ \text{dBm}+10\lg BW+\frac{S}{N}+NF-G_{\text{p}} \tag{1.13}$$

式中，-174 dBm 是常温下热噪声功率谱密度的近似值，BW 为中频带宽，$\frac{S}{N}$ 为接收机在一定误码指标下需要的信噪比，NF 为系统的噪声系数，G_{p} 为扩频增益。

由上式看出，灵敏度与系统的放大器增益无关，只有降低噪声系数才能提高系统灵敏度。例如，对于一个灵敏度为 -150 dBm 的接收机，要求输入接收机的信号功率必须大于这个灵敏度值，否则接收机是无法正常工作的。

1.4 硬件组成

实际的接收机要考虑具体的使用环境特点和要求，虽然不同型号的接收机具有一些差别，如外观形状、性能指标、模块组成等，但是在功能结构上是基本相同的，所包含的硬件单元也类似。本节以某公司的车载型接收机为例，介绍其硬件组成和主要模块功能。其他型号硬件组成可参考本节内容，具体指标、接口定义等可参考相应手册。

1.4.1 整机组成与拆装

如图 1.9 所示，车载型接收机主要由主机、天线(包括接收天线和发射天线)、显示控制器、电池组件四大部分组成。该接收机所有接口及接头都具有防插反设计。其中，主机内包括收发变频组件、主板、指示单元和接口单元等部件；天线内包括低噪声放大器、功率放大器和收发天线等部件。表 1.1 列出了主机与天线的主要部件。

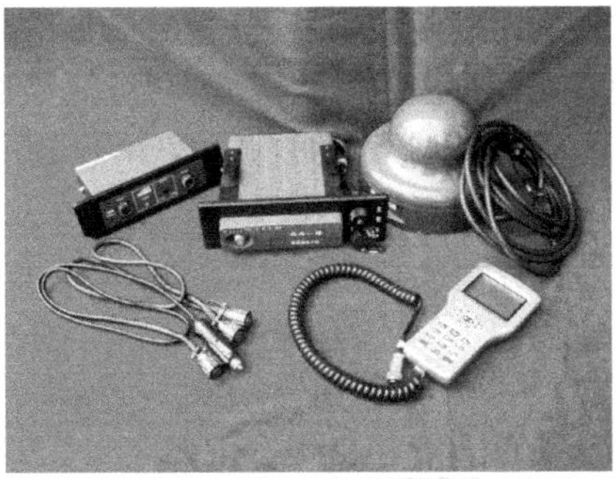

图 1.9　车载型接收机

表 1.1　主机与天线的主要部件列表

主机主要部件	天线主要部件
收发变频组件	低噪声放大器(用于接收)
主板	功率放大器(用于发射)
指示单元	收发天线
接口单元	

对整机进行拆分和组装时,需保证主机处于关机断电状态。整机拆分时,先卸下点烟器(车载供电)与主机的连接线,然后卸下显示控制器(手柄),最后卸下天线与主机的连接线;组装时,连接天线与主机间的线缆,连接显示控制器与主机的线缆,连接点烟器与主机的连接线,这样就完成了整机的组装。

1.4.2　部件的拆装与功能

1. 天线

天线是接收机接收和发射信号的重要部件,同时还兼顾了接收和发射信号的放大工作(卫星无线电定位服务或通信功能需要发射信号,卫星无线电导航服务则不需要)。其内部主要有低噪声放大器、功率放大器和收发天线(图 1.10)。其中,低噪声放大器的作用是将天线接收到的卫星信号放大,输入输出功率一般较小,而功率放大器是将本机产生的发射信号的功率放大,往往输出功率较大。

图 1.10　天线内部器件结构示意

天线工作时，一方面通过天线接收卫星信号，信号通过低噪声放大器放大后发送到主机；另一方面，主机将处理后的待发送信号发送到功率放大器，信号经放大后由天线发出。天线主要性能指标和引脚定义如表 1.2 和表 1.3 所示。其中，GND 表示接地。

表 1.2 天线主要性能指标

部件	性能项目		指标值
收发天线	发射和接收波束宽度	水平方向	0°～360°
		垂直方向	10°～75°
低噪声放大器	工作频率		2 491.75 MHz
	增益		40 dB
	噪声系数		1.5
	驻波系数		1.5∶1
	抗烧毁功率		10 dBm
功率放大器	工作频率		1 615.68 MHz
	发射功率		15 dBW
	增益		40 dB
	驻波系数		1.5∶1

表 1.3 天线引脚定义

引脚	定义	引脚	定义
1	GND	4	+28 V
2	发射信号	5	接收信号
3	+5 V		

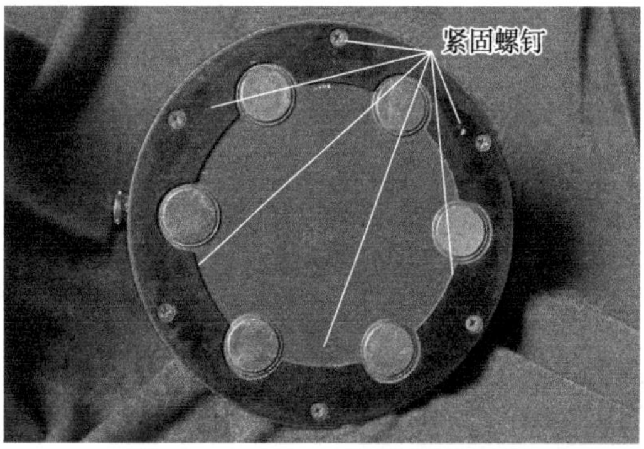

图 1.11 拆卸天线底部

拆分天线时，先卸下天线底部的紧固螺钉，如图 1.11 所示，就可以打开天线。使用扭力扳手卸下低噪声放大器的输入端（IN）和输出端（OUT）（一般为 SMA 型射频接头），用电烙铁取下＋5 V、接地端（取下＋5 V、接地端时应标识区分，避免接反烧毁），卸下低噪声放大器的紧固螺钉，取下低噪声放大器，如图 1.12 所示。使用扭力扳手卸下功率放大器的 RF IN 、RF OUT 端，用电烙铁取下＋28 V、接地端（取下＋28 V、接地端时应标识区分），卸下功率放大器的紧固螺钉，可拆下功率放大器，如图 1.13 所示。

需要注意的是，现在多采用射频信号传输与电源共用射频电缆的方式，此时，收发天线其实就是单一的射频电缆，电源和射频信号在射频电缆两端电路中分离，在外部合并电源线。

组装天线时，先安装功率放大器，步骤如下：RF OUT 端连接天线 L 波段，RF IN 端与发射端连接（发射端与天线接插头的引脚 2 是相通的），并使用扭力扳手紧固，用电烙铁焊接＋28 V、接地端（如不确定＋28 V、接地端，应用万用表确定，＋28 V 端与天线接插头的引脚 4 应相通）。

安装低噪声放大器的步骤如下：IN 端与天线 S 波段连接，OUT 端与接收端连接（接收端与天线接插头的引脚 5 相连），并使用扭力扳手紧固。用电烙铁焊接＋5 V、接地端（如不确定＋5 V、接地端，应用万用表确定，＋5 V 端与天线接插头的引脚 3 应相通）。合上天线，装上紧固螺钉，拧紧。

图 1.12　拆卸低噪声放大器

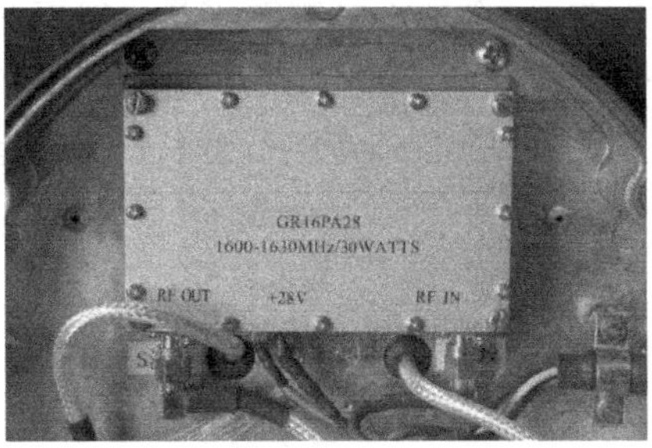

图 1.13　拆卸功率放大器

2. 主机

主机(图 1.14)是整套接收机的心脏部分，是接收机基带信号及信息处理的中心。供电电压为 9～32 V，图 1.14 中的接收机自带安全保护功能，可以在设备断开电源后自动保存内部数据，过流、过压、欠压或偶然极性接反时也可以自动保护设备。主机主要由前后面板(图 1.15)、机架、箱筒及内部的射频等构成，如图 1.16 所示。

图 1.14　YDD-2B 型车载型接收机主机外观

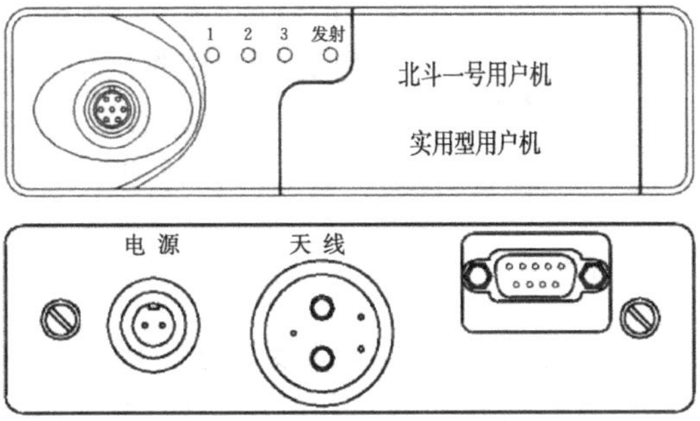

图 1.15　YDD-2B 型车载型接收机主机前、后面板示意

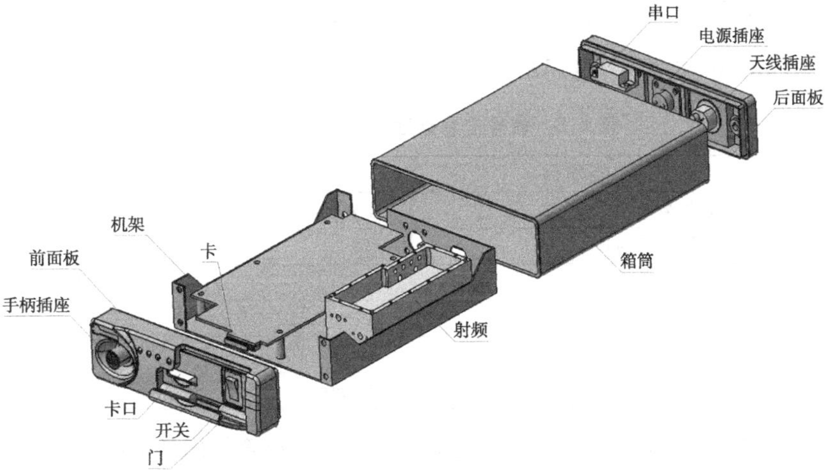

图 1.16　YDD-2B 型车载型接收机主机结构

收发变频组件包括接收下变频模块和发射上变频模块，接收下变频模块主要完成接收信号的下变频、放大，发射上变频模块对发射信号进行载波调制和放大。六芯排线连接接收下变频模块，八芯排线连接发射上变频模块。两个模块的性能指标如表 1.4 所示。

表 1.4　收发变频组件性能指标

主结构	性能项目	指标值
接收部分	输入信号	2 491.75 MHz ± 4.08 MHz
	中频输出	4.08 MHz ± 4.08 MHz
	中频输出电平	0 dBm
	参考频率	16.366 25 MHz
发射部分	射频输出	1 615.68 MHz ± 4.08 MHz
	射频输出电平	8 dBm(可调，最大)
	参考频率	16.32 MHz

信号信息处理主板(图 1.17)是主机的核心模块，主要完成信号和信息处理，包括对外数据传输、卫星中频信号解扩解调译码、接收信息格式解析解密、发射信息格式编排加密、发射信号扩频调制编码等。

图 1.17　信号信息处理主板

信号处理部分由 FPGA 芯片和辅助电路组成。由模数转换器对接收通道送来的中频信息进行采样量化，在 FPGA 中进行数字信号的跟踪、解扩、解调、译码和时差测量等处理。同时，对接收到的信息进行身份码(ID)识别，属于本机的信息，才通过中断的方式把数据传送给信息处理模块。接收信息处理模块的命令，对要发送的入站信息进行扩频处理发送给发射通道，并控制功率放大器电路加电发射。

信息处理部分由数字信号处理器芯片和辅助接口电路组成。辅助 FPGA 芯片进行信号的捕获、跟踪和解调，对出站信息进行格式转换和解密处理，根据串口数据协议打包输出到串口。同时，接收串口的命令，对发射信息进行格式转换和加密处理，交给 FPGA 进行发射。

信号信息处理主板主要技术指标如表 1.5 所示，信号信息处理主板正面和背面印制电路板(printed-circuit board，PCB)电路示意如图 1.18 所示。

表 1.5　信号信息处理主板主要技术指标

性能项目	指标值
接收误码率	1×10^{-5}
首次捕获时间	2 s
失锁重捕时间	1 s
时差测量误差	10 ns
双向零值误差	1 ms±10 ns
定位信息处理时延	40 ms

拆分或者组装主机时，必须保证整机处于关机状态。箱筒与内部电路如图 1.19 所示。具体拆分过程如下：

(1)卸下主机后面板上的 2 颗螺钉,取下后面板和箱筒。

(2)卸下收发通道盒的排线,使用扭力扳手卸下高频连接头,卸下收发通道盒的紧固螺钉。如图 1.20 所示。

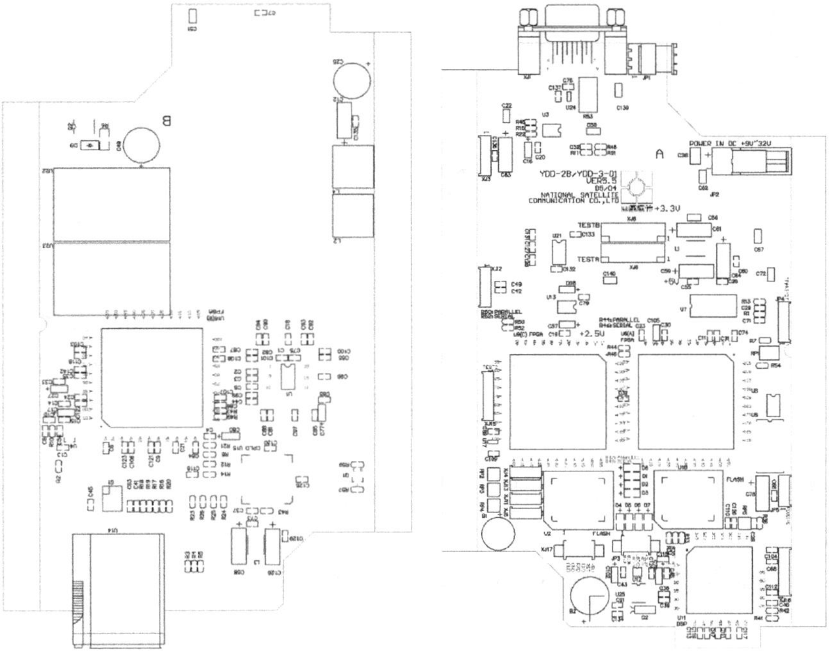

图 1.18　主板正面及背面电路示意

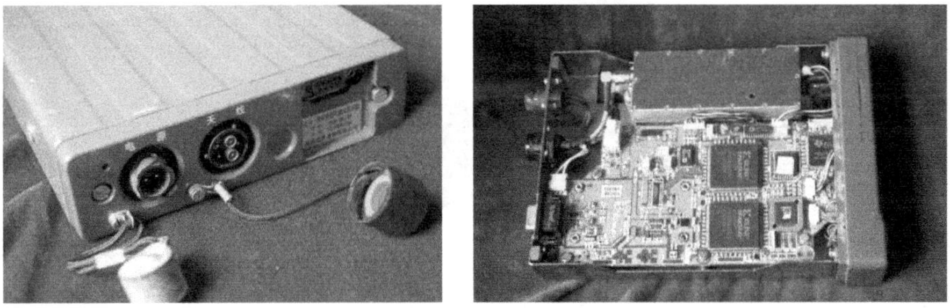

图 1.19　箱筒与内部电路

(3)卸下主板上所有排线(拆卸时注意拆卸方法,请勿拽拉线缆)、螺钉,取下主板。

(4)卸下主机后面板(图 1.21)中电源接口的紧固螺钉,取下电源插座,拧开天线插座的螺母,取下天线插座。

(5)卸下主机机架与前面板间的螺钉,拧开前面板上显示控制器的螺母,取下显示控制器插座。

(6)卸下主机前面板(图 1.22)指示灯的 2 颗螺母,取下指示单元所有的指示灯。

图 1.20　拆卸收发通道盒

图 1.21　主机后面板

图 1.22　主机前面板

组装的基本过程是：

(1)把指示灯插入前面板的指示灯孔，拧紧用于固定的 2 颗螺钉；将电源插头安装在主机支架后面板的第一个孔，将天线插座安装在主机支架后面板的第二个孔；将显示控制器插座安装在主机支架的前面板；把主板放在主机支架中，放置时注意将串口置于上部；装上固定用的螺钉，拧紧。

(2)安装收发变频组件时，将八芯排线通道盒置于底部，六芯排线通道盒置于顶部；装上固定用的螺钉，紧固。

(3)装上主机箱筒，盖上后面板，装上固定用的螺钉，紧固。

3. 电池组件

电池组件包括电池组(图 1.23)和适配器。

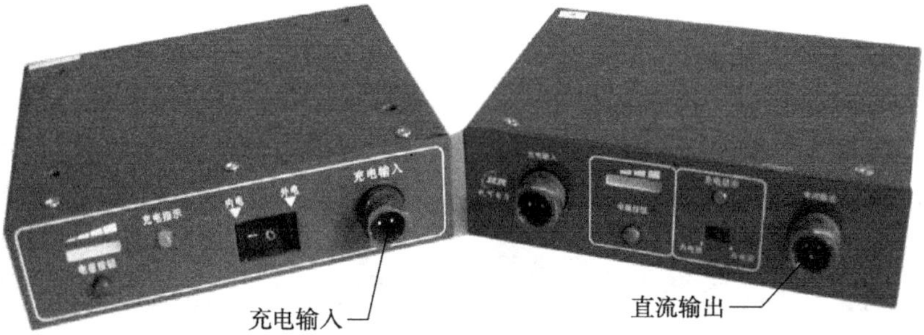

图 1.23　专用电池组

电池组件是接收机的备份电源，可作为车辆电源失效时的辅助电源。正常情况下推荐使用点烟器电源线(图 1.24)，通过车载点烟器为接收机供电。北斗一号车载型接收机使用的适配器为 220 V 交流电输入，是接收机充电专用适配器(图 1.25)。

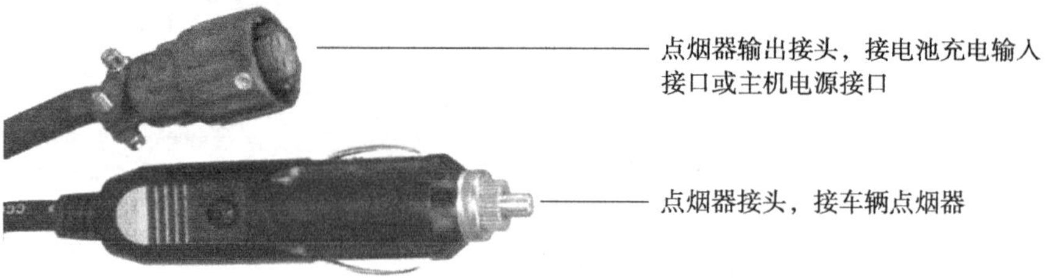

图 1.24　点烟器电源线

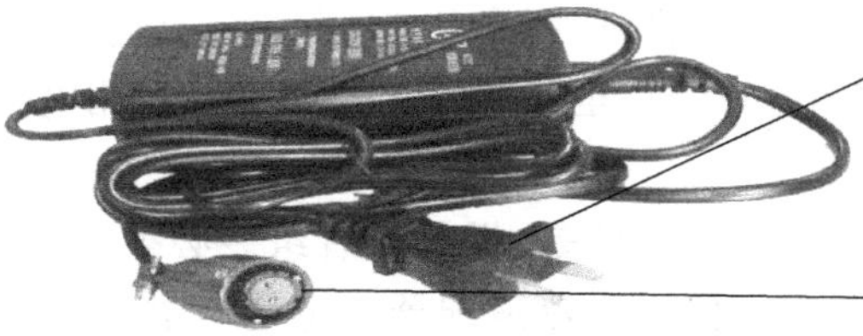

图 1.25　接收机充电专用适配器

图 1.23 显示的是两种不同的电池组，两种电池组的技术参数相同，而接口位置根据装车情况稍有区别。

外部供电有两种方式，一是使用车辆电源，二是使用 220 V 交流电源。如果使用适配器为电池充电(220 V 交流电)，先将适配器与电池充电输入接口相连，然后把适配器插头与外接交流电插座相连。如果使用点烟器为电池充电，先把点烟器与电池充电输入接口相连，然后把点烟器与车载电源相连。电池组件电气指标、适配器到电池充电接口定义、主机到电池接口定义分别如表 1.6、表 1.7、表 1.8 所示。

表 1.6　电池组件电气指标

指标项目	指标内容
可充电次数	≥500 次
电池容量	标准容量≥2 Ah
工作电压	25.2 V(24～29 V)
工作电流	脉冲放电电流 10 A
充电电压	直流电压 12 V
截止电压	24 V
供电时间	8 h(待机状态)
充电时间	≥3 h
工作温度	−20 ℃～+55 ℃
存储温度	−40 ℃～+70 ℃
充电方式	外接交流电源(180～280 V,50 Hz)，充电器与电池采用专用接口连接

表 1.7　适配器到电池充电接口定义

对应引脚	信号特性	信号特征
1	输出	+12 V
2	GND	0 V

表 1.8　电池到主机接口定义

对应引脚	信号特性	信号特征
1	输出	+24 V～+29 V
2	GND	0 V
3	空	无

分解电池组件与主机的连接时，若使用车载电源，则断开点烟器与车载电源的接口；若使用备用电池，则断开电池与主机的连接线。分解电池组件与适配器时，若使用适配器为电池充电，先断开适配器与外接交流电的连接，然后断开适配器与电池的连接；若使用点烟器为电池充电，先断开点烟器与车载电源的连接，然后断开点烟器与电池的连接。

当使用电池组件为主机供电时，若使用车载电源供电，则将点烟器与电池充电输入接口相连，电池输出接口与主机电源插座相连，并将电池电源拨至“外电”位置；若使用备用电池供电，则将电池电源拨至“内电”位置。

图 1.26　车载型接收机显示控制器

需要特别注意的是，拆分或者组装必须保证整机处于断电状态。使用交流适配器为电池充电时，在设备使用过程中务必将电池的功能开关置于“内电”位置，否则将造成交流适配器的严重烧毁。

4. 显示控制器

显示控制器（包括主机键盘、触摸屏或手柄），如图 1.26 所示，是接收机的人机交互接口，是负责指令输入和信息输出的重要窗口。例如，车载型接收机配有两种显示控制器（可选），其中 XK-1 显示控制单元是基于 Windows CE 操作系统开发的可以进行手写输入的个人数字助理（personal digital assistant，PDA）显示控制器。

1.5　安装与维护

1.5.1　北斗天馈系统的安装使用

北斗天馈系统主要包括天线、天线避雷器（可选）、馈线、信号放大器（可选）、信号功分器（可选）和接收机避雷器。

1. 链路预算和馈线要求

链路预算主要用于计算从天线接收端到接收机输入端的线路损耗，只有满足一定的增益才能保证接收机的正常接收，即

$$\text{天线的低噪放增益}-\text{馈线的损耗值}>\text{可靠接收的最小值}$$

其中，可靠接收的最小值＝接收机灵敏度－北斗信号功率。北斗信号功率是由系统保证的，而不同的接收机具有不同的灵敏度。这里假定可靠接收的最小值为 31 dB，则北斗系统链路预算为

$$\text{天线的低噪放增益}-\text{馈线的损耗值}>31\ \text{dB}$$

需要注意的是：

（1）天线在不同接收角度会有不同的增益，不利于计算，这里不考虑天线增益。

（2）馈线须接防雷装置。信号转接头等都会引起信号的衰减。假定按照典型的连接，每个连接差损小于 0.5 dB。

（3）天线的低噪放增益是一个范围，这里取典型值。

（4）可靠接收的最小值是需要确定的关键值，或在保证接收机 99％可靠接收条件下定义的值。

对于天线，北斗天线的低噪放增益可以达到 50 dB。对于馈线，不同型号的馈线具有不同的损耗。例如，频率为 2.5 GHz 时，3/8 英寸馈线的损耗小于 22 dB/100 m，1/2 英寸馈线的损耗小于 14.5 dB/100 m。可以得到

馈线的损耗值＜50－31－3.5＝15.5(dB)

式中，3.5 dB为信号功分器损耗。

当采用3/8英寸馈线时，可以保证70 m长度的衰减(15.4 dB)符合要求；当采用1/2英寸馈线时，可以保证100 m长度的衰减(14.5 dB)符合要求；当馈线长度大于100 m时，应当增加信号放大器。

这里给出的只是一个链路预算的例子，具体情况应根据具体的天线、馈线、接收机指标来计算。

2. 防雷设计和室外安装

北斗天馈系统的防雷设计主要包括天线侧防雷和接收机侧防雷，一般还应在馈线附近加装避雷针。北斗天线防雷器通常与接收机放在一起，典型指标如表1.9所示，能够抵抗2 kV的组合波，在雷暴日较多地区和易遭雷击地区，应当采用外接的防雷器。

表1.9　北斗天线防雷器典型指标

技术参数	性能指标	技术参数	性能指标
频率范围	800 MHz～2 500 MHz	最大放大电流(8/20 μs)	20 kA
最大传输功率	＜100 W	直流工作电压	≤6 V
插入损耗	≤0.3 dB	工作温度	－40 ℃～80 ℃
驻波系数	≤1.1	防水等级	IP67
限制电压(8/20 μs、10 kA)	≤20 V		

接收机前面需要加防雷器的，要求防雷器尽量靠近接收机安装。具体的接收机防雷器典型指标如表1.10所示。

表1.10　接收机防雷器典型指标

技术参数	性能指标	技术参数	性能指标
频率范围	800 MHz～2 500 MHz	限制电压(8/20 μs、10 kA)	≤20 V
最大传输功率	＜100 W	最大放大电流(8/20 μs)	20 kA
插入损耗	≤0.3 dB	直流工作电压	≤6 V
驻波系数	≤1.1	工作温度	－40 ℃～70 ℃

室外北斗天线安装位置应当符合以下要求：

(1)北斗天线应安装在较开阔的位置上，保证周围较大的遮挡物(如树木、铁塔、楼房等)对天线的遮挡高度角不超过20°，天线竖直向上的视角应大于120°。

(2)为避免反射波影响，北斗天线距离尺寸大于20 cm的金属物尽量在2 m以上。

(3)北斗一号使用地球静止轨道卫星，因此对于北半球的北斗天馈系统布设，应确保天线入射口面朝南方向并满足前面两项技术要求。

(4)不要将北斗天线安装在其他发射设备附近，不要安装在微波天线下方和高压电缆下方，避免其他发射天线的辐射方向对准北斗天线。

(5)两个或多个北斗天线安装时要保持适当的间距。建议将多个北斗天线安装在不同地点，防止同时受到干扰。

北斗馈线在安装时应符合以下要求：

(1)北斗天线、馈线接地时，不得与空调、电动机、水泵马达等设备的地导体接在一起，以防将外界干扰引入天线系统。

(2)当馈线长度超过 60 m 时，还应在馈线中部增加防雷接地夹，一般为每 20 m 安装一处。

(3)北斗天线安装在铁塔上时，在天线侧 1 m 范围内，需要安装一个防雷接地夹，接地线就近在铁塔上接地。

(4)馈线在铁塔底部接地，且应在馈线经走线架上铁塔的转弯处上方 0.5～1 m 范围内实施。

(5)馈线进入馈线窗前，在馈线窗的外侧安装接地夹(就近原则)，并将接地线连接到机房的室外保护地排上。

1.5.2 复杂电磁环境下的使用

1. 导航战概念

导航卫星系统作为一种重要的空间基础设施，在国防军事和国民经济的各个领域得到了广泛应用。一方面，导航卫星系统直接融入武器装备，并在军事活动中起到重要作用，其本身即为军事对抗的一个重要战场；另一方面，作为国民经济的一个重要基础资源，如同电力、电信和交通设施一样，也是军事对抗中需要保护的对象。1997 年美军正式提出“导航战”的作战概念，将导航战定义为围绕导航权的争夺，其中卫星导航对抗是导航战的主要形式。

1)卫星导航对抗的作战对象

导航卫星系统能在全球范围内全天候提供精确的位置、速度、时间信息，在信息化作战中具有非常重要的意义。以 GPS 为例，作战对象包括各种电子信息武器系统和装备使用的 GPS 接收机，其目的在于干扰或欺骗用户接收机，使其不能正常接收卫星信号。

2)卫星导航对抗的基本途径

导航卫星系统的对抗技术体制从作用机理上可分为阻塞式干扰和欺骗式干扰。所谓阻塞式干扰就是让高功率干扰信号进入接收机导致处理环节发生饱和或淹没卫星信号，使接收机无法正常跟踪信号或产生较大偏差。欺骗式干扰通过发射包含虚假信息的干扰信号来欺骗接收机，使接收机产生错误的观测值，从而得到错误的导航解。

近年来，随着接收机技术的发展，接收机具有更高的动态范围和干扰抑制能力，卫星信号也具有更高的功率和扩频增益。简单采用阻塞式干扰信号也越来越难获得满意的效果，必须大大增加干扰功率，甚至大到不能承受的程度。在高功率阻塞式干扰情况下，干扰源更容易受到对方反辐射导弹的攻击，战场适应能力大为降低。因此，未来阻塞式干扰必须采用更复杂的干扰图样和分布式的干扰体制；相比之下，欺骗式干扰更具有发展前景。

目前，包括我国在内，俄罗斯、日本、欧盟等多个国家和地区都在积极建设、发展新一代导航卫星系统，开展导航战的研究，逐步摆脱对美国 GPS 的依赖，以争取在未来竞争中获取有利地位。

3)常见干扰方式

由于卫星与接收机距离较远，信号到达接收机天线时变得非常微弱，而且传输是开放的、单向的，因此目前对导航卫星系统最简便和最主要的攻击方式还是从卫星信号的空间传输入手，发射阻塞式或欺骗式干扰信号。无论采用何种方式，干扰的最终结果均体现在卫星导航用户能否有效利用卫星导航资源这一点上。

正如前面所提到的，干扰的目的就在于使敌方无法进行定时或定位。从干扰的作用途径来看，一是作用于接收机的信号处理路径，使接收机处于阻塞状态而无法实现对卫星信号时延

(伪距)的测定和卫星星历的接收;二是发射假的卫星信号,使接收机测量出错误的时延,从而得到错误的时间或位置信息。

智能欺骗干扰机是通过跟踪目标接收机的位置,利用一个准实时的导航卫星系统信号发生器来产生强的干扰信号。此信号最初与较弱的真实卫星信号的到达时间(time of arrival,TOA)匹配,直到确认环路捕获后,再将目标接收机引入错误的位置。但在使用该技术时,智能欺骗干扰机必须能够合成伪随机码。转发欺骗技术仅需知道卫星信号的频率,并利用受控的高增益天线阵来跟踪视野内的所有卫星,然后对准目标接收机重新发播放大和延时后的卫星信号。最终结果是目标接收机的导航解出现明显偏差,变成了智能欺骗干扰机天线阵相位中心的位置和速度。表1.11总结了常见干扰的作用途径和应对措施。

表1.11　常见干扰的作用途径与应对措施

干扰信号	攻击环节	应对措施
连续波	接收机射频前端(阻塞式干扰)	提高接收机动态范围,提高信号落地功率等
窄带噪声	接收机射频前端、跟踪环路等(阻塞式干扰)	提高接收机动态范围,提高信号落地功率等
宽带噪声	接收机射频前端、跟踪环路等(阻塞式干扰)	提高接收机动态范围,提高信号落地功率等
频谱匹配	接收机跟踪环路(阻塞式干扰)	改进伪随机码等
信号欺骗	接收机捕获、跟踪、导航解算(欺骗式干扰)	时间、空间一致性验证等

其中,阻塞式干扰信号特征最明显,可以通过判断信噪比、功率电平和频谱特性等异常来识别,这在电子对抗中已得到了充分的研究;欺骗式干扰信号的功率与正常信号基本相同,单从信噪比、功率谱等方面是无法有效识别的,需要综合信号的空时关系来判别。例如,转发式干扰在时域上体现为多径干扰,因此可通过多径来识别,多径过长或能量分布不合理即可认定干扰的存在。卫星运动使信号存在多普勒效应,在已知本地坐标和卫星在轨位置的情况下,可通过频域观测值来探测干扰的存在。在本地坐标和卫星在轨位置概略已知的情况下,可以计算出卫星信号的到达方向,从而通过卫星信号的到达方向的异常,实现对干扰的探测。

2. 抗干扰措施

以上关于GPS接收机干扰与抗干扰技术对于北斗接收机也是适用的。虽然主要技术性能指标在设计制造时已经确定了,但是如何在复杂电磁环境下有效使用北斗接收机还是值得研究的。

1)北斗接收机的特点

在对抗环境下,北斗接收机可能产生的问题包括定位不准或无法定位、通信受阻或泄密、无法定时或定时性能下降。这些问题都产生于电波的空间传输环节,最终在接收机端体现。因此,在使用北斗接收机时注意以下三方面问题,即防干扰、防暴露及防欺骗和通信泄密,并根据北斗接收机的工作特点,调整策略、积极防范,以达到充分发挥北斗接收机性能、提高战斗力的目的。在此,为了更好地防范干扰,有必要从复杂电磁应用环境角度,分析总结北斗系统及北斗接收机的一些特点:

(1)落地信号功率小。与GPS信号一样,北斗信号同样采用扩频体制,信号功率小,抗干扰能力有限。

(2)北斗系统通信中有同步轨道卫星参与,与 GPS 有所不同。用户很容易在地面判断同步轨道卫星的大致位置,有利于采取一定措施对抗干扰。

(3)如果使用 RDSS 定位或通信,北斗接收机工作时需发射信号。定位型接收机和双向定时接收机工作时需要间歇发射信号;双向通信时需要双方发射,单向通信时仅发信端需要发射信号;对于单向定时接收机,则不需要发射信号。

2)使用策略与防范措施

(1)防干扰。干扰包括有意和无意干扰。由于北斗一号信号频率 2 491.785 MHz 与 2.4 GHz 开放频段非常接近,因此无线网卡、蓝牙和其他设备都可能对北斗接收机造成无意干扰,有意干扰更是如此。这对北斗接收机的设计者提出了更高的要求,作为用户可以采用定向天线来消除或降低干扰信号的影响。各种干扰都需要通过天线耦合到接收机,定向天线的波束指向性要远优于全向天线,通过将天线指向对应卫星,可抑制其他方向传播过来的干扰信号,从而提高抗干扰能力。当不具备定向天线或干扰非常强时,也可以充分利用地形和建筑物的遮挡,在保证卫星可视的情况下,避免干扰信号辐射到天线上。在条件允许的情况下,可以采用抗干扰能力较强的北斗接收机。

(2)防暴露。在一些特殊应用场合,使用北斗接收机双向定位、双向通信或双向定时需要发射信号,可能造成使用者暴露。对于定位用户,在精度满足要求的情况下,可以使用带气压测高的北斗无源定位;降低使用频率,减少暴露机会;使用定向天线或结合地形、建筑物隐蔽,减少信号发射波束宽度,减小辐射范围或缩短发射时长;使用虚假目标佯动,迷惑敌人。对于通信用户,使用单向传输避免受信者暴露;避免不必要的通信,减少通信次数;减少报文长度,增加侦察难度。对于双向定时用户,在单向定时可满足要求时,可考虑采用单向定时避免暴露。

(3)防欺骗和通信泄密。防止敌人欺骗式干扰或通信泄密。对于定位用户,除了做好上述的防干扰和防暴露措施外,还需注意及时利用军用地图以及其他辅助导航定位设备或措施,检核定位结果。对于通信用户,可采用北斗接收机自身的加密方式发送信息,并对要发送的信息再加密,避免传递明码。对于定时用户,本地应配备高稳晶体钟或原子钟,对定时性进行监测,或与其他设备比对,发现异常及时处理。

以上简要探讨了复杂电磁环境下的北斗接收机使用策略,实际应用环境更复杂,这里提出的只是一些原则性方法或策略,在具体使用过程中需要根据具体的使用环境与任务来制定对应的抗干扰方案。

1.5.3 使用与维护注意事项

为了使接收机处于良好状态,保持其固有的功能、精度和效率,必须做好日常维护保养工作。因为接收机在使用和存放过程中,物理或化学作用,如振动、油性挥发、温湿度、元器件老化等因素,会对精度产生影响,因此应加强日常维护保养,以保证接收机的各项性能指标。

1. 存储注意事项

(1)指定专柜存放、专人保管。

(2)接收机应存放在干燥通风、温度稳定的房间内(应严格按照说明书所要求的工作温度存放)。不得靠近火炉、暖气片、发热电器或设备等热源。

(3)清洁接收机时,外壳灰尘应使用干布清除,禁止使用湿布抹擦,以免潮气进入或水珠流入机内。清除内部积尘时,可用小型吸尘器、毛刷、吹风机(冷风)等进行清除。

(4)接收机如较长时间不用,应拔下连接插头,用软布、毛刷清洁接收机各部分,安装防尘罩后放入仪器箱内,仪器箱内应放置干燥剂。

(5)接收机存放地点应定时通风、驱赶潮气。若干燥剂呈粉红色,应及时更换干燥剂。

(6)每个月应对接收机进行一次保养,并保证通电1小时,使电子元器件始终保持在良好状态。

(7)避免接触腐蚀性物质(包括气体、液体和固体等),不宜将蓄电池等带有腐蚀性液体的物品与主机等存放在一起。

2. 运输注意事项

(1)长途运输时,要避免运输工具启动、刹车、转弯等造成的接收机碰撞和倾斜。可将接收机及附件装入特制的防震箱内,或用泡沫、塑料、海绵、刨花或其他防震物品将仪器箱内各空隙塞满,并确保锁好仪器箱,必要时要用绳子捆绑扎实,以防止运输过程中的冲击和剧烈震动。

(2)接收机装箱时,必须轻拿轻放,不可碰撞、倒置和重压,严禁将主机、天线与基座、脚架等金属物混装于一箱,以免被碰坏。

(3)在长途运输过程中,应有专人护送,并事先做好防晒、防雨、防震等措施。

(4)外接蓄电池的电极要用绝缘胶布封起来,防止电极短路、打火事故发生。

3. 使用注意事项

(1)严格按照操作手册要求进行操作。

(2)在操作、使用设备时要注意静电防护,特别是在干燥的环境中。有条件时采取佩戴防静电腕带等防静电措施,或在触摸设备前先触摸自来水管、暖气片等金属接地设施;在接触设备时,先触摸其机壳的金属部位,不要随便触及接头中的触点;非专业人员不得随意拆装设备。

(3)在设备加电使用前,先检查设备外观是否完好或有损坏迹象,检查馈线及供电、通信电缆是否连接正确、可靠。加电后注意观察设备指示灯和工作状态,发现异常时及时关机、断电、送修。

(4)接收机设备的各种电缆、接插件等往往提供的是电气连接,承受力较小,在使用过程中不得用力拉扯。固定设备时也应采用专门的螺栓固定,特别是馈线要避免过于弯曲打折。此外,电缆接头不得浸入水中,以防短路。

(5)避免在超出设备正常工作范围(可参考设备说明书)的环境下使用接收机。

(6)接收机在接收卫星信号过程中应放置平稳,观测员要注意其电源状况,并且还应防止震动或异物碰动天线和主机。

(7)使用中需将天线放置在车顶或天空开阔度较好的地方,天线应安置稳固,雷雨季节应注意防雷击。

(8)避免在强电磁场环境中使用接收机,以免影响观测精度、损坏电子器件。

(9)使用完毕后,应用毛刷或软布将接收机上的尘土、污垢擦刷干净,按固定位置装在仪器箱内,妥善保管。

(10)在潮湿的环境或其他恶劣的环境下工作,使用完毕后,要用软布擦干接收机表面的水汽和灰尘,并放于干燥处,彻底晾干后再装入仪器箱内。

(11)避免接收机遭雨淋,如不小心被淋湿,应将其放在通风处自然干燥。

(12)在温差较大的地区,尤其在冬季作业,接收机在搬出室外或搬入室内后,应适应一段时间才能重新开始工作。

(13)更换电池、插拔各类卡、连接或拔下串口线、连接或拔下天线电缆(主机端或天线端)时必须关闭主机电源。

(14)使用触摸笔点击触摸屏,要合理用力,尽量不要使用手指、写字笔、树枝等点击。

(15)如果天线吸附在金属面上或放置在高处,在搬移天线时,应直接拿取天线,切忌以拽拉天线电缆的方式拖动天线。

4. 检测维修注意事项

(1)注意静电防护。

(2)进行设备拆装时,需保证主机处于关机、断电状态。

(3)拆装时注意方法和次序,用力要轻、均匀,避免损坏设备或接插件。

(4)卸下的螺钉要记下其安装位置,并集中放在元器件盒中,防止螺钉散落丢失。

(5)拆卸每一个组件前,都要先记录组件各个端口的连接,以免混淆。

(6)加电测试时,应正确使用示波器、万用表等仪器,先连接低电位端(如接地线),后连接高电位端(如示波器探头);检测完毕后,应先拆离高电位端,后拆离低电位端。

(7)不具备加电条件时,一定不能随便加电,严防短路等造成设备损坏。

5. 接收机关键部分维护保养

(1)车载型接收机电池的存储及保养:①首次使用电池,应用标准模式充电 7 小时以上方可使用,具体请参考设备说明(不同的电池会有差异);②电池在运输、储存中,严格防止其与金属导电物体直接接触,防止电池正负极短路;③若电池未使用,3 个月须对电池组维护一次,不要无电或充满电放置,保持 1/3 电量,即在完全放电后充电 1 小时左右为宜;④严禁对电池进行过充、拆卸、焚烧;⑤在电池已经完全耗尽的情况下,请关掉主机电源,用交流适配器充电 4 小时左右;⑥当使用外接电源时,请将电池的接电方式按钮置于“外电”位置,当使用电池供电时,请将电池的接电方式按钮置于“内电”位置,否则会烧坏电池部件;⑦不要将电池放在高温环境(60℃以上)中,高温会导致电池热量提升、电解液挥发甚至分解,进而引起气胀或其他危险;⑧不要将电池长期放在潮湿环境(相对湿度>80%)中,在潮湿环境中电池外部自放电会加大。

(2)手持型接收机电池的存储及保养:①首次使用电池,应用标准模式充电 7 小时以上方可使用,具体请参考设备说明(不同的电池会有差异);②使用随配专用充电器对电池设备进行充电,电池充足约需 3 小时,具体请参考设备说明(不同的电池会有些差异),使用中应保持电源正负极与负载可靠接触,严禁对电池进行短路、过充、拆卸、焚烧;③请勿将电池长时间搁置在充电器上;④长期不使用,请将电池从整机中取出,装入防静电塑料袋中密闭保存,并可加入干燥剂和防霉剂,置于阴凉干燥处,且须每隔 3 个月维护一次,不要无电或充满电放置,保持 1/3 电量,即在完全放电后充电 1 小时左右为宜。

(3)接收机其他部分的维护保养:①擦拭液晶屏时,尽量使用质地较软的布;②液晶屏上方不可覆压物品,以免变形;③避免液晶屏被硬物划伤;④禁止使用电源适配器对其他类型电池充电;⑤电源适配器不用时,与市电断开;⑥禁止自行拆装电源适配器,禁止将其正负极短接;⑦无负载时,电源适配器应断开电源;⑧防止重压手柄;⑨不要使用任何有机溶剂清洗手柄;⑩本机身份识别卡(IC 卡)不可给其他机器使用;⑪应保持身份识别卡金属面的清洁度,经常用软布擦拭；⑫在身份识别卡不用的情况下，应将其放在专用的卡片盒，保存在干燥环境中，并建议由专人保管；⑬存储卡（SD 卡）为本机专用，不能安装在电脑、数码相机等其他设备上使用，以免传播非正常信息，发生泄密事件；⑭在设备存储卡闲置的情况下，应当专人保管，存放于干燥环境中。

第2章　电路基础

接收机工作原理分析的实质，其实是对电路中电子元器件作用的分析，进一步讲，就是运用电子元器件特性对各种组成电路进行分析。接收机故障检修，就是快速准确地定位电路中电子元器件的故障，并对故障元器件进行检测、修理或更换。虽然本书的重点在于模块级检修，但了解相关电路基础知识还是非常必要的。

2.1　常用电子元器件

接收机的各种电路中，常用电子元器件主要包括电阻、电容、电感、二极管、三极管等分立元件以及各种集成芯片(电源芯片、模数/数模转换芯片、存储芯片、数字处理芯片等)。由于集成芯片种类繁多且功能各异，所以本节主要介绍几种分立元件的相关参数和特性。

2.1.1　电　阻

1. 基本概念

电阻是指具有集总电阻这种物理性质的实体，通常叫作电阻器，简单地说就是有阻值的导体。电阻的基本单位是欧姆，符号为"Ω"。除了基本单位之外，还有很多导出单位，如千欧(kΩ)、兆欧(MΩ)、吉欧(GΩ)、太欧(TΩ)等，各单位之间的进率为一千，即 1 kΩ=1 000 Ω，1 MΩ=1 000 kΩ，1 GΩ=1 000 MΩ，1 TΩ=1 000 GΩ。接收机电路中的电阻一般在 10 MΩ 以下。常见电阻器符号如图 2.1 所示。

(a) 固定电阻器　　(b) 可变电阻器

图 2.1　常见电阻器符号

图 2.1(a)是固定电阻器的一般符号，表示具有固定阻值的电阻器，而图 2.1(b)则表示可变电阻器(也有锯齿符号形式)，其阻值是可以变化的。

对于条状导体，其电阻 R 可表示为

$$R=\frac{\rho l}{S} \tag{2.1}$$

式中，ρ 为导体的电阻率，单位为 Ωm；l 为导体的长度；S 为导体的截面积。电阻 R、电压 U、电流 I 之间的关系可以表示为

$$I=\frac{U}{R} \tag{2.2}$$

电阻是构成电路的基本电子元器件之一，几乎所有的电路都离不开电阻。电阻在电路中的作用主要包括对电路中某点施加电压、限流保护、分压等。如图 2.2 所示，电阻的作用就是将+V 电压施加到 A 点，由于流过电阻的电流很小(可以忽略不计)，因此，A 点的电压几乎等于+V。

图2.3给出了典型的限流保护的例子。要想点亮图中的发光二极管(light emitting diode,LED),必须在其两端施加一定的电压,如果没有电阻的限流,当电压升高时,流过发光二极管的电流将急剧增加,很容易烧毁发光二极管。图2.3中GND表示接地。

图2.4给出了典型的电阻分压的例子。假设电路两端总电压为U,两电阻电压分别为U_1和U_2,则三者之间的关系为

$$\begin{cases} U_1+U_2=U \\ \dfrac{U_1}{R_1}=\dfrac{U_2}{R_2} \end{cases} \tag{2.3}$$

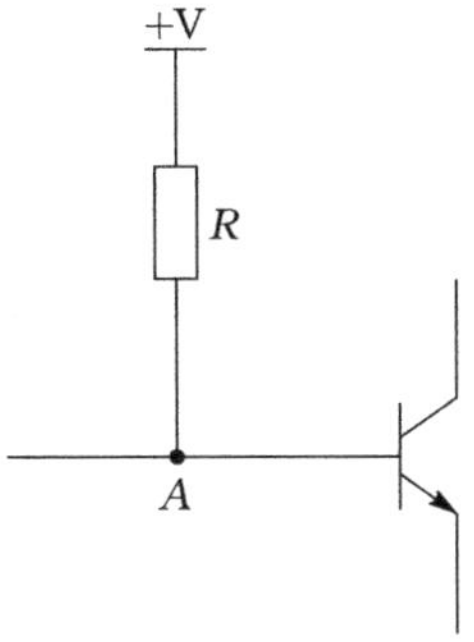

图2.2　电阻的作用一

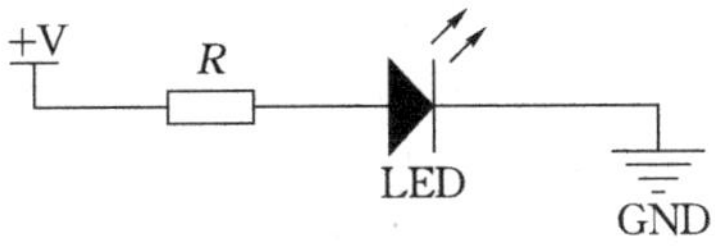

图2.3　电阻的作用二

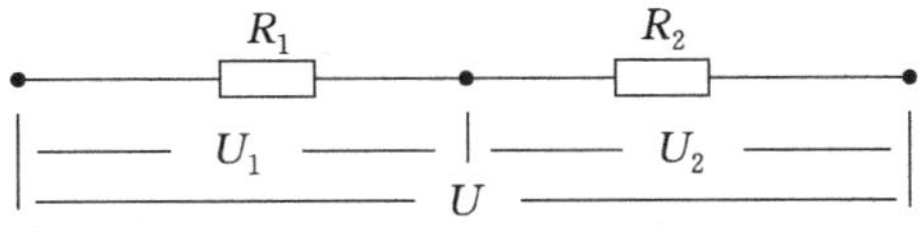

图2.4　电阻的作用三

除了上述作用外,其实电阻还可以降低电路中某点电压、将电流转换成电压、分流或与其他元器件组合,这里不再赘述。

对于电阻器而言,其分类方式有很多,如按结构可以分为固定电阻器、可变电阻器、敏感电阻器,按用途可以分为普通型、精密型、功率型、高压型、高阻型、高频型、保险型,按是否绕线分为绕线类和非绕线类,按装配可以分为贴片式、插装式、紧固件装配式,等等。目前,在接收机中,常用的有固定电阻器(贴片式普通型和精密型)和可变电阻器。

2. 技术参数

电阻的主要技术参数包括额定功率、标称阻值与偏差、温度系数、电压系数和极限电压。其中,额定功率指电阻在电路中长时间连续工作不损坏或不显著改变其性能时所允许消耗的最大功率;对于标称阻值与偏差,标称阻值指电阻表面上标识的阻值,一个电阻的实际阻值不可能绝对等于标称阻值,总存在一定的偏差,两者之间的偏差允许范围称作允许偏差;温度系数是表征电阻热稳定性的物理量,具体为温度变化1℃时电阻阻值的相对变化;电压系数指外加电压每改变1 V时,电阻阻值的平均相对变化量;极限电压为电阻发生电击穿现象时电阻两端的电压。

表2.1给出了绕线类和非绕线类电阻的额定功率系列数值,这些数值是离散的。对于一个确定的电阻,其额定功率应该对应表中某个数值(此表所列为常见值)。对于同一类电阻,额定功率的大小取决于它的几何尺寸和表面面积,额定功率越大,电阻的体积越大。

表2.1　电阻额定功率　　单位:W

种类	电阻额定功率
绕线类	0.05、0.125、0.25、0.5、1、2、4、8、10、16、25、40、50、75、100、150、250、500
非绕线类	0.05、0.125、0.25、0.5、1、2、5、10、25、50、100

如表2.2所示,电阻的允许误差主要有±5%、±10%和±20%,常用的电阻为±5%精度的,个别要求高的地方也会用到±1%甚至更高精度的。电阻的标称阻值也是离散的,不同精度电阻的标称阻值序列也不同,但是在数值上应符合对应序列数值之一再乘以10^nΩ(n为正整数)。例如,表2.2中的“2.2”其实包括0.22 Ω、2.2 Ω、22 Ω、220 Ω、2.2 kΩ、22 kΩ、

220 kΩ、2.2 MΩ 等阻值。

表 2.2　电阻标称阻值与偏差

系列	允许误差	电阻标称阻值/Ω
E24	±5%	0、1.1、1.2、1.3、1.5、1.6、1.8、2.0、2.2、2.4、2.7、3.0、3.3、3.6、3.9、4.3、4.7、5.1、5.6、6.2、6.8、7.5、8.2、9.1
E12	±10%	1.0、1.2、1.5、1.8、2.2、2.7、3.3、3.9、4.7、5.6、6.8、8.2
E6	±20%	1.0、1.5、2.2、3.3、4.7、6.8

电阻标称阻值的标注方法包括直标法、数字标注法和色环法。直标法即直接标出阻值，可以用单位符号代替小数点，如 0.33 Ω 可标为 Ω33(R33)，3.3 kΩ 可标为 3k3。数字标注法采用指数的形式标注阻值，如“331”即 $33\times10^1=330$ Ω，不管是三位还是四位，最后一位为指数项，其余为有效数字，默认单位为 Ω。数字标注法为电阻标称阻值最常用的标注方法。色环法主要用于直插电阻标称阻值标注，即利用不同颜色的色环表示不同数字，除最后一位表示精度外，其他读数可参考数字标注法，目前接收机中基本不再使用这种电阻。

3. 重要特性

电阻的基本特性就是消耗电能，当电流流过电阻时，电阻会发热，也就是将电能转换成热能，并释放掉。电阻所消耗的功率可以表示为

$$P=I^2R=\frac{U^2}{R} \tag{2.4}$$

式中，R 是电阻的阻值，I 是流过电阻的电流，U 是电阻两端的电压。直流和交流电路的电阻特性相同，对于交流电路而言，电流和电压为有效值。

串联特性是电阻的一个重要特性。电阻串联时，总电阻为

$$R=R_1+R_2+R_3+\cdots+R_n \tag{2.5}$$

也就是说，电阻串联得越多，总阻值越大。同时，流过各电阻的电流相等，即串联电路中的电流处处相等，该电流可以是直流电流，也可以是交流电流；各串联电阻上的电压之和等于加在串联电路两端的电源电压。串联电路中，阻值相对很大的电阻是电路分析的主要对象(小电阻对串联电路影响较小)。

电阻的另一个重要特性是并联特性。电阻并联得越多，总电阻越小，总电阻的倒数等于各并联电阻的倒数之和，即

$$\frac{1}{R}=\frac{1}{R_1}+\frac{1}{R_2}+\frac{1}{R_3}+\cdots+\frac{1}{R_n} \tag{2.6}$$

在并联电路中，各电阻支路电流之和等于并联回路中的总电流，而各并联电阻两端的电压相等。阻值相对很小的电阻是电路分析的主要对象。

其实，电阻频率特性也很重要。通过电阻交流特性分析可知，阻值是与频率无关的。但是必须指出，即使是一根直导线，也具有电阻及一个相关联的电感。另外，即使是有限尺寸的引线，也有寄生电阻。由于接收机中电阻基本为片状电阻，没有引脚，在射频频段的表现最好，所以，在这里不再介绍。

2.1.2　电　容

1. 基本概念

在两个相互靠近的金属电极板中间夹一层电介质，就构成了一个最简单的电容器，

通常简称为电容,这两个金属板叫作电容器的两个极。电容器是充、放电荷的电子元器件,所带的电量 Q 与它的两极间的电势差 U 的比值,叫作电容器的电容(由于电容器常简称为电容,因此应用时,该比值一般称为容量或者容值),用 C 表示。对于纯电容,其容量可以表示为

$$C=\frac{\varepsilon S}{d} \tag{2.7}$$

式中,ε 为绝缘介质的介电常数,S 为平行极板的正对面积,d 为极板间的距离。

电容的基本单位是法拉(F),导出单位有微法(μF)、纳法(nF)和皮法(pF),各单位之间的换算关系为 $1\ \mathrm{F}=10^{6}\ \mu\mathrm{F}=10^{9}\ \mathrm{nF}=10^{12}\ \mathrm{pF}$。

对于接收机电路而言,F 是非常大的单位,一般不会用到,常用 μF 和 pF,个别会用 nF。

常见电容器符号如图 2.5 所示。图 2.5(a)为固定容值电容器,不区分极性(即焊接时不区分方向),而图 2.5(b)则为极性电容器,接入电路时需要注意其方向。

电容器也是构成电路的重要电子元器件,其在接收机电路中的作用主要包括交流耦合、滤波等。图 2.6 给出了电容器作为交流耦合器件的例子,输入信号可能包含直流和交流分量,而后端放大器(如接收机模数转换器前置差分放大器)要求输入信号必须是交流信号,那么,接入电容器后,只有交流信号才能通过。

(a)固定容值电容器　(b)极性电容器

图 2.5　常见电容器符号

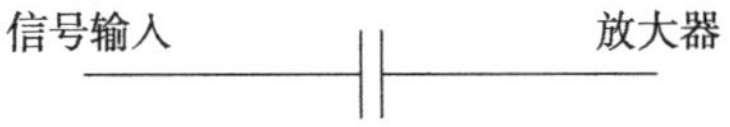

图 2.6　交流耦合

将电容器作为滤波元器件应用时,主要有两种情况:一是利用电阻、电感或放大器配合对输入信号进行滤波处理,如图 2.7(a)所示;二是将不同容量的电容组合,滤除直流电源中的各种频率分量,减小电源输入纹波,如图 2.7(b)所示,图中 VCC 表示供电电源。

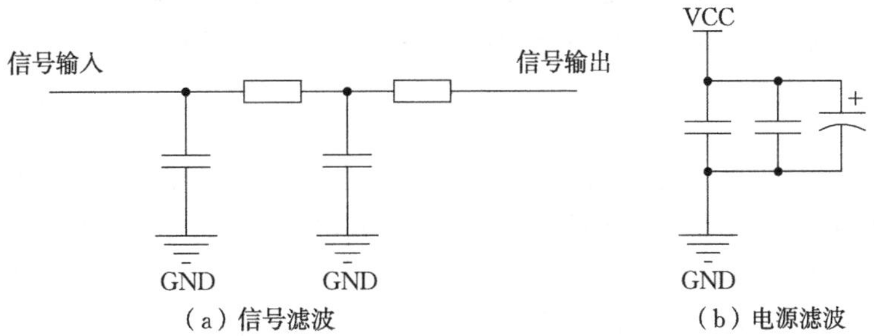

(a)信号滤波　(b)电源滤波

图 2.7　电容器滤波

电容器按介质材料可以分为有机介质(复合介质、纸介质、塑料介质、复合薄膜等)电容器、无机介质(云母、玻璃釉、陶瓷或独石)电容器、气体介质(空气、真空、充气)电容器以及电解质(普通铝电解、钽电解、铌电解)电容器,按容量是否可调分为固定电容器、可变电容器和微调电容器。目前,在接收机中,常用的主要为贴片式固定电容器,如图 2.8 所示,包括陶瓷或独石电容器、铝电解电容器、钽电解电容器等。

图 2.8　典型固定电容器

2. **技术参数**

电容器的主要技术参数包括标称容量及允许偏差、额定工作电压、漏电流及绝缘电阻、损耗因数和温度系数。其中，标称容量及允许偏差的定义与电阻类似；额定工作电压指在规定的工作温度范围内，可以连续加在电容器上而不损坏电容器的最大直流电压或交流电压的有效值，习惯上叫作电容器的耐压；漏电流指在电容器两端施加一定直流电压时所产生的电流，电容器两端的电压与漏电流的比值就是绝缘电阻；损耗因数为一个实际电容器的有功损耗和无功损耗的比值；温度系数指在一定温度范围内，温度每变化 1℃，容量的相对变化值。

电容器的标称容量和允许偏差与电阻类似，允许偏差一般比较大。电容器标称容量的标注方法同样包括直标法、数字标注法和色环法。但是，常用的无极性陶瓷电容一般在电容体上没有任何标识，只在盘体上采用直标法或数字标注法标注，铝电解电容器和钽电解电容器一般在电容体上标注，采用数字标注法时，默认单位为 pF。

电容器在使用过程中，需要注意两点：一是电容器是否存在极性，如果有的话，一定要按照要求摆放，避免烧毁；二是电容器的耐压值，不管是无极性还是有极性电容器，均有耐压值，在工作过程中，电容器两端电压不能超过此电压值，否则会降低电容器使用寿命或直接烧毁。

3. **重要特性**

电容器属于储能元件，可以存储电能。与电阻一样，电容对电流也存在阻碍作用，通常称为容抗，即

$$X_C = \frac{1}{2\pi fC} \tag{2.8}$$

式中，f 为施加在电容器两端的电压频率(或流过电容的电流频率)，C 为电容器的电容。可以看出，频率越高，容抗越小，也就是通常所说的电容器的阻直通交特性。当施加在电容器两端的电压发生变化时，电容器就会充电或者放电，这个过程需要一定的时间，因此，电容器两端电压不能突变。

与电阻一样，串、并联特性也是电容器的重要特性。对于电容器的串联，其总容量越串越小，电容器串联后总容量的倒数等于各电容器容量的倒数之和，即

$$\frac{1}{C} = \frac{1}{C_1} + \frac{1}{C_2} + \frac{1}{C_3} + \cdots + \frac{1}{C_n} \tag{2.9}$$

流过各串联电容器的电流相等，各电容器的电压降之和等于信号源电压，所以电容器也可以用来构成交流分压电路。电容器串联电路中，容量越大，其两端电压降越小，当某一个电容器的容量远大于其他电容器时，该电容器相当于通路，此时电路中起决定性作用的是容量小的电容器。

对于电容器的并联，其总容量越并越大，电容器并联电路中的总容量等于各电容器容量之和，即

$$C = C_1 + C_2 + C_3 + \cdots + C_n \tag{2.10}$$

电容器并联电路中各电容器的电压相等，各支路的电流之和等于总电流。各电容器支路中，大容量电容器支路的电流大，反之则小。从理论上讲，在电容器并联电路中，起决定性作用的是容量大的电容器，因为容量大，容抗小，当一个电容器的容抗远比另一个大时，该电容器相当于开路而不起主要作用。

2.1.3 电感

1. **基本概念**

电感器是用导线在绝缘骨架上单层或多层绕制而成的，常简称为电感，也叫作电感线圈。

电感 L 可以表示为

$$L=\frac{\mu SN^2}{l} \tag{2.11}$$

式中，μ 为导磁材料的磁导率，S 为线圈的横截面积，N 为线圈的匝数，l 为线圈的长度。真空磁导率为 1，空气、玻璃、陶瓷的磁导率约为 1，铁磁物质的磁导率范围很大，有的可高达几万。

电感的基本单位是亨利(H)，导出单位主要有毫亨(mH)、微亨(μH)和纳亨(nH)，各单位之间的换算关系为 1 H$=10^3$ mF$=10^6$ μH$=10^9$ nH。接收机电路中，电感主要用于电源或信号滤波，一般常用 μH、nH。常见的电感器符号如图 2.9 所示。

如图 2.10 所示，一般情况下，电感和电容可以组成无源滤波器，对信号进行滤波，也可以与运算放大器、电阻、电容等组成有源滤波器，一些功率电感可以降低电源纹波。

图 2.9　常见电感器符号

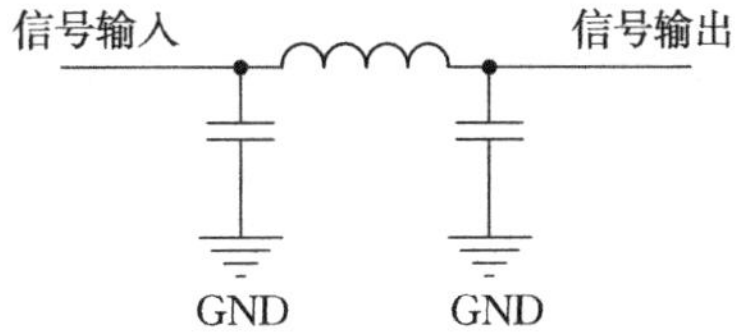

图 2.10　无源滤波器

其实，电感作为线圈能够起到聚焦、偏转、延迟、补偿、陷波、选频、振荡等作用，还可以作为变压器用于耦合信号、变压、阻抗匹配等。

电感按功能分为振荡线圈、扼流圈、耦合线圈、校正线圈和偏转线圈，按是否可调分为固定电感、可调电感和微调电感，按结构分为空心线圈、磁芯线圈和铁芯线圈，按形状分为绕线电感(单层线圈、多层线圈及蜂房线圈)和平面电感(印制板电感、片状电感)。目前，在接收机中，常用的主要为贴片式固定电感，如图 2.11 所示。接收机中，电感的主要作用是滤波。

在外形上，有的电感与陶瓷电容类似，但是主体颜色一般为灰黑色或白色，电容多为棕黄色，相对而言，电感更薄一些。

图 2.11　贴片式固定电感

2. 技术参数

电感的主要技术参数包括标称电感量及偏差、固有电容与直流电阻、品质因数 (Q 值)、额定电流和稳定性。其中，标称电感量及偏差的定义与电阻、电容类似；固有电容与直流电阻指电感线圈的匝与匝、层与层以及绕组与底板间都存在的分布电容和导线的直流电阻；品质因数(Q 值) 在数值上等于某一频率的交流信号在线圈上通过时，线圈所呈现的感抗和线圈直流电阻的比值；额定电流指线圈长时间工作所允许通过的最大电流。

电感的标称电感量及偏差与电阻、电容类似，其标注方法同样包括直标法、数字标注法和色环法。但是，常用的贴片式固定电感一般在电容体上没有任何标识，只在盘体上采用数字标注法标注，功率电感多采用直标法，默认单位为 μH。

3. 重要特性

电感对电流也存在阻碍作用，通常称为感抗，即

$$X_L=2\pi fL \tag{2.12}$$

式中，f 为施加在电感两端的电压频率(或流过电感的电流频率)，L 为电感量。可以看出，频率越高，感抗越大，也就是通常所说的电感的通直阻交特性，流过电感的电流不能突变。另外，电感还具

有电励磁和磁励电特性，也就是当电感流过交变电流时会产生磁场，切割磁力线也会产生电流。

与电阻、电容一样，串、并联特性也是电感的重要特性，电感的串、并联与电阻一样，其总容量越串越大、越并越小。不过需要注意的是，电感的串、并联除了考虑电感本身容量外，还需要考虑电感之间的互感，所以一般很少采用。

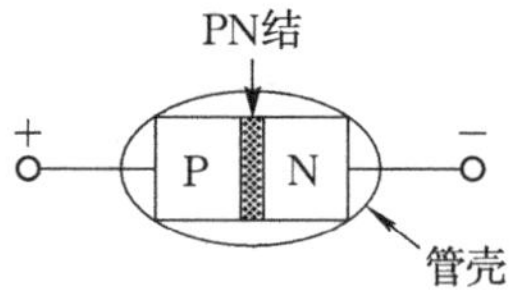

图 2.12　二极管基本结构

2.1.4　二极管

1. 结构与特性

用外壳把一个 PN 结封装起来，从 P 区和 N 区各引出一个电极，就组成一个晶体二极管，如图 2.12 所示，简称二极管，用 VD 表示。

按照 PN 结的制作工艺，二极管可以分为点接触型、面接触型和平面型，如图 2.13 所示；按照制造材料，可以分为硅二极管和锗二极管；按照用途，可以分为整流二极管、检波二极管、稳压二极管、开关二极管等。二极管基本符号如图 2.14 所示。

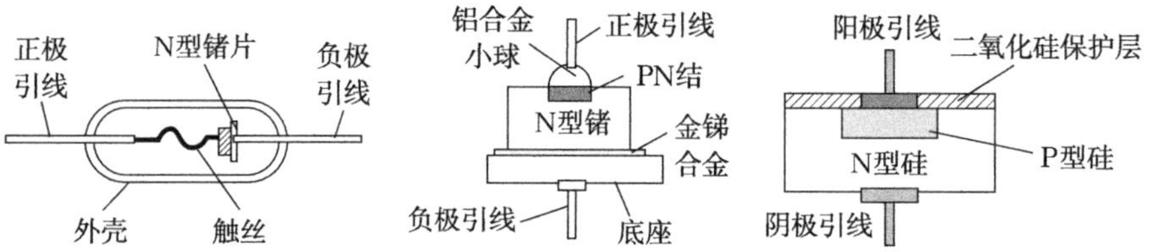

图 2.13　三种工艺二极管类型

二极管得到广泛应用，离不开其单向导电性，即正向特性和反向特性，如图 2.15 所示。二极管正向特性是指在二极管阳极接电源“＋”、阴极接电源“－”时所表现出的特性。当所施加的电压小于某数值时，流过二极管的正向电流很小，这个电压称为死区电压，一般情况下，硅管为 0.5 V，锗管为 0.1 V；当所施加电压超过某数值时，正向电流迅速增加，二极管进入导通状态，该电压称为导通电压，一般认为，硅管为 0.7 V(0.6～0.8 V)，锗管为 0.2 V(0.2～0.3 V)。当施加电压极性互换时，二极管则表现出反向特性，所施加反向电压较小时，流过二极管的电流(称为反向电流)非常小(理想二极管为 0)，且几乎不随反向电压的变化而变化；但是，当反向电压超过某个数值(称为反向击穿电压，理想二极管为无穷大)时，二极管被击穿，电流急剧增加。

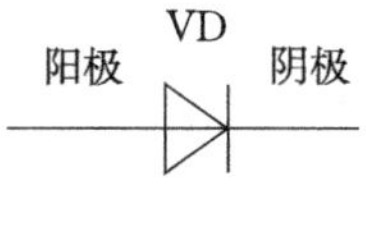

图 2.14　常用二极管符号

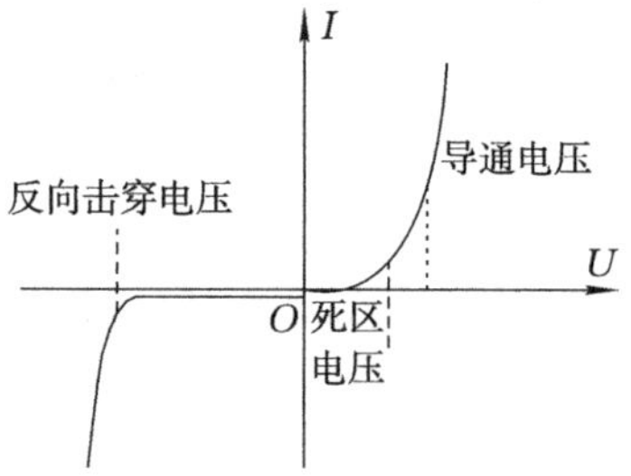

图 2.15　二极管单向导电示意

二极管反向击穿类型包括齐纳击穿和热击穿。其中，齐纳击穿是可逆的，在反向电压作用下反向电流急剧增大，但只要结功率不超过耗散功率，电流不超过最大值，就不会损坏二极管，当反向电压降低后，二极管仍可恢复原来的工作状态，稳压二极管(齐纳二极管)击穿时一般为齐纳击穿；热击穿是不可逆的，二极管承受很大的反向电压时，反向电流急剧增大，二极管的结电阻为 0，失去单向导电性，永久损坏二极管，并很容易烧坏 PN 结，一般的整流、检波二极管击穿时均为热击穿。

2. 技术参数

二极管的主要技术参数包括最大整流电流 (I_{OM})、反向击穿电压(U_{BR}) 和反向电流 (I_R)。最大整流电流指二极管长期使用时，允许流过二极管的最大正向平均电流。反向击穿电压为二极管反向击穿时的电压值，此时，反向电流剧增，二极管的单向导电性被破坏，甚至由于过热而被烧坏(二极管用户手册上给出的反向峰值工作电压 U_{WRM} 一般是 U_{BR} 的一半)。反向电流指在规定的温度和反向峰值工作电压时流过二极管的电流。反向电流大，说明二极管的单向导电性差，因此反向电流越小越好。反向电流受温度的影响较大，温度越高，反向电流越大。硅管的反向电流较小，锗管的反向电流要比硅管大几十到几百倍。

另外，最高工作频率也是二极管的一个很重要的参数，指二极管工作的上限频率。二极管存在结电容，容抗随频率增加而减小，当频率超过一定数值时，二极管将不能很好地体现单向导电性。因此，低频时容抗很小，对 PN 结影响很小；高频时容抗增大，使结电容分流，导致单向导电性变差。一般而言，结面积小时，结电容小，工作频率高。

2.1.5　三极管

1. 基本概念

与二极管一样，三极管(常用 VT 或 Q 表示)也是由 PN 结构成的，其包含两个 PN 结，并按照 PN 结分为 NPN 和 PNP 两种类型，如图 2.16 所示。从图中可以看出，NPN 型三极管由两个 N 型半导体和一个 P 型半导体(均掺杂一定浓度杂质)构成，而 PNP 型三极管由两个 P 型半导体和一个 N 型半导体构成，两种类型三极管均包含三个电极，即基极(B 或 b)、集电极(C 或 c)和发射极(E 或 e)。基极连接部分称为基区，集电极连接部分称为集电区，发射极连接部分称为发射区，其中，基区较薄且掺杂浓度低，集电区面积较大，发射区掺杂浓度高。另外，基区与集电区所形成的 PN 结称为集电结，基区与发射区形成的 PN 结称为发射结。

三极管的分类方法有很多种，按照制作材料分为硅管和锗管(两种材料均包含 PNP 型和 NPN 型)，按照用途分为放大管和开关管等，按照工作频率分为低频管和高频管，按照功率分为小功率管、中功率管和大功率管，等等。常用三极管符号如图 2.17 所示。

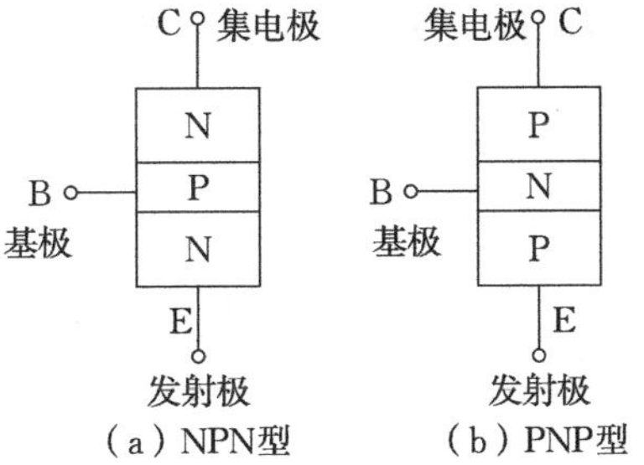

(a) NPN型　(b) PNP型

图 2.16　NPN 和 PNP 型三极管结构

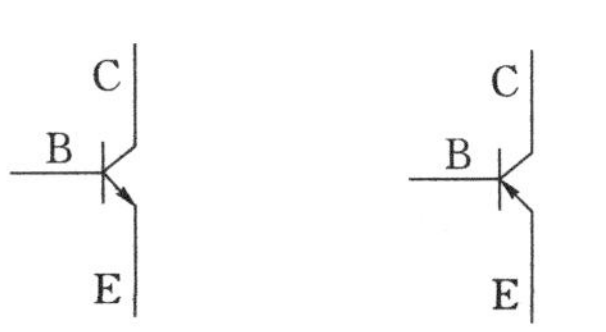

(a) NPN型　(b) PNP型

图 2.17　常用三极管符号

2. 放大原理

下面仅以 NPN 型硅三极管为例进行简要分析。如图 2.18 所示，从基极 B 流至发射极 E 的电流叫作基极电流 I_B；从集电极 C 流至发射极 E 的电流叫作集电极电流 I_C。这两个电流的方向都是由发射极流出三极管的，所以在发射极 E 上用一个向下的箭头来表示电流的方向。三极管的放大作用就是:集电极电流受基极电流的控制(假设电源能够提供给集电极足够大的电流)，并且即使基极电流很小的变化，也会引起集电极电流很大的变化，且变化满足一定的比例关系。三极管处于放大状态时，集电极电流的变化量是基极电流变化量的 β 倍，所以把 β 叫作三极管的电流放大倍数(β 一般远大于 1，如几十、几百)。如果将一个变化的小信号加到基极与发射极之间，就会引起基极电流 I_B 的变化，I_B 的变化被放大后，导致 I_C 发生很大的变化。如果集电极电流 I_C 是流过一个电阻 R 的，那么根据电压计算公式 $U = RI$ 可以算得，这时电阻上的电压就会发生很大的变化。将这个电阻上的电压取出来，就得到了放大后的电压信号。

三极管在放大电路中使用时，需要满足发射结正偏、集电结反偏(PN 结 P 端电压大于 N 端电压时为正偏，反之为反偏)的条件。由于实际的 PN 结存在导通电压，基极电流必须在输入电压大到一定程度后才能产生，所以还需要加合适的偏置电路。也就是说，当基极与发射极之间的电压小于 0.7 V 时，基极电流就可以认为是 0，而实际上要放大的信号往往远比 0.7 V 要小，如果不加偏置电路，这么小的信号就不足以引起基极电流的改变。如果事先在三极管的基极上加一个合适的电流，即偏置电流(图 2.19 中电阻 R_b 就是用来提供这个电流的，所以被称为基极偏置电阻)，那么当一个小信号跟这个偏置电流叠加在一起时，小信号就会导致基极电流发生变化，而基极电流的变化就会被放大并在集电极上输出。

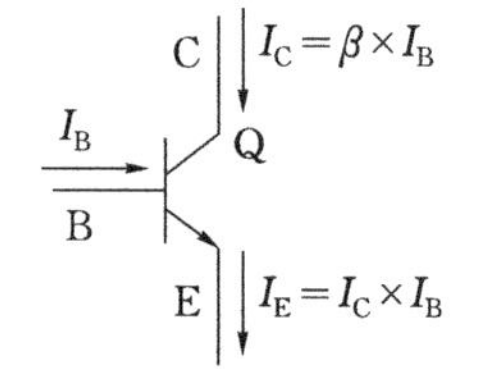

图 2.18 NPN 三极管放大示意

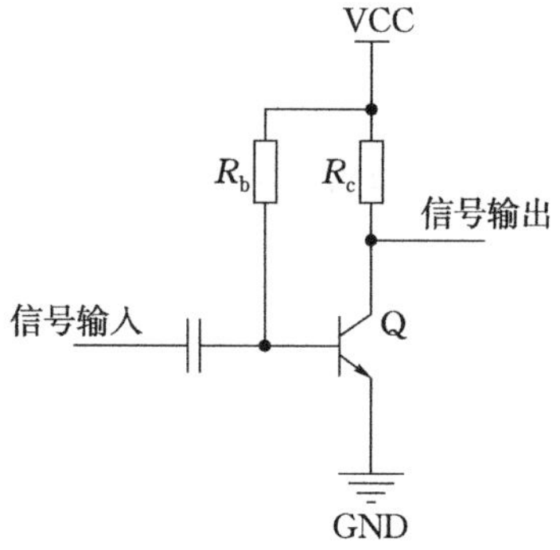

图 2.19 NPN 三极管偏置电路

3. 技术参数

三极管的主要技术参数包括电流放大倍数、集电极最大电流、集电极—发射极反向击穿电压、集电极最大允许功耗等。其中，电流放大倍数实际分为两种，即直流电流放大倍数和交流电流放大倍数，直流电流放大倍数可以表示为

$$\beta_{DC} = \frac{I_C}{I_B} \tag{2.13}$$

实际上，工作于动态的三极管，真正需要放大的信号是叠加在直流电流上的交流信号，基极电流的变化量为 ΔI_B，相应的集电极电流的变化量为 ΔI_C，则交流电流放大倍数为

$$\beta = \frac{\Delta I_C}{\Delta I_B} \tag{2.14}$$

集电极电流 I_C 上升会导致三极管的 β 值的下降，当 β 值下降到正常值的三分之二时，集电极电流即为集电极最大电流 I_{CM}。当集电极 — 发射极之间的电压 U_{CE} 超过一定的数值时，三极管就会被击穿，一般用户手册上给出的数值是 25℃、基极开路时的击穿电压是 $U_{(BR)CEO}$。集

电极电流 I_C 流过三极管，所发出的焦耳热为

$$P_C = I_C \times U_{CE} \tag{2.15}$$

因此，必定导致结温上升，所允许的 P_C 最大值即为集电极最大允许功耗。

2.2　电路基本概念

2.1 节介绍了常用电子元器件，它们是构成电路的基本器件，而电路是电子技术的基础，电子技术是装备维修保障所必备的基础和工具。本节将从实用的角度讨论一些常用电路的概念，并结合接收机的实例进行分析。

2.2.1　电路的组成及电子元器件模型

为了完成某种功能，将电子元器件、模块、设备按照一定方式连接在一起所形成的硬件组合体即为电路。也就是说，电路中的最小元素是电子元器件。一个实际的电子元器件在不同的工作频率下对应不同的模型，即使是一个最简单的电阻，在不同的频率下，也需要用不同的模型来描述。

例如，在 ϕ10 mm 的陶瓷棒上绕 28 匝电阻丝(具有 30 Ω 的阻值，可以承受 20 W 的功率)，这样就构成了一个 20 W、30 Ω 的绕线电阻，如图 2.20 所示。可以看出，根据其绕线结构，该电阻明显具有电感成分，另外，每一圈线匝之间存在电容。在直流及较低的工作频率下，可以忽略这种电感和电容成分，用一个纯电阻 R 表示，如图 2.21 所示。当工作频率较高时，如 100 kHz 以上，这些电感和电容成分都不可忽略，必须用如图 2.22 所示的模型描述才更准确。此时，电感已成为主要成分，不能作为一个纯电阻来使用了。因此，在设计电路时，必须合理选择电子元器件，使其能够在合适的频段上工作。

图 2.20　绕线电阻

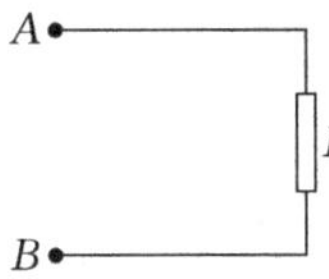

图 2.21　绕线电阻低频等效电路

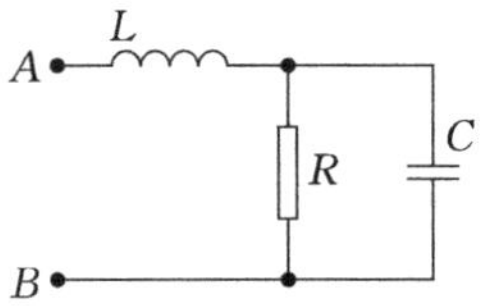

图 2.22　绕线电阻高频等效电路

2.2.2　电压和电流的参考方向

在一般情况下，电路工作时电流会流过电子元器件，其两端也存在一定的电压，而这里的电流和电压是有方向的。下面考察用万用表测量一节干电池的情形，如图 2.23 所示。

在这里，红表笔(＋)、黑表笔(－)就是选定的参考方向。测量结果有两种情况：＋1.5 V 说明电压的实际方向与参考方向一致；－1.5 V 说明电压的实际方向与参考方向相反。测量电流也有类似的情况，当实际电流从红表笔(＋)流入、从黑表笔(－)流出时，读数为正，反之为负。因此，当选定参考方向后，就可通过读数的正负来确定实际方向。在电路

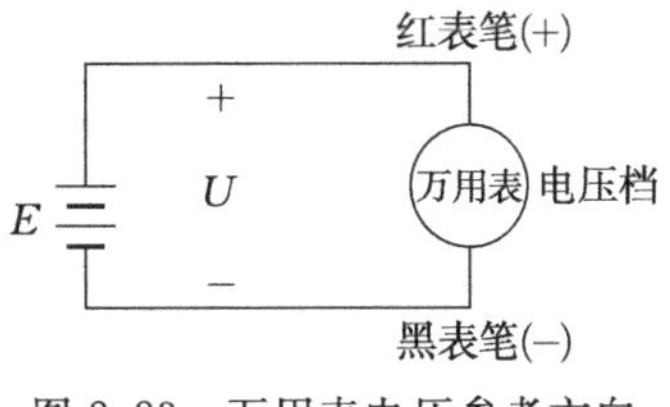

图 2.23　万用表电压参考方向

图中标定的方向都为参考方向,实际方向则可通过测量值的正负符号来确定。当然,如果已知电路中的实际方向,将参考方向标注得与实际方向一致,有利于阅读和理解。

在交流电路中,电压及电流的实际方向是随时间交替变化的。为了分析电路,必须给其规定一个参考方向。在某一瞬间,如果实际方向与参考方向一致,则其数值为正;如果实际方向与参考方向不一致,则其数值为负。

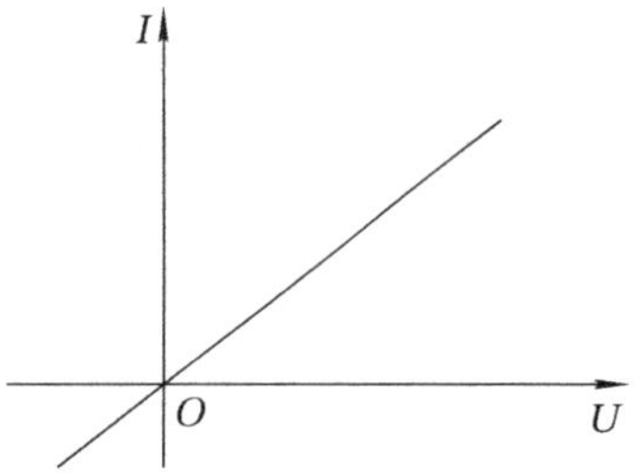

图 2.24 线性电阻的伏安特性曲线

2.2.3 欧姆定律

欧姆定律的定义为:流过电阻的电流与电阻两端所加的电压成正比,即

$$I=\frac{U}{R} \tag{2.16}$$

式中,I 为流过电阻的电流,U 为电阻两端所加的电压,R 为电阻的阻值。这个关系是线性的,具有这种特性的电阻也称为线性电阻。在电流—电压坐标系中,该特性表现为一段直线,这就是线性电阻的伏安特性,如图 2.24 所示。

一般情况下,常用的电阻在规定的工作条件下被认为是线性的。

2.2.4 电源及负载

从电能的供给与耗散角度考虑,可把电路分成电源电路和负载电路两大类。为其他电路提供能量的电路称为电源电路,简称电源;从电源获取并损耗电能的电路称为负载电路,简称负载。例如,在接收机工作时,电源模块属于电源电路,它为其他模块提供电能;而接收模块、发射模块、显示模块等则属于负载电路,如图 2.25 所示。

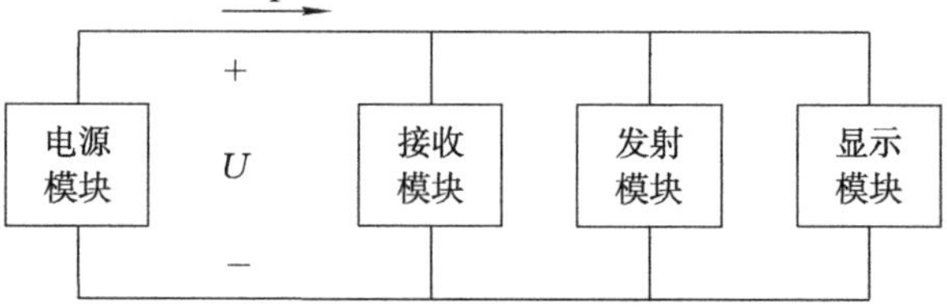

图 2.25 接收机供电示意

另外,接收机电源模块是由可充电电池组成的,当接收机工作较长一段时间后,会发现电源模块输出的电压降低了许多。当电压降低到一定数值时,接收机不能正常工作,需要对电源模块进行充电。注意:处于充电状态下的电源模块扮演的是负载角色,而充电控制器(充电模块)充当了电源角色,如图 2.26 所示。

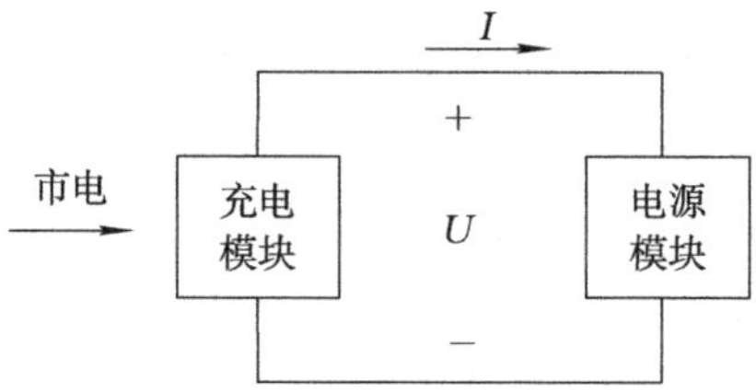

图 2.26 电源模块充电

比较图 2.25 与图 2.26，可以发现流过电源模块的电流方向是不一样的，由此可判断一个电路所起的作用是电源还是负载。也就是说，电源的电流从"＋"端流出，对外部提供电能，而负载的电流则从"＋"端流入，从外部吸收电能。以上判断原则也适用于交流电路，只是电路分析时间应缩短至一个瞬间。

通常，一个电源可用图 2.27 表示。其中，E 为电源电动势，r 为电源内阻，U 为电源电压。对于一个电源来说，不能让其输出太大的电流(超出电源额定电流)，否则会缩短电源的使用寿命，甚至烧毁电源。因此，电动势、内阻和额定电流是电源的基本参数。对于直流电源，电动势是一个恒定量，而对于交流电源，电动势通常可用有效值或最大值来描述。不接负载或把所有负载都断开时，电源就处于开路状态，此时的电源电压就称为开路电压或空载电压。由于负载电流等于 0，开路电压等于电动势。

将负载接到电源上，就可以发现有电流流过负载和电源，并且电源电压也降低了，这种工作状态称为电源有载工作，如图 2.28 所示。

在接收机中，当一些负载(模块)处于不同的工作状态时，电流及电压也不同。从电源两端测得的电压称为电源电压，可测量不同工作状态时所对应的电流和电源电压，并将其描绘在一个直角坐标系中，所得的图形就是电源外特性曲线，如图 2.29 所示。

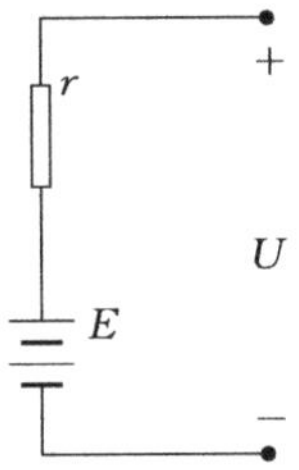

图 2.27 电源模型

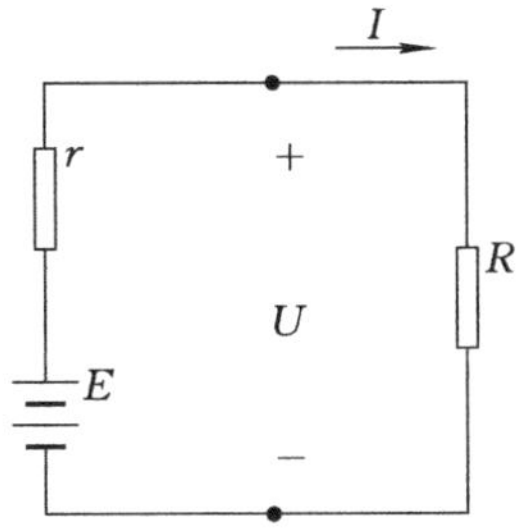

图 2.28 电源有载工作

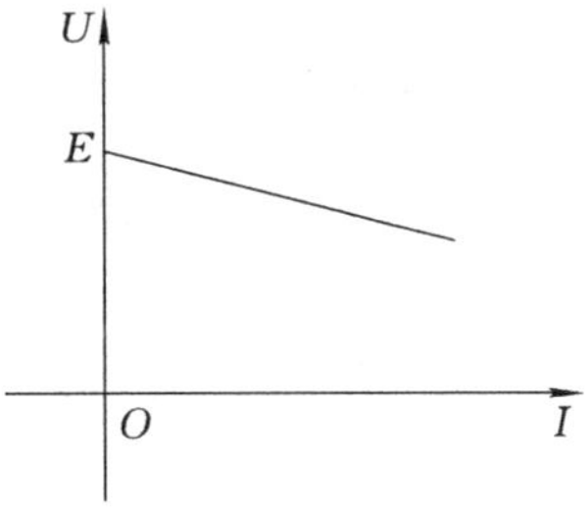

图 2.29 电源外特性曲线

从图 2.29 中可直观地看出，电流越大，电源电压越低。在数学上，应用欧姆定律可列出下列关系式

$$I=\frac{E}{r+R} \tag{2.17}$$

$$U=IR \tag{2.18}$$

$$U=E-Ir \tag{2.19}$$

式中，I 为电流，E 为电源电动势，r 为电源内阻，R 为负载电阻，U 为电源电压。电源电动势和电源内阻都为常数时，电源外特性曲线是一条直线，其斜率由电源内阻 r 决定。电源内阻越小，直线下降趋势越小，表明电源带负载能力越强。例如，当 $E=12.8\ \text{V}$，$r=0.2\ \Omega$，$I=4\ \text{A}$ 时，$U=12.8-4\times 0.2=12(\text{V})$，即该电源给负载提供 4 A 电流时能维持 12 V 电压。此时，负载得到的功率为 $4\ \text{A}\times 12\ \text{V}=48\ \text{W}$，电源内阻上耗散的功率为 $4\ \text{A}\times 0.8\ \text{V}=3.2\ \text{W}$。由此易知，电池会发热。

将电源两端直接连在一起，称为电源短路，这是一种非常危险的操作，有时甚至是灾难性的。以接收机为例，考察某种原因(如绝缘层破损、导线掉落、导电异物进入机箱等)导致短路而带来的危害。仍以上面电源为例，短路电流为 $I_s=12.8\ \text{V}/0.2\ \Omega=64\ \text{A}$，则电源内阻上消耗的功率为 $P=I_sE=64\ \text{A}\times 12.8\ \text{V}=819.2\ \text{W}$，这么大的功率可使接收机电源在短时间内烧毁。

2.2.5 基尔霍夫定律

基尔霍夫定律包括电流定律和电压定律两种。基尔霍夫电流定律为：在任一瞬间，流向某一节点的电流之和等于由该节点流出的电流之和。基尔霍夫电压定律为：在任一瞬间，从回路中的任一点出发以某一方向绕行一周回到该点，则在该方向上的电位（见 2.2.6 小节）降之和等于电位升之和。

如图 2.30 所示，根据基尔霍夫电流定律可以知道，各电流在数值上满足

$$I_2 + I_3 + I_4 = I_1 + I_5 \tag{2.20}$$

如果按照流入、流出节点规定方向（正负），则

$$I_1 + I_2 + I_3 + I_4 + I_5 = 0 \tag{2.21}$$

进一步，可以将其扩展，也就是说上面所说的节点并不一定就是一个点，可能还包含电阻、电容等，只是分析时把部分电路看成了一个节点，此时仍然满足该定律。

如图 2.31 所示，假设每个单元电路对应的电压与规定方向相同为正，相反为负，则根据基尔霍夫电压定律有

$$U_1 + U_2 + U_3 + U_4 + U_5 + U_6 = 0 \tag{2.22}$$

每个单元电路也可以有其他分支，只要分析的目标能够构成完整的回路，那么就一定满足该定律。

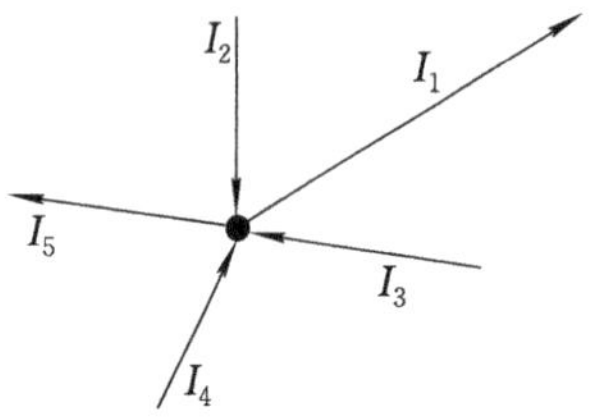

图 2.30 基尔霍夫电流定律示意

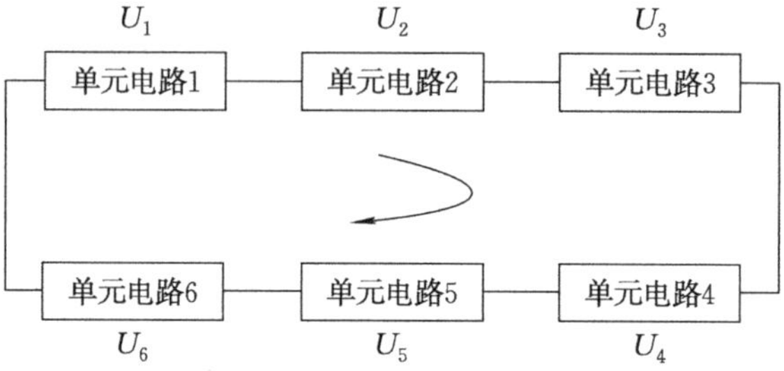

图 2.31 基尔霍夫电压定律示意

2.2.6 电位及参考点

为了便于分析电路，这里引入电位的概念。在一个电路中，人为规定一个参考点，该点电位为 0，用接地符号标注，其他点的电位等于该点与参考点之间的电压，如图 2.32 所示。

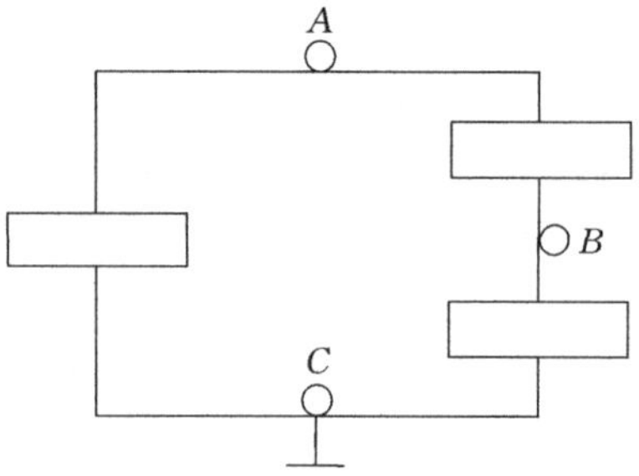

图 2.32 电位及参考点

其中，C 点为参考点，即 $U_C = 0$ V。如果 A 点与 C 点间的电压为 12 V，则 A 点电位为 $U_A = U_A - U_C = U_{AC} = 12$ V；如果 B 点与 C 点间的电压为 5 V，则 B 点电位为 $U_B = U_B - U_C = U_{BC} = 5$ V。当然，也可以通过两个已知点的电位，求这两点间的电压，如 $U_{AB} = U_A - U_B = 12\ \text{V} - 5\ \text{V} = 7$ V。

2.3 电路分析基础

2.3.1 电压源、电流源及其等效变换

常见的电源有干电池、可充电电池、发电机、太阳能电池等。扩展一下，如果一个电路模块能够对外输出电能，也可以把它看成电源。因此，信号发生器、接收天线、热偶传感器、话筒等都属于广义的电源。在电路分析中，可根据需要将这些电源表示成电压源或电流源。

1. 电压源

一个电源可看成由电动势 E 和内阻 r 串联组成，这就是电压源模型，如图 2.33 所示。其外特性可以描述为

$$U = E - Ir \tag{2.23}$$

根据式(2.23)，可以画出其伏安特性曲线，如图 2.34 所示。

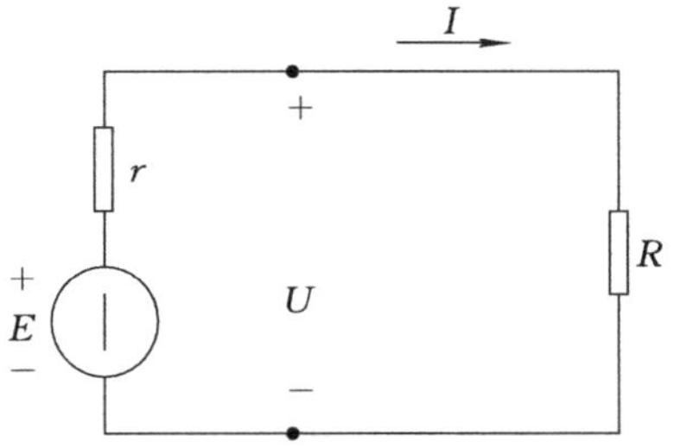

图 2.33　电压源等效电路

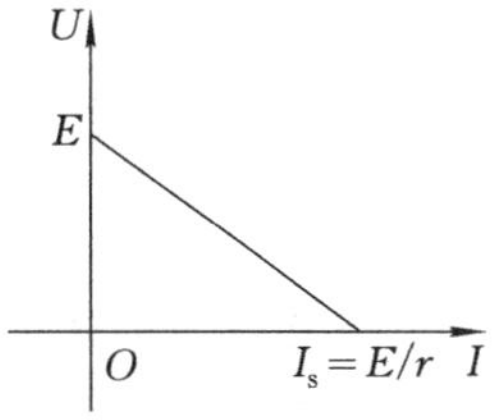

图 2.34　电压源伏安特性

由图 2.34 可知：

(1) 当电压源开路时，$I=0$，开路电压 $U_o=E$，即电源电压等于电动势。

(2) 当电压源短路时，$I_s=E/r$，负载电压 $U=0$，此时电流为短路电流。在这里，短路是一种分析概念，现实中不能对提供能量的实际电源进行短路连接，否则意味着烧毁电源。r 越小，直线越平。当 $r=0$ 时，$U=E$，这样的电源称为理想电压源，它的伏安特性为一条平行于电流横轴的直线。

2. 电流源

一个电源也可看成由恒流源 I_s 和内阻 r 并联组成，这就是电源的电流源模型，如图 2.35 所示。其外特性可以描述为

$$U = I_s(r \| R) = I_s \frac{rR}{r+R} \tag{2.24}$$

式中，$\|$ 表示并联。根据式(2.24)，可以画出其伏安特性曲线，如图 2.36 所示。

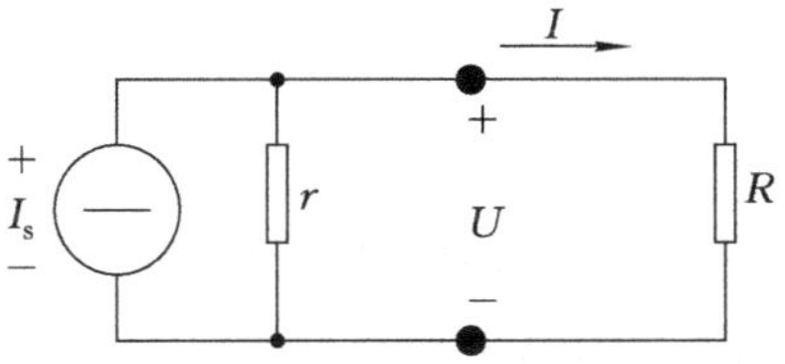

图 2.35　电流源等效电路

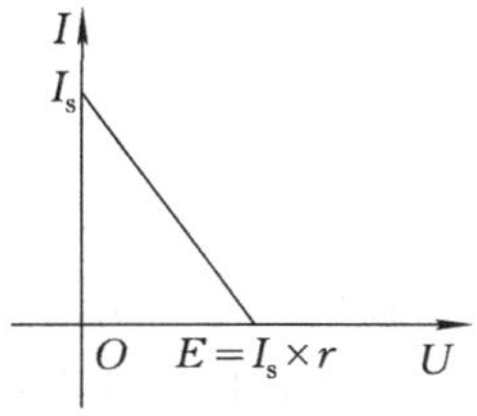

图 2.36　电流源伏安特性

由图 2.36 可知：

(1)当负载电阻 $R=\infty$，即电流源开路时，$U=I_s r$。

(2)当内阻 $r=\infty$ 时，电流源的输出电流 $I_L=I_s$，该电流不随负载电阻的改变而变化。这样的电流源称为理想电流源，它的伏安特性为一条平行于电压轴的直线，外部电压 $U=I_s R$。

3. 电压源与电流源的等效变换

电压源与电流源的外特性是相同的，这两种模型之间是可以等效变换的。当然，这种等效只是针对外电路而言的，对于电源内部是不等效的。将电流源变换为电压源时，有

$$E=I_s r \tag{2.25}$$

将电压源变换为电流源时，有

$$I_s=\frac{E}{r} \tag{2.26}$$

式中，E 为电压源的电动势，I_s 为电流源的短路电流，r 为电压源或电流源的内阻。等效变换前后阻值不变，但是，理想电压源和理想电流源之间没有等效关系，不可变换。

在电路的常规设计及简化分析时，常常可以将电源简化成两种电路模型，即上述电压源和电流源。

2.3.2 电路分析基本定理

1. 叠加定理

在线性电路中，某条支路中的电流可以看成由电路中各电源(电压源或电流源)分别作用时，在该支路中所产生的电流的代数和；某两个节点间的电压，可以看成由电路中各电源(电压源或电流源)分别作用时，在这两个节点间所产生的电压的代数和。在分析计算时，假设一个电源起作用，则将其余电源看作 0，即把电压源看成短路，把电流源看成开路，具体分析实例如图 2.37 所示。

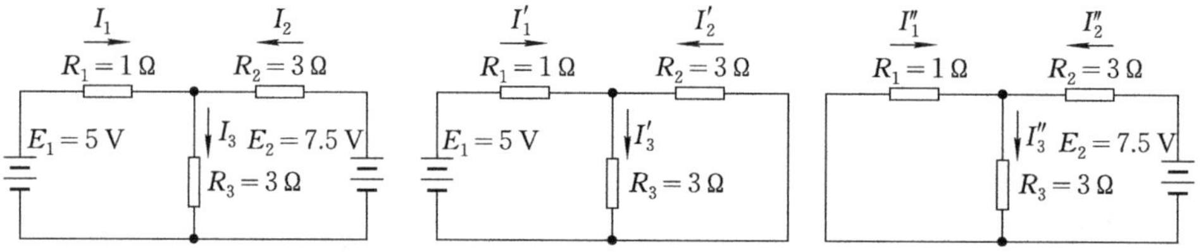

(a) 待分析多源电路　　(b) E_1单独作用等效电路　　(c) E_2单独作用等效电路

图 2.37 叠加定理

为了计算图 2.37(a)中的 I_3，可以先计算出 $I_3'=1$ A，如图 2.37(b)所示；再计算出 $I_3''=0.5$ A，如图 2.37(c)所示；最后将它们加起来，$I_3=I_3'+I_3''=1.5$ A。

从数学上看，叠加定理就是线性方程的可加性。对于多源电路，应用叠加定理可以简化分析计算。从电路上看，叠加定理就是线性电路中各种信号的激励及响应的可叠加性。需要注意的是，叠加定理不适用于功率的计算。

2. 戴维宁定理

戴维宁定理是指任何一个有源二端线性网络都可以等效为一个电动势为 E 的理想电压源和内阻 r 串联的电源，如图 2.38 所示。等效电源的电动势 E 就是有源二端线性网络的开路电压 U_o，即将负载断开后电源两端的开路电压。等效电源的内阻等于将有源二端线性网络中

所有电源都去除后所得到的无源网络的等效电阻。

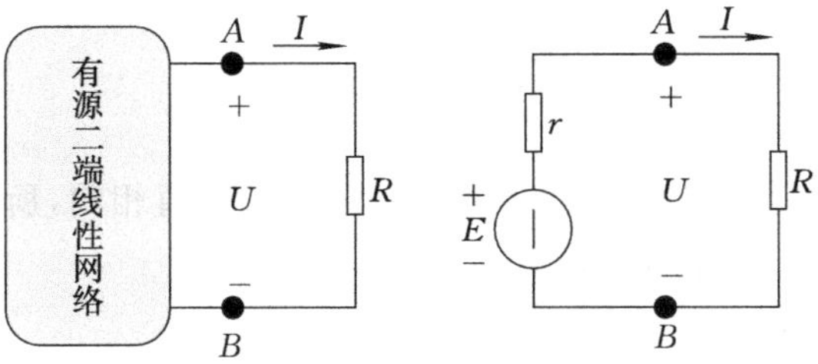

（a）二端线性网络电路　　（b）戴维宁等效电路

图 2.38　戴维宁等效变换

2.3.3　交流电路

交流电路是指在电路中电量（电压、电流等物理量）的大小、方向随时间变化的电路。正弦交流电路是指在电路中激励电量及响应电量都按正弦变化的电路，这种电路的应用面很广，交流电源、正弦信号发生器、接收机中的高频和中频模块等都属于正弦交流电路的研究范畴。通过傅里叶变换，可以将复杂的交流信号理解为众多单频正弦信号的组合，因此，研究正弦交流电路具有普遍意义。

1. 正弦量及其三要素

正弦量（正弦电压、正弦电流等）是其幅值随时间按照正弦规律变化的量，其波形如图 2.39 所示。其中 U_m 表示电压幅值。

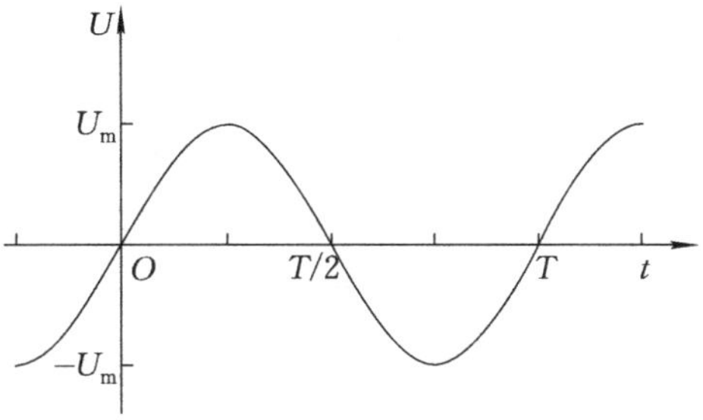

图 2.39　正弦信号时间波形

在电路图中，可以人为地标出一个参考方向。在波形图中，正半周代表实际方向与参考方向一致，负半周代表实际方向与参考方向相反。正弦量的三要素为频率、幅值、相位，它们分别描述了正弦量变化的快慢、大小、初始值。

频率是指正弦量在单位时间内变化的次数，一般用赫兹（Hz）、千赫（kHz）、兆赫（MHz）等作为频率单位；周期是指正弦量变化一次所需的时间，通常用秒作为时间单位。因此，周期 T 与频率 f 互为倒数关系，即

$$T=\frac{1}{f} \tag{2.27}$$

我国市电频率为 50 Hz（工频），音频指 20 Hz～20 kHz 的范围，PAL 标准视频指 0～6.5 MHz 的范围，北斗系统的射频在 1.2 GHz、1.5 GHz、2.4 GHz 等频段。考虑描述问题的普适性，常用角频率 ω 来表示

$$\omega=2\pi f=\frac{2\pi}{T} \tag{2.28}$$

因此，ω、f、T 是同一要素，已知其中一个量就可以计算出另外两个量。

正弦量在任一瞬间的值称为瞬时值。在一个周期内，总有瞬时值达到最大，这个最大的瞬时值称为幅值或最大值，通常用 U_m 表示电压幅值，I_m 表示电流幅值。

在计算功率、热量时，常用有效值表示正弦量的大小，即

$$I = \frac{I_m}{\sqrt{2}} \tag{2.29}$$

考虑检波、滤波，可求出正弦量全波整流后的平均值，即

$$\bar{I} = 0.637 I_m \tag{2.30}$$

正弦量随时间而变。如果时间起点不同，即使频率、幅值相同，所描述的正弦量也并不相同，表现为波形在时间轴上的左右位置不同。

一个正弦电流可以描述为

$$I = I_m \sin(\omega t + \varphi) \tag{2.31}$$

其波形图如图 2.40 所示。

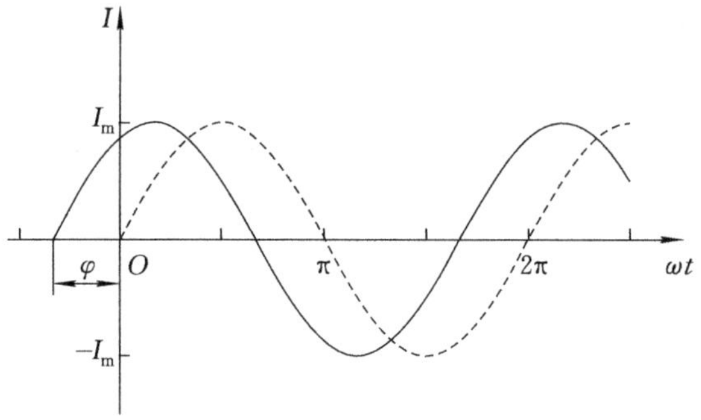

图 2.40 正弦信号的初相位

令 $t = 0$，可得该电流的初始值为 $I_0 = I_m \sin\varphi$，该值并不等于 0，这里的 φ 被称为初相位。在一个正弦交流电路中，即使是同一个节点，电压和电流的频率是相同的，它们的初相位也不一定相同，如含有电抗（电容、电感）成分的节点。假设电压和电流分别表述为

$$U = U_m \sin(\omega t + \varphi_1) \tag{2.32}$$

$$I = I_m \sin(\omega t + \varphi_2) \tag{2.33}$$

电压初相位为 φ_1，电流初相位为 φ_2。两个同频率正弦量的相位之差称为相位差，如图 2.41 所示，用 φ 表示，且

$$\varphi = (\omega t + \varphi_2) - (\omega t + \varphi_1) = \varphi_2 - \varphi_1 \tag{2.34}$$

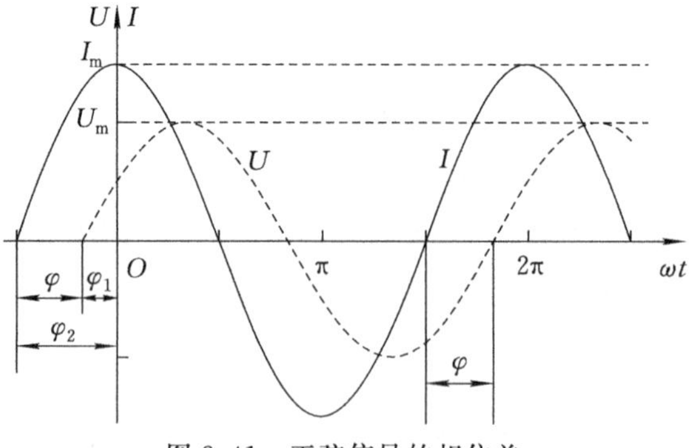

图 2.41 正弦信号的相位差

两个信号的相位差与两个信号的初相位差是相等的。在正弦交流电路中，不同节点间通常具有相位差，例如，接收机中高频放大器前后级输出端之间、鉴相器的两个输入端之间。

2．诺顿定理

诺顿定理是指任何一个有源二端线性网络[图 2.38(a)]都可以等效为电流 I_s 的理想电流源和内阻 r 并联的电源。等效电源的电流 I_s 就是有源二端线性网络的短路电流；等效电源的内阻 r 等于有源二端线性网络中去除所有电源后无源网络的等效电阻。诺顿等效电路如图 2.42 所示。

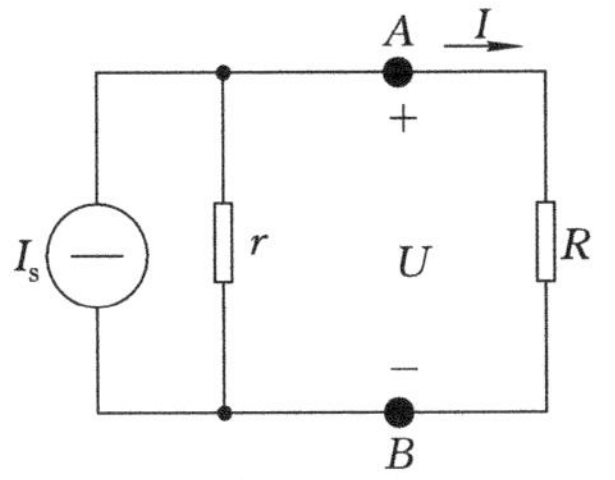

图 2.42　诺顿等效电路

3．正弦量的相量表示法

表示一个正弦量实际上就是描述该正弦量的频率、幅值、相位这三个要素。正弦量除了可用三角函数和时间波形表示外，还可以用相量来表示。这些表示方法是分析、计算正弦交流电路的工具。相量表示法的数学基础是复数。下面考察用三角函数、时间波形、相量三种方法表示一个正弦量的各自特点。假设一个正弦电压用三角函数表示为

$$U = U_m \sin(\omega t + \varphi) \tag{2.35}$$

则其时间波形如图 2.43 所示。

为了找出三角函数、时间波形、相量三种表示方法之间的联系，在时间波形的左边画一个旋转矢量 $\boldsymbol{A}$，并作以下规定：令 $\boldsymbol{A}$ 的长度 $|\boldsymbol{A}| = U_m$，当 $t=0$ 时，$\boldsymbol{A}$ 与横轴之间的夹角等于 φ，$\boldsymbol{A}$ 以正弦量的角频率 ω 作逆时针旋转。由此，该旋转矢量 $\boldsymbol{A}$ 即与三角函数及时间波形建立起一定的关系，如图 2.43 所示。

下面考察两个时间点：当 $t=0$ 时，$U_0 = U_m \sin\varphi$；当 $t = t_1$ 时，$U_1 = U_m \sin(\omega t_1 + \varphi)$。正弦量可用旋转矢量表示，而矢量可用复数表示，因此正弦量也可用复数表示。复数可以用直角坐标、指数或极坐标三种形式表示。

1)直角坐标式

表示复数的直角坐标系也称为复平面，横轴表示复数的实部，即实轴，单位为 +1；纵轴表示复数的虚部，即虚轴，单位为 +j。矢量 $\boldsymbol{A}$ 在复平面中的关系如图 2.44 所示。

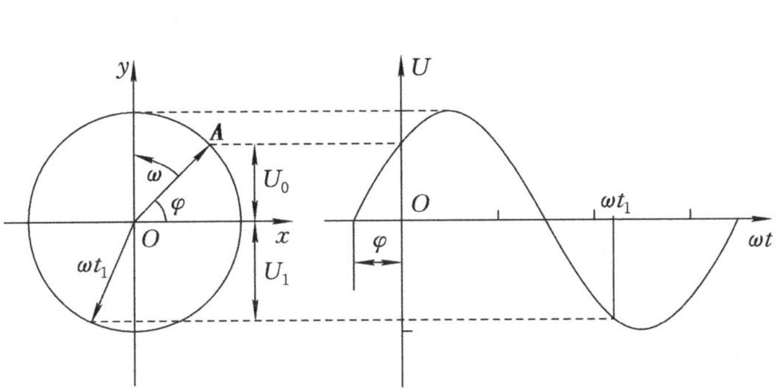

图 2.43　旋转矢量与正弦信号的时间波形

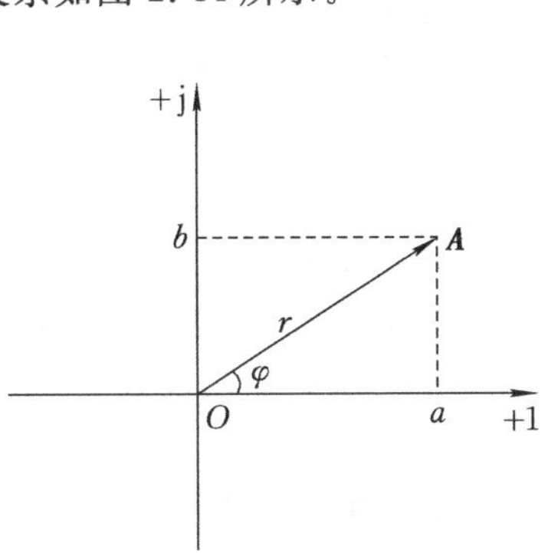

图 2.44　复平面中的矢量

从图 2.44 中可以看出，矢量 $\boldsymbol{A}$ 表示为复数 A 时，A 的模 $r = |A| = \sqrt{a^2 + b^2}$，初相位 $\varphi = \arctan\dfrac{b}{a}$，在实轴上的投影 $a = r\cos\varphi$，在虚轴上的投影 $b = r\sin\varphi$。因此，有

$$A = a + \mathrm{j}b = r\cos\varphi + \mathrm{j}r\sin\varphi = r(\cos\varphi + \mathrm{j}\sin\varphi) \tag{2.36}$$

2)指数式

复数也可以用指数的形式表示，根据欧拉公式，有

$$\cos\varphi = \frac{e^{j\varphi} + e^{-j\varphi}}{2} \tag{2.37}$$

$$\sin\varphi = \frac{e^{j\varphi} - e^{-j\varphi}}{2j} \tag{2.38}$$

$$A = r e^{j\varphi} \tag{2.39}$$

3)极坐标式

复数还可以用极坐标的形式表示,即

$$A = r\angle\varphi \tag{2.40}$$

综上所述,如果用复数表示一个正弦量,则复数的模就是正弦量的幅值,复数的辐角就是正弦量的初相位。这种表示正弦量的复数称为相量,用在字母上加一个点表示,例如,电压相量用 $\dot{U}$ 表示,即

$$\dot{U} = U_m(\cos\varphi + j\sin\varphi) = U_m e^{j\varphi} = U_m\angle\varphi \tag{2.41}$$

$\dot{U}_m$ 是电压幅值相量。另外,对于正弦量来说,有效值与幅值之间只是比例上的差别,因此,也可用有效值表示相量,如

$$\dot{U} = U(\cos\varphi + j\sin\varphi) = U e^{j\varphi} = U\angle\varphi \tag{2.42}$$

式中,$\dot{U}$ 是电压有效值相量。

应当指出,相量可以表示正弦量,但它不等于正弦量。用相量表示正弦量时,已经忽略了频率这个要素。这主要是基于这样的事实:在线性电路中,当激励是具有某个频率的正弦量时,其各个节点的响应也为同一频率的正弦量,只是幅值和相位不同。因此,只需考虑幅值和相位。

如果将频率相同的多个信号的相量画在同一张图中,就可以直观地观察它们之间的幅值和初相位的关系,这张图称为相量图。利用相量图还可以进行图解计算。例如,接收机中的鉴相电路,有 I 支路和 Q 支路,它们的输入信号、本振信号都可用相量图来表示。如果相量 A 逆时针旋转了 α 角后可与相量 B 重叠,就称相量 A 滞后于相量 B,α 称为滞后角度;反之,则相量 A 超前于相量 B。单纯考虑信号的周期性,当超前角度大于 180°时,实际上就是滞后了。当然,如果多级放大器引起了大相移,表示超越 180°的级间相移是有意义的。超前与滞后从时间上看,波形往左移,即是超前,可理解为先发生;波形往右移,即是滞后,可理解为后发生。

4. 电阻元件及其交流电路

这里讨论理想的电阻元件。欧姆定律既适用于直流电路,也适用于交流电路,即

$$I = \frac{U}{R} \tag{2.43}$$

用相量表示电阻元件上电压与电流的关系,则为

$$\dot{U} = U e^{j0°} \tag{2.44}$$

$$\dot{I} = I e^{j0°} \tag{2.45}$$

电阻元件电路图及相量图如图 2.45 所示。

在任一瞬间,流过电阻的电流与电阻上所加的电压成正比。电阻元件电压电流功率波形如图 2.46 所示。

设 $I = I_m\sin\omega t$, $U = RI = RI_m\sin\omega t = U_m\sin\omega t$, 一段时间内电阻上消耗的电能为

$$W = Pt = \int_0^t UI\,dt = \int_0^t \frac{U^2}{R}dt = \int_0^t I^2 R\,dt \tag{2.46}$$

在任一时刻，电阻上的功率 $P \geqslant 0$，即电阻元件是一种耗能元件，它将电能转变为热能，而且是不可逆的。

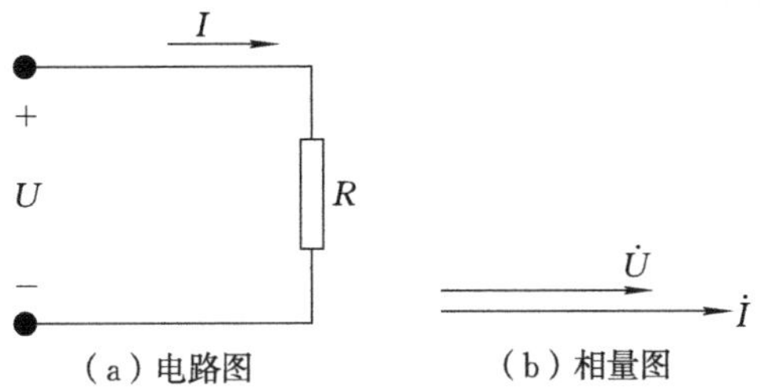

图 2.45　电阻元件电路图及相量图

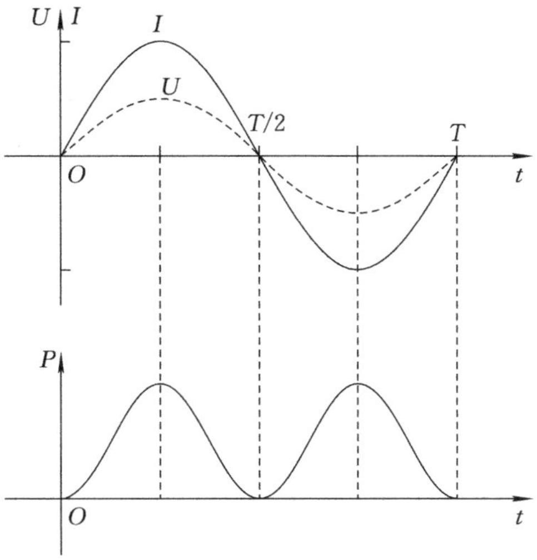

图 2.46　电阻元件电压电流功率波形

5. 电容元件及其交流电路

这里讨论理想的电容元件。流过电容的电流为

$$I = \frac{dQ}{dt} \tag{2.47}$$

式中，Q 为电量。因 $\frac{Q}{U} = C$，故

$$I = C\frac{dU}{dt} \tag{2.48}$$

$$U = U_0 + \frac{1}{C}\int_0^t I\,dt \tag{2.49}$$

在交流电路中，设 $U = U_m \sin\omega t$，则

$$I = C\frac{d(U_m \sin\omega t)}{dt} = \omega C U_m \cos\omega t = \omega C U_m \sin(\omega t + 90°) = I_m \sin(\omega t + 90°) \tag{2.50}$$

可见，在电容元件上，电流与电压之间为导数及积分关系，电流与电压频率相同，电流相位超前电压 90°。

理想电容对应的阻抗称为容抗，其表达式为

$$X_C = \frac{U_m}{I_m} = \frac{U}{I} = \frac{1}{\omega C} = \frac{1}{2\pi f C} \tag{2.51}$$

容抗与电容 C 及频率 f 成反比，即频率越高容抗越小，频率越低容抗越大。当 $f = 0$ 时，$X_C = \infty$，即电容元件对于直流来说，相当于开路。容抗、电流随频率而变的特性如图 2.47 所示。

用相量表示电容元件上电压与电流的关系，则为

$$\dot{U} = U e^{j0°} \tag{2.52}$$

$$\dot{I} = I e^{j90°} \tag{2.53}$$

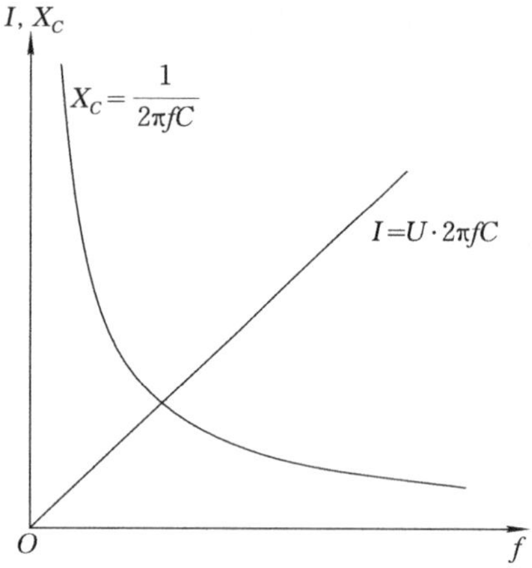

图 2.47 X_C、I 与 f 的关系

$$Y=\frac{\dot{U}}{\dot{I}}e^{-j90^\circ}=-jX_C \tag{2.54}$$

$$\dot{U}=-jX_C\dot{I}=-j\frac{1}{\omega C}\dot{I} \tag{2.55}$$

式中，Y 为电抗。

电容元件电路图及相量图如图 2.48 所示。

电容元件的瞬时功率可以表示为

$$\begin{aligned}P&=UI=U_m I_m\sin\omega t\sin(\omega t+90^\circ)\\&=U_m I_m\sin\omega t\cos\omega t=\frac{U_m I_m}{2}\sin 2\omega t=UI\sin 2\omega t\end{aligned} \tag{2.56}$$

其直观的物理意义如图 2.49 所示。

图 2.49 中，把一个周期 T 分成 4 个 1/4 周期。在第一个 1/4 周期内，电压为正且逐步增大，电流为正，因此功率 $P=UI$ 为正，电容器充电，其储存能量以电压形式体现，电压越高所储存的能量越大，到第一个 1/4 周期末电压达到最大值，电流为 0，停止充电；在第二个 1/4 周期内，电压为正但在逐步减小，电流为负，功率为负，电容器放电，到第二个 1/4 周期末电压为 0，表示电容器中的能量已释放完毕，这些能量已全部归还给电源；在第三个 1/4 周期内，电压为负且负值的绝对值越来越大，电流为负，功率为正，电容器反向充电；在第四个 1/4 周期内，电压为负并逐渐趋于 0，电流为正，功率为负，电容器处于反向放电状态。

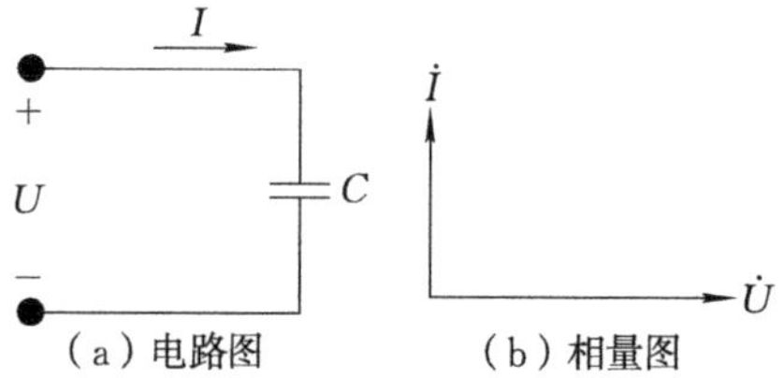

图 2.48 电容元件电路图及相量图

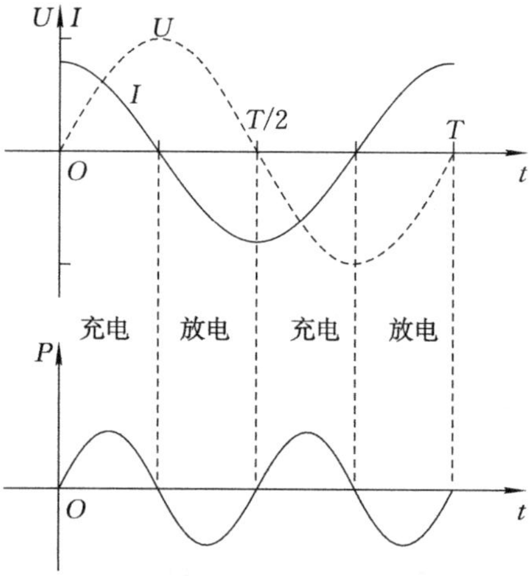

图 2.49 电容元件电压电流功率波形

可见，在一个周期 T 内，电容器交替地进行着充放电。当电压为最大值时，储存的能量最大；当电压为 0 时，储存的能量为 0。电容器上的功率有时为正，有时为负，其平均功率可以表示为

$$\bar{P}=\frac{1}{T}\int_0^T P\,dt=\frac{1}{T}\int_0^T UI\sin 2\omega t\,dt=0 \tag{2.57}$$

式(2.57)表明，在一个周期 T 内电容器所消耗的功率为 0，即纯电容元件不消耗功率。在实际电路中，可以选用合适的电容品种，使电容器的电容特征表现得较理想，即接近于纯电容。

电解电容通常用于低频电路。对于高频信号，电解电容表现为电阻成分增大——损耗增大、电感成分增大——在某些频率上会引起谐振，即电容特性变得很差。此时可以在其旁边并联一个小容量瓷片电容，改善其高频特性，使它们的综合特性理想化。

6. 电感元件及其交流电路

理想电感元件上的电压与电流的关系可以表示为

$$U = L\frac{\mathrm{d}I}{\mathrm{d}t} \tag{2.58}$$

$$I = I_0 + \frac{1}{L}\int_0^t U\mathrm{d}t \tag{2.59}$$

在交流电路中，设 $I = I_m \sin\omega t$，则

$$U = L\frac{\mathrm{d}(I_m \sin\omega t)}{\mathrm{d}t} = \omega L I_m \cos\omega t = \omega L I_m \sin(\omega t + 90°) = U_m \sin(\omega t + 90°) \tag{2.60}$$

可见，在电感元件上，电压与电流之间为导数及积分关系，电压与电流频率相同，电压的相位超前电流 90°。

电容、电感元件都存在阻抗，电感上的阻抗叫作感抗，电感的感抗可以表示为

$$X_L = \frac{U_m}{I_m} = \frac{U}{I} = \omega L = 2\pi f L \tag{2.61}$$

感抗 X_L 与电感量 L 及频率 f 成正比，感抗的单位为 Ω。频率越高，其表现的阻碍作用越大；频率越低，阻碍作用越小。当 $f = 0$ Hz 时，$X_L = 0$ Ω，即电感元件对于直流来说相当于短路。感抗、电流随频率而变的特性如图 2.50 所示。

用相量表示电感元件上电压与电流的关系，则为

$$\dot{U} = U e^{j90°} \tag{2.62}$$

$$\dot{I} = I e^{j0°} \tag{2.63}$$

$$Y = \frac{\dot{U}}{\dot{I}} = \frac{U}{I} e^{j90°} = jX_L = j\omega L \tag{2.64}$$

$$\dot{U} = jX_L \dot{I} = j\omega L \dot{I} \tag{2.65}$$

电感元件电路图及相量图如图 2.51 所示。

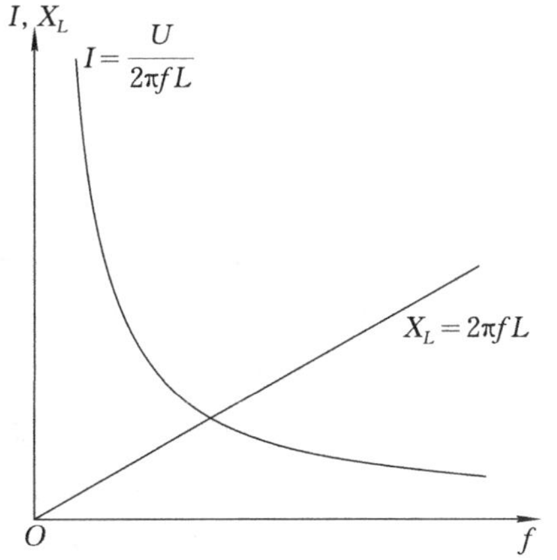

图 2.50　X_L、I 与 f 的关系

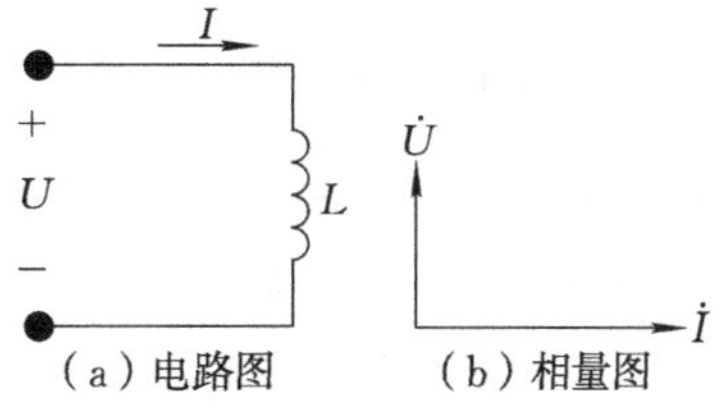

图 2.51　电感元件电路图及相量图

电感元件的瞬时功率可以表示为

$$P=UI=U_mI_m\sin\omega t\sin(\omega t+90°)$$
$$=U_mI_m\sin\omega t\cos\omega t=\frac{U_mI_m}{2}\sin2\omega t=UI\sin2\omega t \tag{2.66}$$

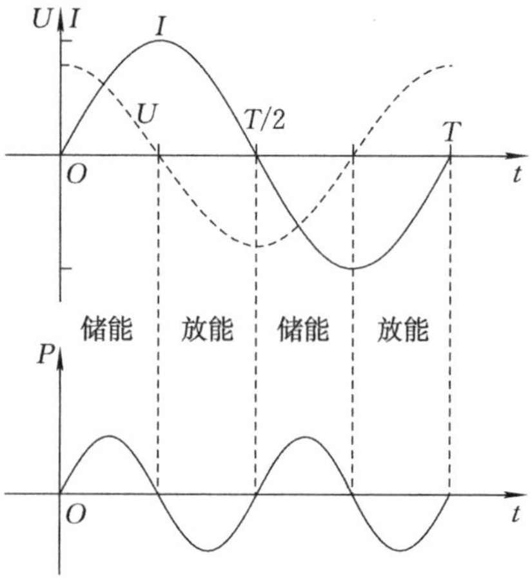

图 2.52　电感元件电压电流功率波形

其直观的物理意义如图 2.52 所示。

与电容元件类似，把一个周期 T 分成 4 个 1/4 周期。在第一个 1/4 周期内，电压为正，电流为正，因此功率 $P=UI$ 为正，此时，电感元件处于储存能量状态，其储存的能量以电流体现，电流越大，磁场越强，所储存的能量越大，到第一个 1/4 周期末电流达到最大；在第二个 1/4 周期内，电压为负，电流为正，因此功率为负，此时，电感元件处于释放能量状态，其储存的能量仍以电流体现，电流越小，磁场越弱，所储存的能量越小，到第二个 1/4 周期末电流为 0，表示电感元件中的能量已释放完毕，这些能量已全部归还给电源；在第三个 1/4 周期内，电压为负，电流为负，因此功率为正，与第一个 1/4 周期不同的是电流方向相反，其建立的磁场方向也相反，但它仍是储能状态，储存的能量仍以电流形式体现；在第四个 1/4 周期内，电压为正，电流为负，功率为负，此时，电感元件处于释放能量状态。

可见，在一个周期 T 内，电感元件交替地进行着储存能量和释放能量。当电流为最大值时，储存的能量最大；当电流为 0 时，储存的能量为 0。电感元件上的功率有时为正有时为负，其平均功率可以表示为

$$\bar{P}=\frac{1}{T}\int_0^T P\,\mathrm{d}t=\frac{1}{T}\int_0^T UI\sin2\omega t\,\mathrm{d}t=0 \tag{2.67}$$

式(2.67)表明，在一个周期 T 内电感元件的平均功率为 0，即所消耗的功率为 0。由于交流电流周而复始地循环，因此，不管持续多久，只要时间是 T 的整数倍，其平均功率仍为 0。

在实际电路中，为什么有些电感元件会发热呢？其原因是，实际的电感元件不是一个纯电感元件，它含有电阻成分，电流流过电阻会发热，消耗能量。在非理想的电感元件上，电压与电流的实际相位差小于 90°，有电阻成分，正功率大于负功率的绝对值，平均功率不为 0。电压为最大值时电流不为 0，电流为最大值时电压也不为 0。

2.3.4　电路的暂态分析

前面讨论的都是稳态电路，即电路处于稳定状态。当激励信号维持不变，经过一段时间后，电路将处于稳定状态。直流电路中各个节点的电压、电流都是定值，交流电路中各个节点的电压、电流的幅值以及相位差不变。当激励信号改变后，电路的状态也将随之而变。对于纯电阻电路，电路状态的改变是随激励信号立即改变的，只要激励信号稳定了，电路随即稳定，没有过渡状态。然而电路中含有电容或电感(储能元件)时，情况就不一样了，当激励信号处于一个新的稳定状态后，电路还要经过一段过渡时期才能进入新的稳定状态。这个过渡时期的电路状态称为暂态。

暂态虽然比较短暂，但它却蕴含着丰富的变化信息。暂态分析是研究脉冲电路、数字电路

的基础。本书只研究阶跃激励和矩形脉冲激励所引起的暂态过程。

1. 一阶 RC 电路的零状态阶跃响应

一阶 RC 电路是指电路可被简化为只有一个电阻元件和一个电容元件的电路(可以有多个电压源或电流源)。一阶 RC 电路中各节点的电压、电流变化规律,可根据基尔霍夫定律用微分方程描述。当激励确定后,通过解微分方程,可得到精确的响应表达式。

零状态是指在 $t=0$ 时电容上储存的能量为 0,即电容电压为 0。下面考察处于零状态的 RC 电路[图 2.53(a)]对阶跃信号的响应,其各节点的波形如图 2.53(b)所示。

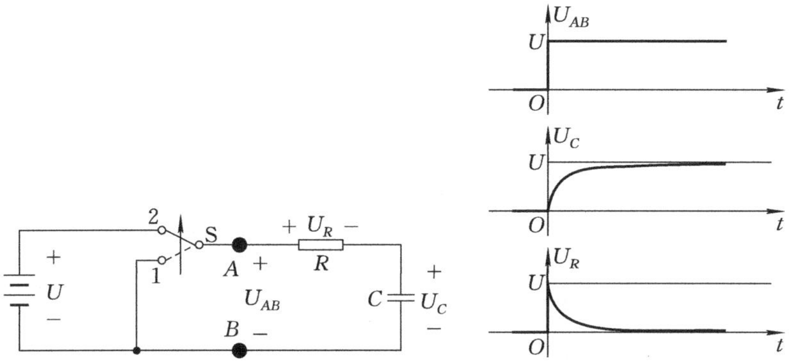

(a) 电路图　　(b) 响应波形

图 2.53　一阶 RC 电路对阶跃信号的零状态响应

阶跃信号(电压从 0 跳变到 U)的形成:在 $t<0$ 阶段,开关 S 处于位置 1,电容上的电压为 0;在 $t=0$ 时,将开关 S 打到位置 2,使 RC 串联电路接到电源上,$U_{AB}=U$;在 $t>0$ 阶段,让该加电状态永久地持续下去。也就是说,电源电压 U 将在 $t=0$ 时立即并持续地加在 RC 串联电路上。这种加电方式形成的电压变化就是电压阶跃,其时间波形见图 2.53(b)。从图中可以看出,电容上的电压是随时间逐渐升高的,电阻上的电压是随时间逐渐降低的。

可以看出,由基尔霍夫电压定律可描述任一瞬间的电压关系,即电源电压为电容电压与电阻电压之和。这个暂态过程也就是电源通过电阻对电容器的充电过程。电容上的电压的变化规律可以表示为

$$U_C=U(1-\mathrm{e}^{-t/\tau})\tag{2.68}$$

电阻上的电压的变化规律可以表示为

$$U_R=U\mathrm{e}^{-t/\tau}\tag{2.69}$$

式中,U 为电源电压,$\tau=RC$ 为时间常数。这是一种简单的指数变化规律,一些特定时间的电压如表 2.3 所示。

表 2.3　电容电压、电阻电压的零状态阶跃响应数据

时间 $/t$	0	τ	2τ	3τ
电容电压 U_C	0	$0.632U$	$0.865U$	$0.95U$
电阻电压 U_R	U	$0.368U$	$0.135U$	$0.05U$

2. 一阶 RC 电路的零输入阶跃响应

零输入是指激励信号为 0。下面考察电容处于已充电状态的 RC 电路[图 2.54(a)]对零输入阶跃信号的响应,其各节点的波形如图 2.54(b)所示。

阶跃信号（电压从U跳变到0）的形成：在$t<0$阶段，S处于位置2，电容上的电压为U；在$t=0$时，将开关S打到位置1，使RC串联电路短接；在$t>0$阶段，让该短接状态永久地持续下去。这样，在$t=0$时，电压U_{AB}将立即变为0，并被永久地保持下去。这种电压变化也是一种电压阶跃，其时间波形见图2.54(b)。从图中可以看出，电压将随时间逐渐降低，电阻上的电压在$t=0$处立即跳变到$-U$，然后随时间逐渐趋于0。其实，当$t\geqslant 0$时，电阻电压与电容电压的关系为

$$U_R=-U_C \tag{2.70}$$

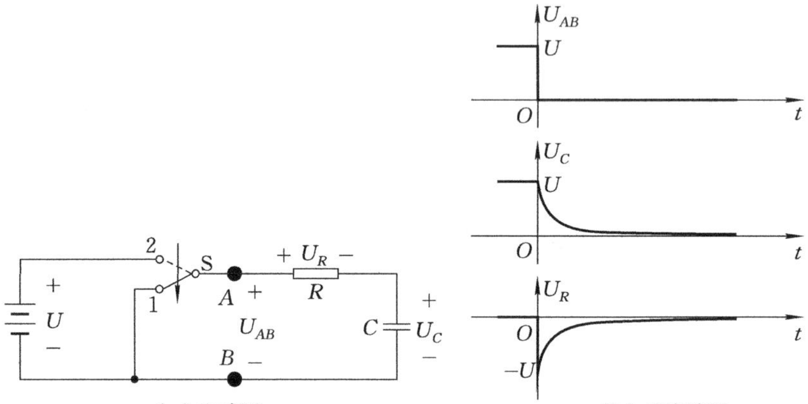

（a）电路图 （b）响应波形

图2.54 一阶RC电路对阶跃信号的零输入响应

通过分析可知，基尔霍夫定律仍可描述任一瞬间的电压关系，即电源电压为电容电压与电阻电压之和（$t\geqslant 0$时，电源断开，$U=0$）。上述暂态过程就是一个电容通过电阻的放电过程。电容上的电压的变化规律可以表示为

$$U_C=U_{C_0}e^{-t/\tau} \tag{2.71}$$

电阻上的电压的变化规律可以表示为

$$U_R=-U_{C_0}e^{-t/\tau} \tag{2.72}$$

式中，U_{C_0}为电容电压的初始值，对于图2.54(a)所示电路，$U_{C_0}=U$，$\tau=RC$为时间常数。这是一种简单的指数变化规律，一些特定时间的电压如表2.4所示。

表2.4 电容电压、电阻电压的零输入阶跃响应数据

时间 /t	0	τ	2τ	3τ
电容电压U_C	U_{C_0}	$0.368U_{C_0}$	$0.135U_{C_0}$	$0.05U_{C_0}$
电阻电压U_R	$-U_{C_0}$	$-0.368U_{C_0}$	$-0.135U_{C_0}$	$-0.05U_{C_0}$

3. RC电路的全响应

RC电路的全响应，就是电路对电源阶跃激励和电容电压的初始状态都不为0的响应。由叠加定理可以得出，全响应为零输入响应与零状态响应之和。例如，当电容上的初始电压为U_{C_0}，激励电压阶跃信号为U时，电容上的全响应为

$$U_C=U_{C_0}e^{-t/\tau}+U(1-e^{-t/\tau}) \tag{2.73}$$

该式也可改写为

$$U_C=U+(U_{C_0}-U)e^{-t/\tau} \tag{2.74}$$

这里的物理意义是，U 为稳态分量，$(U_{C_0}-U)e^{-t/\tau}$ 为暂态分量。因此，对于全响应，可从稳态、暂态角度考虑，表示为稳态分量与暂态分量之和。

4. 一阶线性电路暂态分析方法的三要素法

一阶线性电路的响应是由稳态分量和暂态分量组成的，可以描述为

$$f(t)=f(\infty)+A e^{-t/\tau} \tag{2.75}$$

式中，$f(\infty)$ 为稳态分量，$A e^{-t/\tau}$ 为暂态分量。如果初始值为 $f(0_+)$，则 $A=f(0_+)-f(\infty)$。因此，只要算出 $f(0_+)$、$f(\infty)$ 以及 τ 这三个要素，电路的全响应就可直接写出。

5. 微积分电路

微分电路在形式上类似于阻容耦合电路，但关键在于时间常数 τ，如图 2.55 所示。

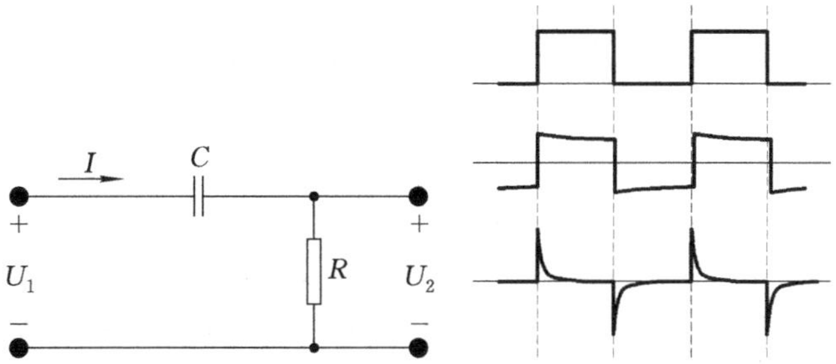

（a）电路图　（b）波形图

图 2.55　微分电路及时间波形

当 $\tau \gg t_p$ 时，如 $\tau=10t_p$（t_p 为矩形脉冲的周期），其输出波形与输入波形很相像，可以认为这是一个阻容耦合电路。当 $\tau \ll t_p$ 时，其输出波形只在输入有跳变时才输出一个尖峰，这种波形与输入波形的微分很相像，所以称为微分电路。

积分电路与微分电路在形式上有对偶关系（电阻与电容位置互换）。积分电路的输出，取自 RC 串联电路的电容电压，如图 2.56 所示。

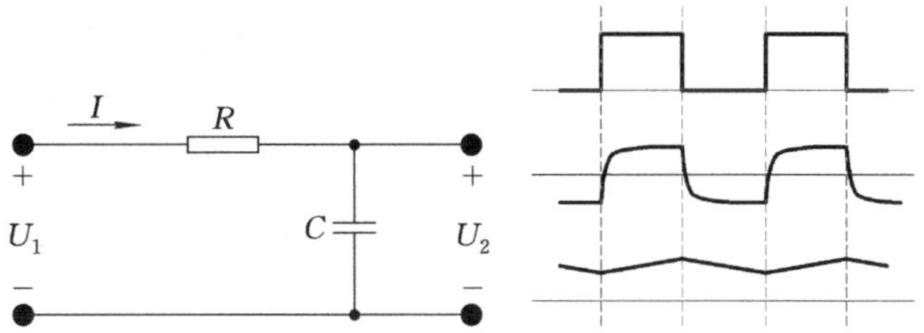

（a）电路图　（b）波形图

图 2.56　积分电路及时间波形

当 $\tau \ll t_p$ 时，如 $\tau=t_p/10$（t_p 为矩形脉冲的周期），其输出波形与输入波形类似，可以认为这是一个最简单的低通滤波器，滤除了一些高频成分。当 $\tau \gg t_p$ 时，其输出波形在输入跳变后线性地上升或下降，这种波形与对输入波形进行积分类似，所以称为积分电路。

第3章　接收机典型电路

按照电路的结构来划分，接收机通常可以分为射频前端和数字后端两大部分。射频前端是指从天线到模数转换器这部分硬件电路，它将微弱的射频输入信号尽可能不失真地放大，并降低为一个更容易处理的中频甚至基带信号，然后再转换为数字信号交给数字后端进行处理。由于数字后端已实现集成化、芯片化，本章介绍的典型电路以射频前端电路为主。

3.1　天线与馈线

卫星发射的射频信号功率，通过电磁波输送到天线，由天线接收（仅接收一小部分功率），并通过馈线（电缆）传送到接收机。发射机发射的射频信号通过馈线（电缆）传送到天线，再由天线以电磁波形式辐射出去。可见，天线是接收机接收和发射信号的重要部件，同时兼顾了接收和发射信号的放大工作，是接收和发射卫星信号的一个重要的无线电设备，没有天线也就无法实现接收机的各种功能。

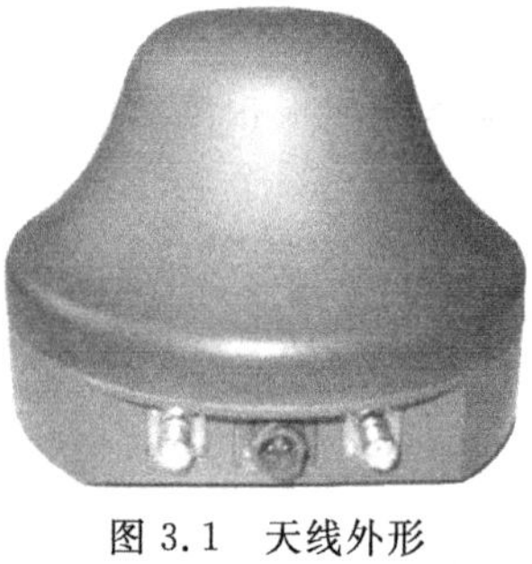

图 3.1　天线外形

图 3.1 给出一种常见天线，其整体形状为内圆锥体，底部有磁钢，对金属有强吸附能力，可通过底部的安装孔安装螺钉固定。

连接天线和主机的传输线称为馈线。馈线的主要任务是有效地传输信号能量，因此，它应能将发射机发射的信号功率以最小的损耗传送到天线的输入端，或将天线接收的信号以最小的损耗传送到接收机的输入端，同时它本身不应拾取或产生杂散的干扰信号，也就是说，馈线必须具备屏蔽干扰信号的能力。

微波波段的传输线有同轴电缆、波导和微带线。接收机信号传输主要用同轴电缆，同轴电缆传输线的两根导线分别为芯线和屏蔽铜网，因铜网接地，两根导体对地不对称，因此叫作不对称式或不平衡式传输线。同轴电缆工作频率范围宽，损耗小，对静电耦合有一定的屏蔽作用，但对磁场的干扰却无能为力，使用时切忌与有强电流的线路并行走线，也不能靠近低频信号线路。

3.1.1　天线工作原理

1. 无线电波的概念

无线电波是一种能量传输形式，在传播过程中，电场和磁场在空间内是相互垂直的，同时这两者又都垂直于传播方向，如图 3.2 所示。

无线电波传播时，类似池塘中的波纹，在传播路径上波纹会减弱，如图 3.3 所示。

无线电波与光波一样，它的传播速度与传播媒质有关。无线电波在真空中的传播速度等于光速。无线电波的波长、频率和传播速度的关系为

$$\lambda = \frac{V}{f} \tag{3.1}$$

式中，V 为传播速度，单位为 m/s；f 为频率，单位为 Hz；λ 为波长（图 3.4），单位为 m。由式(3.1)不难看出，同一频率的无线电波在不同的媒质中传播时，速度是不同的，因此波长也不一样。

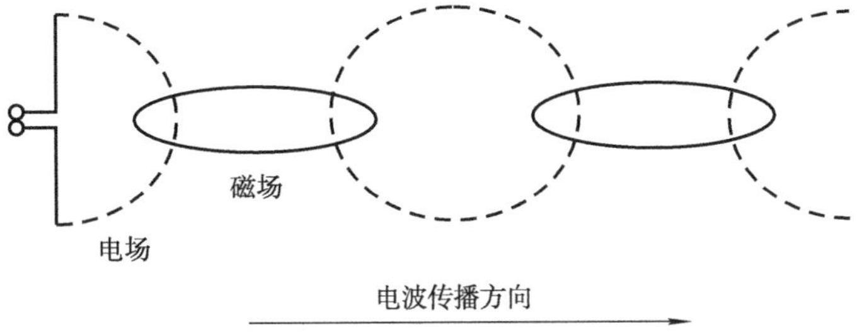

图 3.2　无线电波的传输

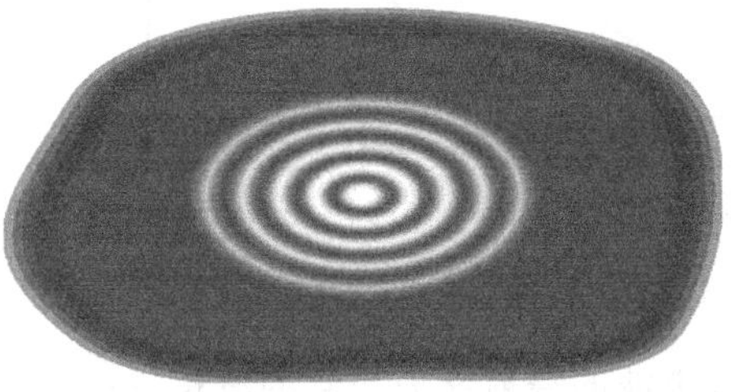

图 3.3　波纹的传播

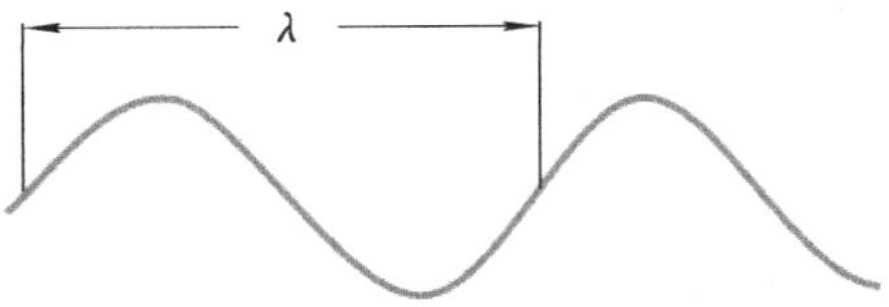

图 3.4　波长示意

2. 无线电波的绕射传播

无线电波在传播途径上遇到障碍物时，总是力图绕过障碍物，再向前传播，这种现象叫作无线电波的绕射。当无线电波遇到高大障碍物时，绕射能力减弱，在建筑物后面就会形成“阴影区”，即所谓的收不到信号或信号差。

信号质量受到影响的程度不仅与接收天线距建筑物的距离及建筑物的高度有关，还与频率有关。频率越高，建筑物越高、越近，影响越大；相反，频率越低，建筑物越矮、越远，影响越小。

北斗卫星信号（属于微波）由于频率高、波长短、绕射能力较弱，因此，使用接收机时，应该尽量选择无遮挡的场地，避免形成“阴影区”。

3. 天线辐射电磁波

当导线中载有交变电流时，就可以形成电磁波的辐射。辐射的能力与导线的长短和形状有关，如图 3.5 所示。

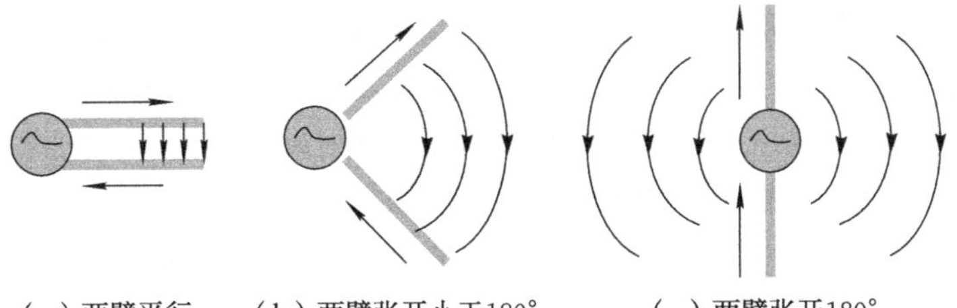

（a）两臂平行　（b）两臂张开小于180°　（c）两臂张开180°

图 3.5　通电导线的电磁辐射

当导线（臂）的长度增大到可与波长相比拟时，导线上的电流就大大增加，因而能形成较强的辐射。通常将上述能产生显著辐射的直导线称为振子。两臂长度相等的振子叫作对称振子,也叫半波振子,如图3.6所示。

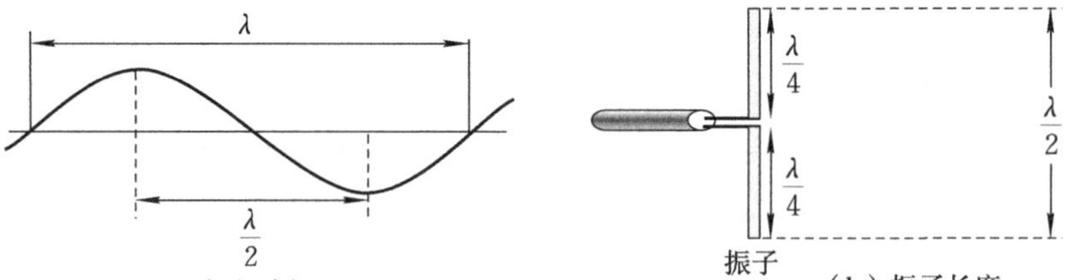

图3.6 半波振子

同轴电缆向天线的转化如图3.7所示。

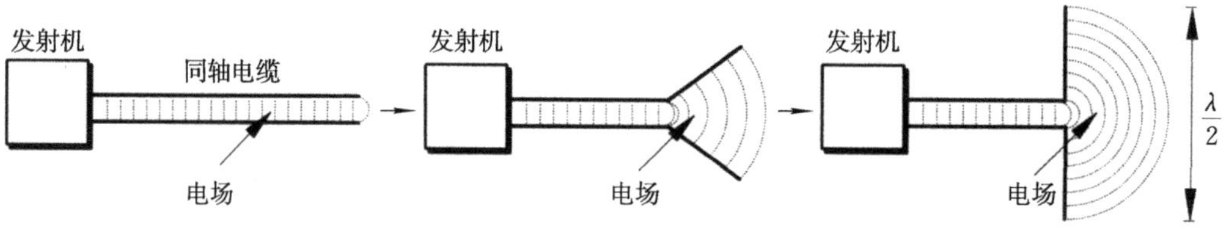

图3.7 同轴电缆向天线的转化

由无线电波的传输原理和天线原理可知,无线电波的绕射能力与它的波长成正比,波长越长,绕射能力越强;而天线的长度与波长也成正比,波长越长,天线越长,这就出现了无线电波的绕射能力和天线的尺寸之间的矛盾。

3.1.2 天线的分类

天线品种繁多,以供不同频率、不同用途、不同场合、不同要求的情况使用。对品种众多的天线进行适当的分类是必要的。按用途分类,可分为通信天线、电视天线、雷达天线等;按工作频段分类,可分为短波天线、超短波天线、微波天线等;按辐射(接收)方向分类,可分为全向天线、定向天线等;按外形分类,可分为端射天线、环形天线、偶极子天线、缝隙天线、口径天线等。这里主要介绍接收机常用的微带天线和螺旋天线,微带天线属于缝隙天线,螺旋天线属于端射天线。

1. 微带天线

微带天线是自20世纪70年代逐渐发展起来的一类新型天线。早在1953年就有人提出了微带天线的概念,但并未引起工程界的重视。在20世纪50年代和60年代只有一些零星的研究,微带天线真正的发展和使用是在20世纪70年代。常用的一类微带天线是在一个薄介质基片(如聚四氟乙烯玻璃纤维压层)上,一面附上金属薄层作为接地板,另一面用光刻腐蚀等方法制作一定形状的金属贴片,利用微带线和轴线探针对贴片馈电,即微带贴片天线。当贴片是一个面积单元时,称为微带天线;若贴片是一个细长条,则称为微带阵子天线。另一类微带天线是微带缝隙天线,把上述接地板刻出窗口即缝隙,而在介质基片的另一面印刷出微带线对缝隙馈电。微带缝隙天线如图3.8所示。

按结构特征可以把微带天线分为两大类,即微带贴片天线和微带缝隙天线;按形状分类,可分为矩形、圆形、环形微带天线等;按工作原理分类,可分成谐振型(驻波型)和非谐振型(行波型)微带天线。谐振型微带天线有特定的谐振尺寸,一般只能工作在谐振频率附近;而非谐振型微带天线无谐振尺寸的限制,它的末端要加匹配负载以保证行波的传输。常见各类微带天线图形如图 3.9 所示。同常规的微波天线相比,微带天线具有一些优点,因而,在大约从 100 MHz 到 50 GHz 的宽频带上获得了大量的应用。

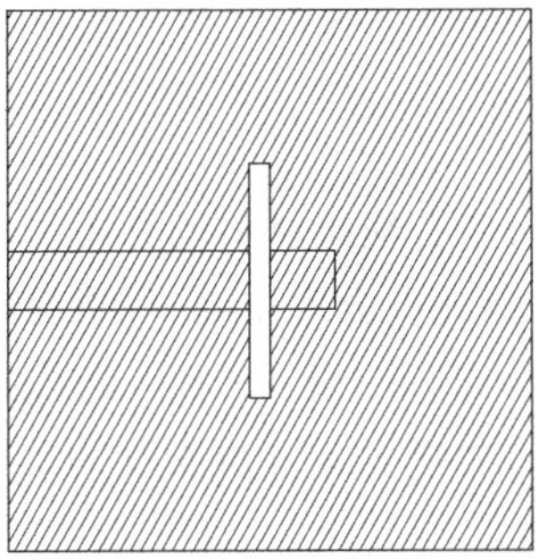

图 3.8　微带缝隙天线

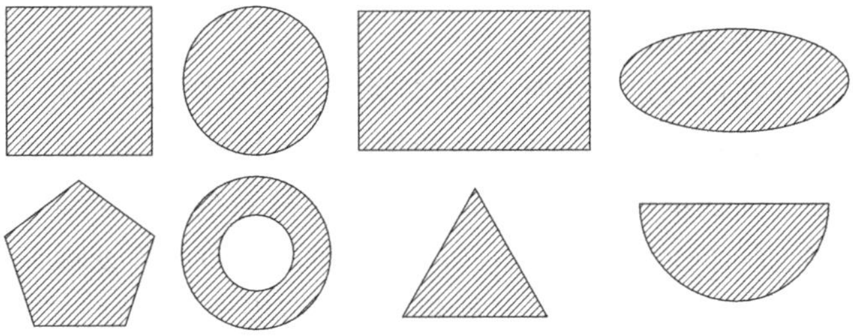

图 3.9　常见微带天线图形

2. **螺旋天线**

螺旋天线是一种具有螺旋形状的天线,可以收发空间中旋转的偏振电磁信号。螺旋天线通常是由多个螺旋部分和一个反射器组成的。从外表看起来,螺旋天线就好像是在一个平面反射屏上安装了一个螺旋。它可以同时垂直或水平地挪动整组天线来跟踪某个卫星。

螺旋天线由导电性能良好的金属螺旋线组成,通常用同轴电缆馈电,同轴电缆的芯线和螺旋线的一端相连接,同轴电缆的外导体则和接地的金属网(或板)相连接。螺旋天线的辐射方向与螺旋线的圆周长有关。当螺旋线的圆周长比一个波长小很多时,辐射最强的方向垂直于螺旋轴;当螺旋线的圆周长与一个波长在同一数量级时,最强辐射出现在螺旋轴方向上。

3.1.3　天馈线性能指标

1. **天线输入阻抗**

天线输入阻抗是天线馈电端输入电压与输入电流的比值。天线与馈线连接的最佳情形是,天线输入阻抗是纯电阻且等于馈线特性阻抗,这时馈线终端没有功率反射,馈线上没有驻波,天线输入阻抗随频率的变化比较平缓。

天线的匹配工作就是消除天线输入阻抗中的电抗分量,并使电阻分量尽可能地接近馈线特性阻抗。匹配的优劣一般用四个参数来衡量,即反射系数、行波系数、驻波比和回波损耗。四个参数之间有固定的数值关系。在日常维护中,使用较多的是驻波比和回波损耗。一般通信天线的输入阻抗为 50 Ω。

驻波比是行波系数的倒数,其值在 1 和无穷大之间。驻波比为 1,表示完全匹配;驻波比为无穷大,表示全反射,完全失配。

回波损耗是反射系数绝对值的倒数,以分贝值表示。回波损耗的值在 0 dB 和无穷大之间,回波损耗越小表示匹配越差,回波损耗越大表示匹配越好。0 dB 表示全反射,无穷大表示完全匹配。

2. **馈线特性阻抗**

将馈线上各处的电压与电流的比值定义为馈线特性阻抗,用 Z_0 表示。

馈线特性阻抗的计算公式为

$$Z_0=\frac{60}{\sqrt{\varepsilon_r}}\lg\frac{D}{d} \tag{3.2}$$

式中，D 为同轴电缆外导体铜网内径，d 为同轴电缆芯线外径，ε_r 为导体间绝缘介质的相对介电常数。Z_0 在射频电路中通常为常数并且是实数，通常用的是归一化标准值 50 Ω。

由式(3.2)不难看出，馈线特性阻抗只与 D 和 d 以及导体间绝缘介质的相对介电常数 ε_r 有关，而与馈线长度、工作频率以及馈线终端所接负载阻抗无关。

3. 馈线衰减系数

信号在馈线里传输时，除了导体本身的电阻性引起的损耗外，还有绝缘材料的介质引起的损耗。这两种损耗随馈线长度的增加和工作频率的提高而增加，因此应合理布局，尽量缩短馈线长度。馈线单位长度产生的损耗用衰减系数 β 表示，其单位为 dB/m（分贝/米），电缆技术说明书上的单位大都用 dB/100 m（分贝/百米）。假设输入馈线的功率为 P_1，从长度为 L(m) 的馈线输出的功率为 P_2，传输损耗 T_L 可表示为

$$T_L=10\lg\frac{P_1}{P_2}\text{，单位为 dB} \tag{3.3}$$

衰减系数为

$$\beta=\frac{T_L}{L}\text{，单位为 dB/m} \tag{3.4}$$

4. 天线频带宽度

天线无论是发射还是接收信号，总是在一定的天线频带宽度内工作。天线频带宽度有两种不同的定义：一种是指在驻波比不超过 1.5 的条件下，天线的工作频率范围；另一种是指天线增益下降 3 dB 范围内的工作频率范围。在导航系统中，通常是按前一种定义。具体地说，天线频带宽度就是天线的驻波比不超过 1.5 时，天线的工作频率范围。

一般说来，在天线频带宽度内的各个频率点上，天线性能也是有差异的，但这种差异造成的性能下降是可以接受的。

5. 天线方向性

发射天线的基本功能是把从馈线取得的能量向周围空间辐射出去，并且该辐射具有方向性。不同的天线，辐射方向性不同。垂直放置的天线具有平放的“面包圈”形的立体方向图，如图 3.10(a)所示。立体方向图虽然立体感强，但绘制困难。图 3.10(b)、图 3.10(c)给出了两个主平面方向图，描述天线在某指定平面上的方向性。从垂直方向图中可以看出，在振子的轴线方向上辐射为零，最大辐射方向在水平面上；而从水平方向图中可以看出，在水平面上各个方向的辐射一样大。

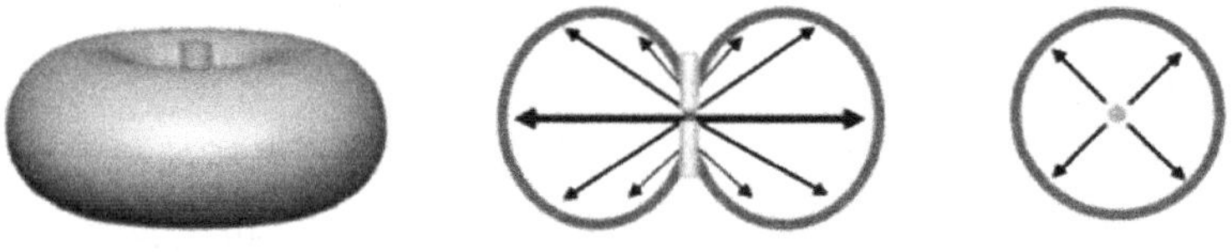

(a) 立体方向图　　(b) 垂直方向图　　(c) 水平方向图

图 3.10　天线方向

6. 天线极化方式

所谓天线极化，就是指天线辐射电波时形成的电场强度方向。当电场强度方向垂直于地

面时，此电波就称为垂直极化波；当电场强度方向平行于地面时，此电波就称为水平极化波。电波的特性决定了水平极化传播的信号在贴近地面时会在大地表面产生极化电流，极化电流受大地阻抗影响产生热能而使电场信号迅速衰减，而垂直极化方式则不易产生极化电流，从而避免了能量的大幅衰减，保证了信号的有效传播。

如果在电波传播过程中电场的方向是旋转的，就叫作椭圆极化波；如果在旋转过程中，电场的幅度即大小保持不变，就叫作圆极化波。向传播方向看去，顺时针方向旋转的叫作右旋圆极化波，逆时针方向旋转的叫作左旋圆极化波。

一般情况下，通信系统中主要采用线极化（包括水平极化和垂直极化）天线，导航系统中主要采用圆极化天线。

7. 天线增益

天线增益用来衡量天线朝一个特定方向收发信号的能力，是天线最重要的参数之一。一般来说，天线增益的提高主要依靠减小垂直面辐射的天线波瓣宽度，而在水平面上保持全向的辐射性能。天线增益对系统的运行质量极为重要，增加天线增益可以在某个确定方向上增大覆盖范围，或者在确定范围内增大增益余量，同时能减少双向系统增益预算余量。

表征天线增益的参数有 dB_d 和 dB_i。dB_i 是相对于点源天线（在各方向上均匀辐射能量的理想天线）的天线增益，dB_d 是相对于对称阵子天线的天线增益，$dB_i = dB_d + 2.15$。在相同的条件下，天线增益越高，电波传播的距离越远。

8. 天线波瓣宽度

天线方向图通常都有两个或多个瓣，其中辐射强度最大的瓣称为主瓣，其余的瓣称为副瓣或旁瓣。如图 3.11 所示，在主瓣最大辐射方向两侧，辐射强度降低 3 dB（功率密度降低一半）的两点间的夹角称为天线波瓣宽度（又称波束宽度、主瓣宽度或半功率角）。天线波瓣宽度越窄，方向性越好，作用距离越远，抗干扰能力越强。

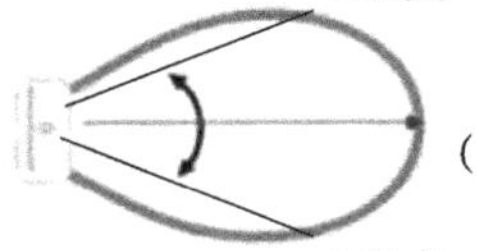

图 3.11　天线波瓣宽度示意

3.1.4　阻抗匹配

阻抗匹配是指信号源或者传输线与负载之间的一种合适的搭配方式。阻抗匹配的目的是在射频电路中更好地进行功率传输。

为更好地理解阻抗匹配，先从最简单的用直流电压源驱动一个负载的例子入手。由于实际的电压源总是有内阻的，因此可以把一个实际的电压源，等效成一个理想的电压源和一个电阻 r 串联的模型。假设负载电阻为 R，电源电动势为 U，内阻为 r，可以计算出流过 R 的电流 I 为：$I = U/(R+r)$。可以看出，负载电阻 R 越小，则输出电流越大。负载电阻 R 上的输出电压为

$$U_o = IR = U\bigg/\left(1+\frac{r}{R}\right) \tag{3.5}$$

可以看出，负载电阻 R 越大，则输出电压 U_o 越高。下面再来计算负载电阻 R 消耗的功率为

$$\begin{aligned} P = I^2R &= (U/(R+r))^2R = U^2R/(R^2+2Rr+r^2) \\ &= U^2R/((R-r)^2+4Rr) \\ &= U^2/((R-r)^2/R+4r) \end{aligned} \tag{3.6}$$

对于一个给定的信号源，其内阻 r 是固定的，而负载电阻 R 则是可选择的。注意式(3.6)中 $(R-r)^2/R$，当 $R=r$ 时，$(R-r)^2/R$ 可取得最小值0，这时负载电阻 R 上可获得最大输出功率 $P_{max}=U^2/(4r)$。也就是说，当负载电阻和信号源内阻相等时，负载电阻可获得最大输出功率，这就是常说的阻抗匹配之一，也就是如何使传输功率最大的问题。对于纯电阻电路，此结论同样适用于低频电路及高频电路。

当交流电路中含有容抗或感抗时，结论有所改变，需要信号源与负载的阻抗的实部相等，虚部互为相反数，这叫作共轭匹配。在低频电路中，一般不考虑传输线的匹配问题，只考虑信号源跟负载之间的情况，因为低频信号的波长相对于传输线来说很长，传输线可以看成"短线"，可以不考虑反射(因为线短，即使反射回来，与原信号还是一样的)。从以上分析可以得出结论：如果需要输出电流大，则选择小的负载电阻；如果需要输出电压大，则选择大的负载电阻；如果需要输出功率最大，则选择跟信号源内阻匹配的负载电阻。有时阻抗不匹配还有另外一层意思，例如一些仪器输出端是在特定的负载条件下设计的，如果负载条件改变了，则可能达不到原来的性能，这时称为阻抗失配。

在高频电路中，还必须考虑反射的问题。当信号的频率很高时，信号的波长就很短；当波长短得与传输线长度可以比拟时，反射信号叠加在原信号上将会改变原信号的形状。如果馈线特性阻抗与负载阻抗不相等(即不匹配)，在负载端就会产生反射。阻抗不匹配时产生反射的原因以及阻抗的求解方法，涉及二阶偏微分方程的求解，本书不作说明，有需要可参看电磁场与微波的传输线理论。

这里需要强调一点的是，馈线特性阻抗与通常理解的电阻不是一个概念。馈线特性阻抗是由传输线的结构以及材料决定的，而与传输线的长度以及信号的幅度、频率等均无关，也不能通过欧姆表来测量。为了不产生反射，负载阻抗与馈线特性阻抗应该相等，即需要传输线与负载的阻抗的实部相等，虚部互为相反数，这就是传输线的阻抗匹配。

1. 阻抗匹配的重要性

在射频电路中，不管是输出阻抗还是输入阻抗，阻抗匹配是不可缺少的，而且是非常重要的。也就是说，输入阻抗必须与信号源的阻抗匹配，输出阻抗必须与负载的阻抗匹配。阻抗匹配是判断射频电路是否正确的一个重要指标。

如果阻抗不匹配，则线路中所传输的信号在信号源和负载之间来回反射，在信号源和负载上与原始信号叠加，导致信号失真。反射还将导致能量无法有效传递，这不仅会降低效率，使功率发射不出去，甚至会损坏发射设备；如果阻抗不匹配，则会在传输线上形成驻波，导致传输线的有效功率容量降低；如果电路板上的高速信号线与负载阻抗不匹配，则会产生振荡、辐射干扰等。

2. 阻抗的小信号测量

阻抗计和网络分析仪可用于阻抗测量。网络分析仪在一个或两个端口测量S参数，然后根据测定的S参数计算阻抗，或直接从史密斯(Smith)圆图中读出。S参数称为散射参数，是微波传输中的重要参数，用于描述传输通道的频域特性，包括S11、S12、S21、S22等参数。其中S11为输入反射系数；S22为输出反射系数；S21为正向传输系数，即增益；S12为反向传输系数，即隔离。S参数可以用来分析信号的反射、串扰、损耗等问题，是无源网络特性的一种模型。

3. 阻抗匹配的方法

在处理射频系统的实际应用问题时，总会遇到一些非常困难的工作，对各部分级联电路的不同阻抗进行匹配就是其中之一。一般情况下，需要进行的匹配包括天线与低噪声放大器之间的匹配、功率放大器输出与天线之间的匹配、低噪声放大器/压控振荡器(voltage controlled oscillator，VCO)输出与混频器输入之间的匹配。匹配的目的是保证信号或能量有效地从信号源传送到负载。

一般信号源阻抗和负载阻抗不会正好共轭匹配，当阻抗不匹配时，可以考虑使用阻抗匹配网络来进行阻抗转换，实际上就是一个阻抗变换网络。阻抗匹配网络有两类：有源匹配网络和无源匹配网络。一般无源匹配网络由电容和电感组成，比如低噪声放大器的输入和输出匹配网络通常是由无源匹配网络组成的。还可以考虑使用串联或并联电阻的办法。一些驱动器的阻抗比较低，可以串联一个合适的电阻来与传输线匹配，如高速信号线，有时会串联一个几十欧姆的电阻；而一些接收器的输入阻抗比较高，可以使用并联电阻的方法，来与传输线匹配。一般情况下，尽量少使用电阻，因为电阻会使信号衰减且引入相当大的噪声。

在高频端，寄生元件(如连线上的电感、板层之间的电容和导体的电阻)对阻抗匹配网络具有明显的、不可预知的影响。频率在几十兆赫兹以上时，理论计算和仿真已经远远不能满足要求，为了得到适当的最终结果，还必须考虑在实验室中进行射频测试并适当调谐，需要用计算值确定电路的结构类型和相应的目标元件值。

阻抗匹配的方法有很多种，包括计算机仿真、手工计算、依靠经验(适合资深专家)、使用史密斯圆图等，其中，用史密斯圆图进行阻抗匹配计算的基本方法比较简单，即通过串、并联电感或电容的方法使目前的阻抗向目标阻抗移动，最终达到阻抗匹配的目的。

3.2 射频放大器

射频放大器包括射频小信号放大器和高频功率放大器，高频功率放大器用于接收机的发射通道进行发射信号的功率放大，射频小信号放大器用于接收通道进行微弱信号的放大与选频。

3.2.1 射频小信号放大器

一般情况下，到达接收机的射频信号电平多在微伏量级。因此，需要将微弱的射频信号进行放大。另外，在同一通道中，可能同时存在许多偏离有用信号频率的各种干扰信号，因此射频小信号放大器除具有放大功能外，还必须具有选频功能。射频小信号放大器是由晶体管和选频网络共同组成的，具有放大和选频双重功能。

接收机中直接装在天线后面的低噪声放大器就是一个射频小信号放大器，通常由两级组成：第一级采用分立元件，以获得较低的噪声系数；第二级采用单片放大器，以缩小尺寸，简化调试。低噪声放大器外形如图3.12所示。

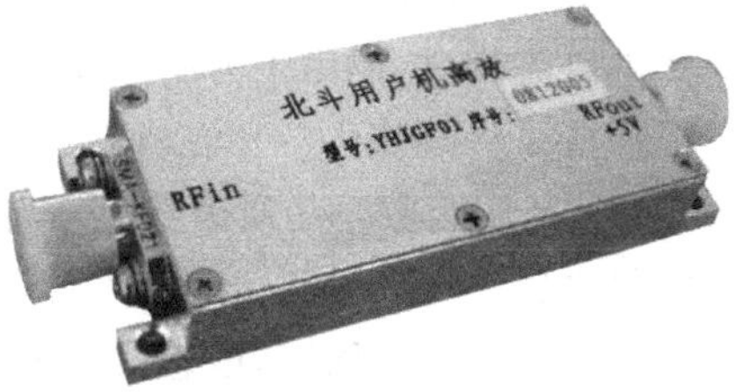

图3.12　低噪声放大器外形

射频小信号放大器给接收机带来的好处包括提高镜像频率(镜频)抑制能力、获得更多的增益以及随之而来的更高的灵敏度、改善噪声性能等。混频器要求设备工作在非线性区域，以使输出端生成所需要的差频，该过程与普通的线性偏置相比会引入更多的固有噪声，为了使混频器的噪声影响最小，需要射频小信号放大器将信号提高到明显的水平。

根据射频小信号放大器回路的负载，可将其分为两类：一类是以谐振回路为负载的调谐放大器，另一类是以滤波器为负载的集中选频放大器。调谐放大器包括放大器和LC调谐回路两部分；根据调谐回路的数量，调谐放大器又分为单调谐放大器和双调谐放大器。

1. 谐振回路及其选频特性

1）串联谐振回路

串联谐振回路如图3.13所示。其中，R是回路损耗电阻，主要是电感L的铜线损耗，U是外加电压。

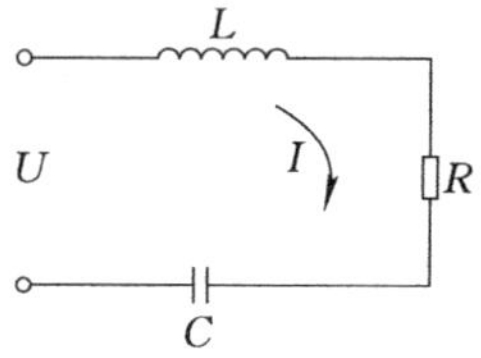

图3.13 串联谐振回路

电压U的频率是变化的，感抗ωL和容抗$1/(\omega C)$也是变化的，随着工作频率f的变化，回路会呈现不同的电抗特性。当外加信号频率正好等于串联回路的特有谐振频率时，有

$$f_0=\frac{1}{2\pi\sqrt{LC}} \tag{3.7}$$

此时，感抗等于容抗（大小相等，方向相反，相差180°），二者的作用相互抵消，使回路呈纯阻状态，电流达到最大值。此时整个LC电路好像不存在电感L和电容C，而仅有等效串联电阻R。这就是串联回路的谐振状态，f_0就是串联回路的谐振频率，它仅取决于L和C的频率特性，与R无关。但是谐振状态的回路电阻与R密切相关。若外加信号频率不等于（大于或小于）串联回路的谐振频率，回路对所加信号频率的失谐，呈感抗或容抗，此时电流值减小。

2）并联谐振回路

并联谐振回路也由电感L、电容C、电阻R组成。这种回路的应用非常广泛，接收机中高中频放大器的负载回路等大部分都采用并联谐振回路。图3.14是并联谐振回路的原理电路图。其中，L、C、R三者相互并联后再与电源并接。R是回路的损耗电阻，主要是电感L的损耗，也包括信号源内阻和负载电阻的等效值。

电源是可变频率的信号源，在频率较低时，回路电感特性较强；在频率较高时，回路电容特性较强。在某个特征频率f_0上，回路感抗与容抗相等，这个点就是并联谐振回路的谐振点，即

$$f_0=\frac{1}{2\pi\sqrt{LC}} \tag{3.8}$$

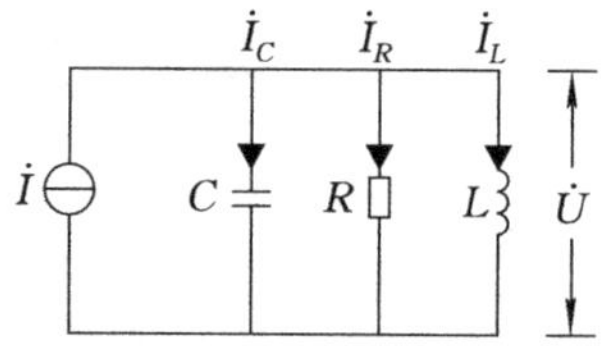

图3.14 并联谐振回路

并联回路在谐振时，感抗与容抗的作用抵消，回路呈纯阻性。这时信号源的电流全部流入电阻R支路，回路两端得到最大的电压，电感和电容中也有很大的电流流过，但由于方向相反而抵消了。所以，并联谐振回路也称为电流谐振回路。

3）谐振回路性能指标

（1）品质因数。品质因数Q是谐振回路的一个重要质量指标，它的定义是储存能量与消耗能量之比。

对于串联谐振回路，电感或电容是储存能量的，而电阻是消耗能量的，所以品质因数可定义为

$$Q=\frac{\omega_0 L}{R}=\frac{1}{\omega_0 CR} \tag{3.9}$$

式中，ω_0 为谐振角频率，$\omega_0=2\pi f_0$。显然，R 越大，回路损耗的功率就越多，回路的品质因数就越小；反之，R 越小，品质因数就越大。

对于并联谐振回路，由品质因数的定义出发，可直接写出并联谐振回路的品质因数公式，即

$$Q=\frac{R}{\omega_0 L}=R\omega_0 C=R\sqrt{\frac{C}{L}} \tag{3.10}$$

式(3.10)可以这样来理解：并联电阻 R 代表能量消耗的情况，L、C 代表能量储存的情况，R 值大表示流过它的电流小，旁路作用小，损失的能量就小，所以品质因数就大；$\omega_0 L$ 值大，表明 L 的作用小，其储存能量的作用也小，品质因数当然也小。

(2) 选频特性。谐振回路是选频电路，在 $\omega=\omega_0$(谐振的频率) 时，回路谐振，电流(电压)最大；当 $\omega\neq\omega_0$ 时，回路失谐，电流(电压)下降。品质因数大，电流(电压)下降快，选频特性好，但通带窄；品质因数小，电流(电压)下降慢，选频特性差，但通带宽。

(3) 通带。谐振回路的通带是按 3 dB 带宽定义的，指使回路电流(电压)下降 3 dB(即由相对值 1 降至 0.707)时所对应的外加信号频率上限值与下限值的差值。

(4) 选择性。由选频特性可知，在谐振时回路电流(电压)最大，对信号反应最强烈；偏离 f_0，回路电流(电压)将会减小，这就是选择性。

回路的选择性还有另一个定义，就是表征选频特性中相对值下降至 0.1 时的频带宽度与相对值下降至 0.707 时的频带宽度之比，这个比值称为矩形系数。矩形系数越接近 1 越好，通常用来评价不同回路的选频能力。

选择性是接收机的主要指标之一，是决定接收机是否能够从混合信号中提取出所需信号的参数。中频滤波器矩形系数(60 dB 阻带，3 dB 通带)直接影响接收机的选择性，矩形系数越小，意味着选择性越好。通常会安装数个不同带宽的滤波器，在不同的接收模式下选择合适的带宽可提高选择性。

通常对于所选用频率的信号，谐振回路对它的衰减越小越好，即在通带内，选频特性要尽可能平坦；而对于通带以外的信号，选频回路对它的衰减越大越好，即在通带边缘，选频特性应尽可能陡。一般的串、并联谐振回路难以达到这个要求，只有用双调谐网络，或者更复杂的组合网络，才能较好地解决该问题。

4) 双调谐回路

由两个单调谐回路组成的电路系统称为双调谐回路，也称为耦合谐振回路。这个系统的特点是可以得到所需要的通带宽度，选择性好；不足之处是调节比较麻烦。双调谐回路广泛用作接收机的前级高频放大或中频放大环节的选频部件。常用的双调谐回路有两种电路形式，如图 3.15 所示。

双调谐回路的一个重要参数是表征两个回路之间耦合程度强弱的耦合系数，常用符号 k 表示。

如图 3.15(a)所示，互感耦合双调谐回路的耦合系数 (k 值)为

$$k=\frac{M}{\sqrt{L_1 L_2}} \tag{3.11}$$

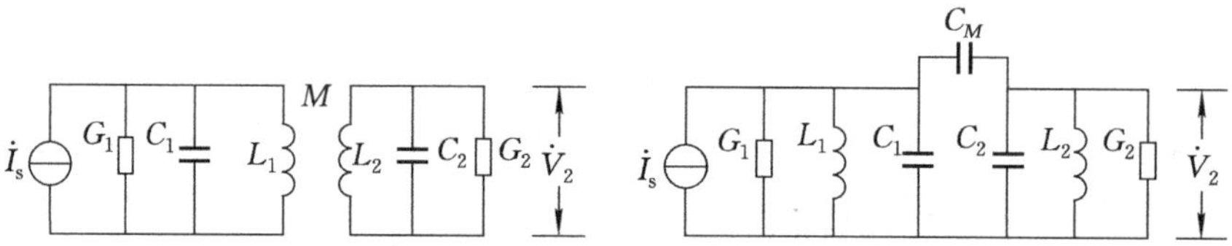

（a）互感耦合双调谐回路　　（b）电容耦合双调谐回路

图 3.15　双调谐回路电路形式

式中，M 为互感量，L_1、L_2 为电感量。若初、次级回路相同，即 $C_1=C_2$，$L_1=L_2=L$，则

$$k=\frac{M}{L} \tag{3.12}$$

如图 3.15(b)所示，电容耦合双调谐回路的 k 值为

$$k=\frac{C_M}{\sqrt{(C_1+C_M)(C_2+C_M)}} \tag{3.13}$$

2. 调谐放大器

接收机中的射频放大器属于高频小信号放大器，其上限截止频率 f_H 与下限截止频率 f_L 之比接近于 1 或略大于 1，所以这种放大电路属于窄频带放大器，工作在甲类放大状态。

1)单调谐放大器

单调谐放大器中，放大管的负载是一个单调谐回路。在高频集成电路中，常用的小信号单调谐放大器有两种：一种是单管共发射极电路，一种是差动对管电路。后者应用更为广泛，其原理电路如图 3.16 所示(图中未画直流偏置电路)。

单调谐放大器的优点是电路简单、调制容易，其缺点是选择性差，增益和通带的矛盾比较突出。

单调谐放大器的性能指标包括以下六项：

(1)谐振频率。单调谐放大器的谐振频率为

$$f_0=\frac{1}{2\pi\sqrt{LC}} \tag{3.14}$$

(2)增益。放大器输出电压 U_o(或输出功率 P_o) 与输入电压 U_i(或输入功率 P_i) 之比，称为放大器的增益或放大倍数，用 A_U(或 A_P) 表示(有时用分贝计算)。

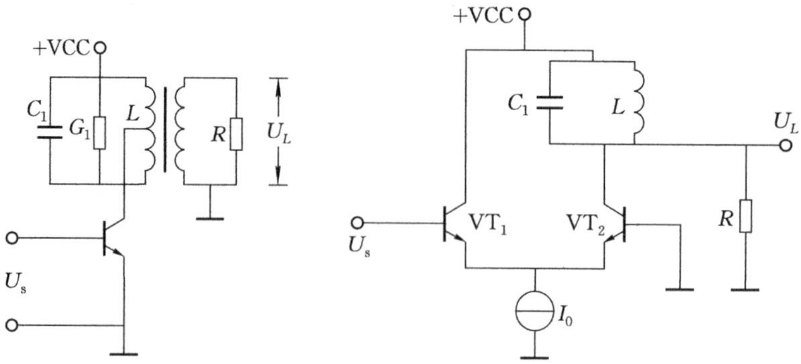

（a）单管共发射极电路　　（b）差动对管电路

图 3.16　单调谐放大器原理电路

电压增益为

$$A_U=\frac{U_o}{U_i} \tag{3.15}$$

功率增益为

$$A_P=\frac{P_o}{P_i} \tag{3.16}$$

用分贝表示为

$$A_U=20\lg\frac{U_o}{U_i} \tag{3.17}$$

$$A_P=10\lg\frac{P_o}{P_i} \tag{3.18}$$

(3)通带。放大器的电压增益下降到最大值的 0.7($1/\sqrt{2}$ 的近似值)时,所对应的频率范围称为放大器的通带,用 $BW=2\Delta f_{0.7}$ 表示,也称为 3 分贝带宽。由于放大器所放大的信号一般都是已调制的信号,已调制的信号都包含一定的频谱宽度,所以放大器必须有一定的通带,以便让有用信号中的频谱分量通过放大器。

与谐振回路相同,放大器的通带取决于回路的形式和回路的等效品质因数 Q_L。此外,放大器的总通带随着级数的增加变窄;并且,通带越宽,放大器的增益越小。

(4)选择性。从各种不同频率信号的总和(有用的和有害的)中选出有用信号、抑制干扰信号的能力称为放大器的选择性。选择性常采用矩形系数和抑制比来表示。

如图 3.17 所示,理想情况下,谐振曲线应为矩形,即在通带内放大量均匀,在通带外不需要的信号得到完全衰减。但实际上这不可能,为了表示实际曲线接近理想曲线的程度,引入矩形系数,表示对邻道干扰的抑制能力。矩形系数可表示为

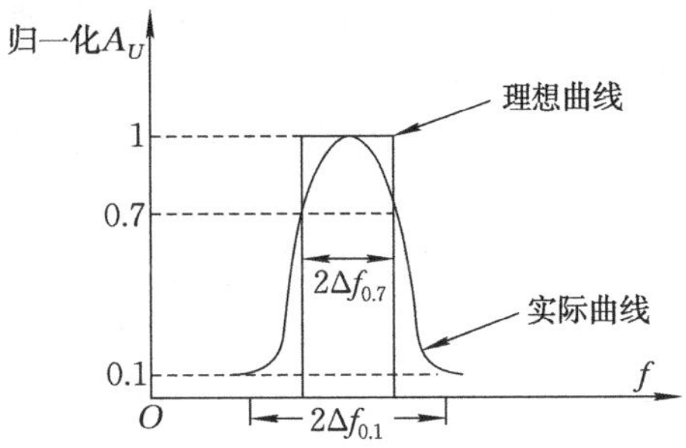

图 3.17　放大器的选择性

$$K_{0.1}=\frac{2\Delta f_{0.1}}{2\Delta f_{0.7}} \tag{3.19}$$

$K_{0.1}$ 越接近于 1 越好,单调谐放大器的矩形系数约等于 9.95,远远大于 1,所以其选择性比较差。

对干扰信号的抑制也可以用抑制比表征,它表示对某个干扰信号 f_n 的抑制能力,用 d_n 表示为

$$d_n=\frac{A_{U_0}}{A_n} \tag{3.20}$$

式中,A_n 为干扰信号的放大倍数,A_{U_0} 为谐振点 f_0 的放大倍数。

(5)噪声系数。放大器的噪声性能可用噪声系数 NF 表示。NF 越接近 1 越好,在多级放大器中,前两级的噪声对整个放大器的噪声起决定作用,因此要求它的噪声系数应尽量小。

(6)工作稳定性。工作稳定性指在电源电压或器件参数发生变化时,增益、中心频率、通带等参数的稳定程度。一般的不稳定现象是增益变化、中心频率偏移、通带变窄等,不稳定状态的极端情况是放大器自激,以致放大器完全不能工作。

为使放大器稳定工作,必须采取稳定措施,如限制每级增益,选择内反馈小的晶体管,应用

中和或失配方法等。

以上这些要求,相互之间既有联系又有矛盾。增益和工作稳定性是一对矛盾,通带和选择性是一对矛盾。因此应根据需要决定主次,进行分析和讨论。

2)调谐放大器的级联

在接收机中,当一级单调谐放大器的选频特性和增益不能满足要求时,可采用两级或多级单调谐放大器级联的方法。级联后的放大器,其增益、通带和选择性都将发生变化。

多级单调谐放大器的电路分析可以采用一极单调谐放大器电路的分析方法,分析每一级的特性,然后利用级联的方法研究其多级总特性。

3)双调谐放大器

放大管的负载回路是双调谐回路的放大器,称为双调谐放大器。它的特点与双调谐回路一样:通带宽,矩形系数约等于 3.16,选择性好,但调节比较麻烦。

由于双调谐回路有互感耦合、电容耦合、变压器耦合三种类型,所以双调谐放大器也有上述三种同名电路。

3. 集中选频放大器

在要求放大器的频带宽、增益高时,需采用多级调谐放大器,但如果每一级都用分散选频网络,就有元件多、调整操作烦琐、性能不稳定的问题。此时,采用集中选频放大器,可较方便地获得良好增益和选频特性。

集中选频放大器由宽带放大器和集中滤波器组成。集中选频放大器是一种将集中滤波和集中放大结合的非调谐式高频放大器。电路采用集中滤波器来完成选频功能,而宽带放大作用主要由高频线性集成放大器来完成。集中选频放大器把原来分布于各级调谐放大器中的选频电路集中在一起,使滤波器的设计、制造和调试更容易,而滤波器作为一个整体,仅在某一级与放大器相接,可以大大减小相互间的不利影响,从而提高选频放大的整体性能。集中选频放大器的方框图如图 3.18 所示。

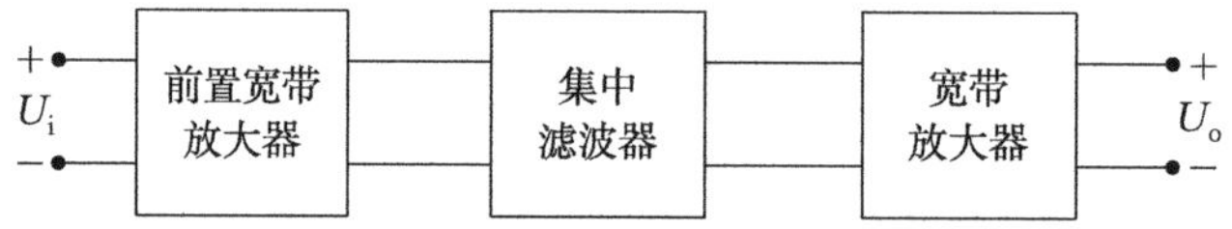

图 3.18 集中选频放大器

由于集中滤波器的频率特性固定,所以集中选频放大器只能用作中心频率不变的频带放大器。图 3.18 中,前置宽带放大器一般为单极低噪声高频放大器,其增益部分用于补偿滤波器的损耗。将集中滤波器置于主放大器之前,可使干扰和噪声预先发生大幅度衰减,有利于提高输出信噪比。后级宽带放大器大多采用射频集成宽带放大器,以满足总增益的要求。该放大器的通带宽度应大于信号与集中滤波器的通带宽度。

常用的集中滤波器有由多个电感和电容构成的高阶 LC 滤波器、石英晶体滤波器、陶瓷滤波器、声表面波滤波器等。其中, LC 滤波器由电感、电容构成,由于电感的品质因数(Q 值)一般只能达到 100~200,很难做得更高,因此滤波性能较差;石英晶体滤波器由 Q 值高达几十万的石英晶体谐振器组成,频率稳定度高,阻带衰减陡峭,被广泛应用于现代通信设备中;陶瓷滤波器由具有压电效应的陶瓷材料构成,接收机的中频滤波器等经常选用此类滤波器,其耐热性、耐湿性均较好,受外界条件的影响较小,通带要比石英晶体滤波器宽,但选择性能要差一些;声表面波滤波器是一种集成滤波器件,这种滤波器的优点是体积小、质量轻、中心频率高、相对带宽较宽、矩形系数接近 1，缺点是插入损耗比较大，群时延特性不是很理想，一般应用于接收机中的第一级中频滤波。

3.2.2　高频功率放大器

在接收机的发射通道中，为了获得大功率的高频信号，必须采用高频功率放大器。高频功率放大器一般工作在发射机的末级，以保证需要发送的信号具有足够的输出功率，从而通过天线被有效地辐射出去。

1. 功率放大器

高频功率放大器和射频小信号放大器都工作在高频段，负载均为谐振回路。但二者的谐振负载所起的作用却有差别。小信号放大器的谐振网络主要起选择有用信号、滤除干扰信号的作用；而高频功率放大器的谐振网络主要起选择基波信号、滤除谐波成分的作用。小信号放大器的输入信号为小信号，晶体管工作在线性状态，属于线性放大器；高频功率放大器的输入信号多为大信号，晶体管工作在非线性状态，属于非线性放大器。

高频功率放大器一般都采用谐振回路作为负载，属于窄频带的谐振功率放大电路。采用调谐于工作频率 f_0 的谐振回路作为放大管的负载，可以有效地抑制放大管本身由于工作于非线性状态而产生的大量谐波，使其输出原频率 f_0 的信号功率。正由于这一点，高频功率放大器一般工作在丙类状态，导通角小于 90°。根据分析，此时的晶体管集电极电流是一个个小脉冲，这些小脉冲必包含输入信号的基波和高次谐波。负载回路若调谐于基波，则得到高频功率放大；若调谐于谐波，则得到倍频。倍频器也工作在丙类状态，其导通角会更小。高频功率放大器外形如图 3.19 所示。

图 3.19　高频功率放大器

2. 丙类谐振功率放大器的工作原理

图 3.20 是谐振功率放大器的基本电路。在丙类谐振放大电路中，作为集电极负载的谐振回路有两个作用：一是利用其谐振特性，从众多的电流分量中选取出有用分量（即基波分量），起到选频作用；二是阻抗匹配作用，使回路阻抗为最佳负载阻抗值，确保能获得最大输出功率。

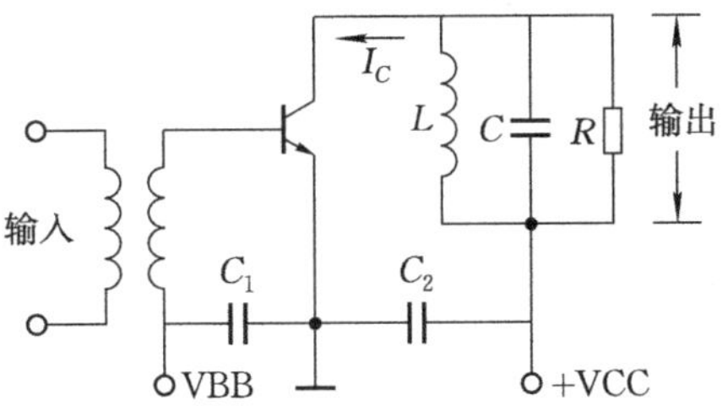

图 3.20　谐振功率放大器基本电路

谐振功率放大器工作在丙类状态，即只有在输入信号正半周期的部分时间，放大管才导通，而其他时间放大管均截止。在工作期间内，激励电压每变化一周，集电极电路中就出现一个由其控制的周期性电流脉冲 I_C，其波形是一连串余弦脉冲波形（严格地说是钟形脉冲串），脉冲宽度小于半个周期。集电极电流脉冲序列可分解为直流分量、基波分量、二次谐波分量和各次谐波分量之和，即

$$I_C = I_{C_0} + I_{C_1} + I_{C_2} + \cdots = I_{C_0} + I_{C_1}\cos\omega t + I_{C_2}\cos 2\omega t + \cdots \tag{3.21}$$

作为负载的集电极谐振回路谐振于基波频率，对基波电流呈现数值足够大的线性电阻（谐振阻抗），而对直流和其他谐波都严重失谐，呈现很小的阻抗。因此，在回路两端只有基波电压的幅度最大，而直流及其他高次谐波电压的幅度都很小，可以忽略不计。根据并联谐振回路的

基本特性可知，电容、电感支路中的基波电流近似等于总电流 I_C 的 Q_L 倍（Q_L 为谐振回路的等效品质因数），电感支路中的电流通过互感把已经放大的能量传送给负载 R。

3.2.3　放大器增益及接收机链路增益计算

1. 放大器增益

增益（放大倍数）是反映放大器放大性能的重要指标，定义为放大器输出电平与输入电平之比。根据采用的电平参数，主要有电压（电流）增益和功率增益等。

一般情况下，当卫星信号到达接收机时，信号经过衰减已经非常微弱，为了提高接收微弱信号的能力，要求高频放大器有足够的电压增益或功率增益。

2. 接收机链路增益计算

射频接收机通常由多级功能不同的单元电路级联而成，放大电路会带来一定的功率增益，而滤波电路和二极管混频电路则会引入一定的插入损耗。如果使用分贝表示功率增益，则可以方便地描述系统功率增益与每一级电路功率增益之间的简单关系。对于一个 N 级电路构成的射频系统，系统功率增益 G 为每一级电路功率增益 G_i 之和，可以表示为

$$G = \sum_{i=1}^{N} G_i \tag{3.22}$$

在射频电路中，如果不满足级间共轭匹配的条件，系统功率增益就不能达到最大。如果出现严重的不匹配，还有可能导致放大电路不再满足稳定工作条件，从而演变为一个振荡电路。因此在射频电路中，需要尽量满足级间共轭匹配的条件，提高系统的稳定性，并获得最佳的功率增益。

3.3　滤波器与混频器

3.3.1　滤波器

滤波器可以使输入信号的一部分频率通过，而其他部分不通过，并且是一个线性电路，此功能的执行没有增加或者产生新的频率成分。这样，就可以通过滤波器使有用信号通过，而把不希望存在的噪声信号滤除。使频率通过的频带，在理想情况下没有损失，叫作通带。阻止频率通过的频带，在理想情况下有无穷大的损失，叫作阻带。滤波器外形如图 3.21 所示。

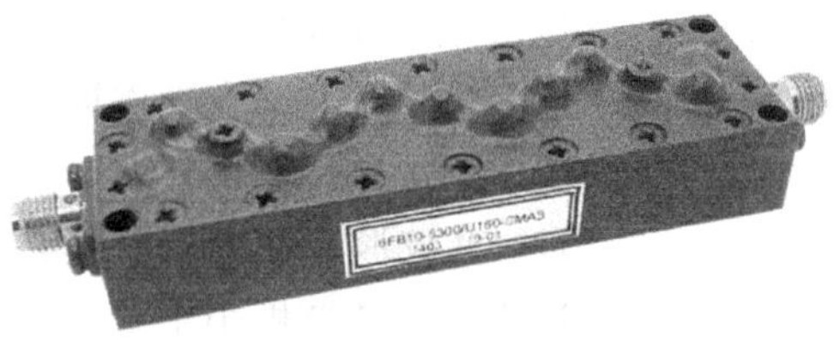

图 3.21　滤波器外形

滤波器按所用器件分为无源滤波器和有源滤波器。由电阻、电容、电感等元件组成的滤波电路称为无源滤波器。而由电阻、电容、电感及运算放大器构成的滤波器，由于运算放大器工作时要外加电源，所以称为有源滤波器。有源滤波器相对于无源滤波器，具有体积小、重量轻的优点，同时有良好的选择性，还可使所处理的信号不衰减甚至放大；其缺点是运算放大器工作时要提供电源，以及在大信号工作时运算放大器可能会产生失真等。

滤波器按频率特性分为低通滤波器、高通滤波器、带通滤波器和带阻滤波器。前文已经介绍了四种选频滤波器，接下来将按照其频率特性分别介绍。

1. 低通滤波器

低通滤波器具有使低频信号易通过而抑制高频信号的作用。低通滤波器的基本电路如图 3.22 所示。

该电路比较简单，由 1 个运算放大器、3 个电阻（R_1、R、R_F）和 1 个电容（C）组成，输入信号 U_i 流经电阻 R，其中，低频分量可以由运算放大器正常放大，而高频分量则经电容 C 流入地表。电路频率特性如图 3.23 所示，其中，A_U 为运算放大器在频率为 0 时的电压放大倍数，截止频率 $\omega_0 = 1/RC$。

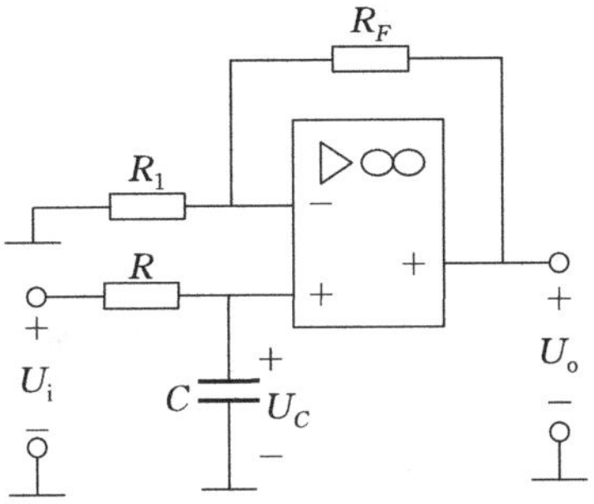

图 3.22　低通滤波器

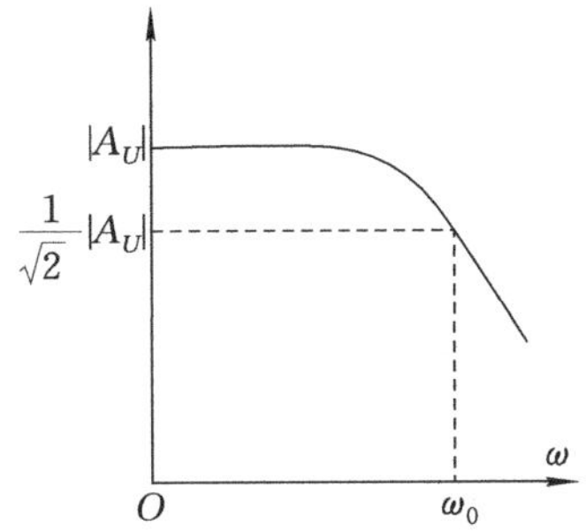

图 3.23　低通滤波器频率特性

2. 高通滤波器

高通滤波器具有使高频信号易通过而抑制低频信号的作用。高通滤波器的基本电路如图 3.24 所示。

与前面低通滤波器电路相比，该电路电阻 R 和电容 C 互换了位置，低频分量将无法通过电容，高频分量则可正常通过并经由运算放大器放大。该电路的频率特性如图 3.25 所示，其中，截止频率 $\omega_0 = 1/RC$。

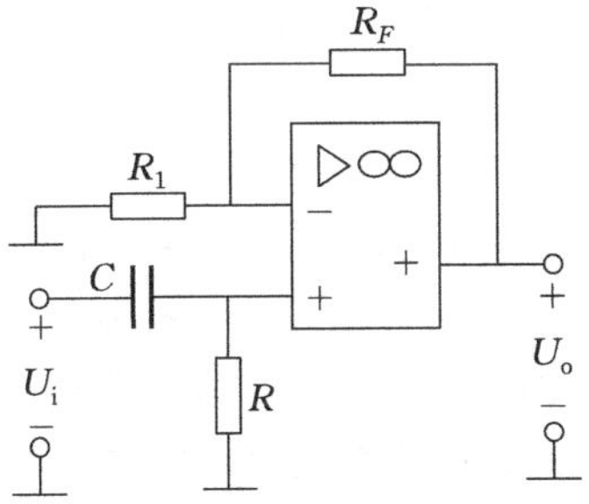

图 3.24　高通滤波器

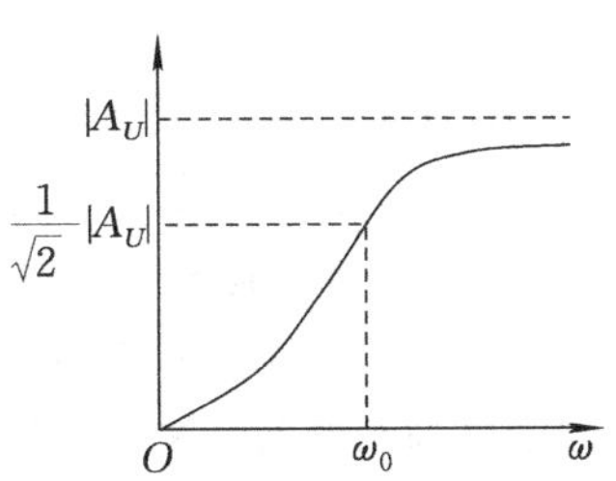

图 3.25　高通滤波器频率特性

3. 带通滤波器和带阻滤波器

带通滤波器具有使某一部分频率信号易通过而抑制其他频率信号的作用。其频率特性如图 3.26 所示，ω_H 为上限截止频率，ω_L 为下限截止频率，则中心频率为 $\omega_0 = \sqrt{\omega_H \omega_L}$，带宽为 $B = \omega_H - \omega_L$。

带阻滤波器具有抑制某一部分频率信号而使其他频率信号易通过的作用。其频率特性如图 3.27 所示，其中，中心频率为 $\omega_0 = \sqrt{\omega_H \omega_L}$，带宽为 $B = \omega_H - \omega_L$。

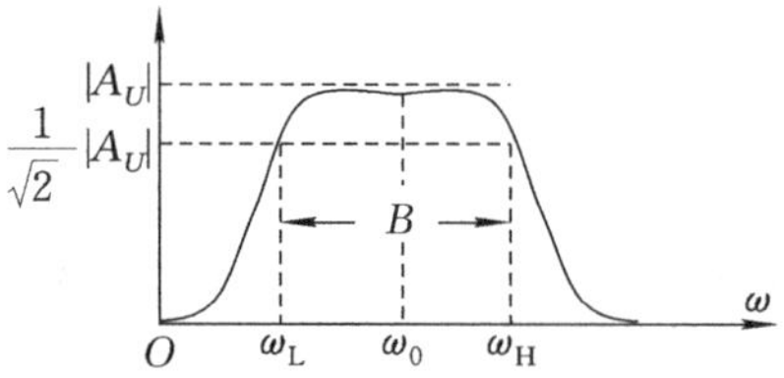

图 3.26 带通滤波器频率特性

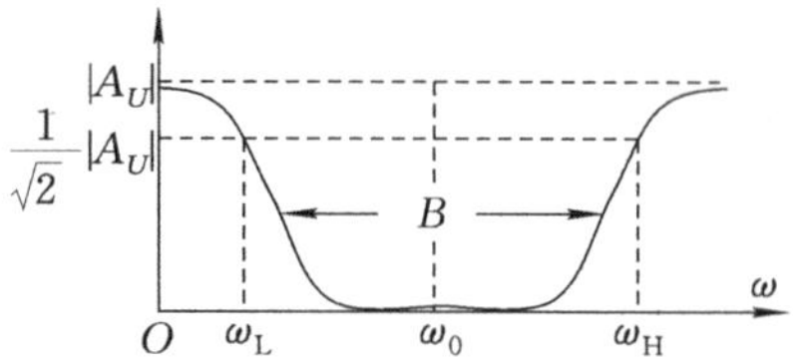

图 3.27 带阻滤波器频率特性

4. 滤波器在接收机中的应用

滤波器的主要应用包括：对信号进行限带处理，在频域对信号进行分解，对频率特性进行修正，消除有用信号频带外的干扰信号，根据信号特征从噪声中提取有用信号，阻抗匹配与转换等。其在接收机中的应用如图 3.28 所示。

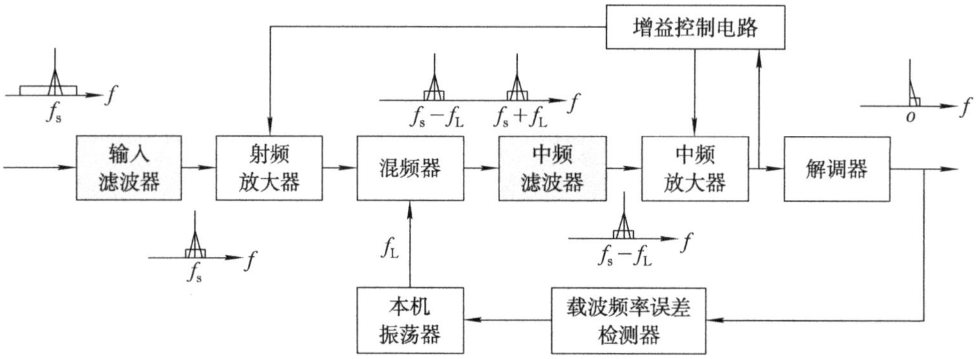

图 3.28 滤波器在接收机中的应用

一般情况下，接收机天线输入信号先通过前端射频滤波器，滤除带外干扰后经过两次变频，将输入信号变频至一个固定的中频信号，再由后端模拟解调或数字信号处理器(DSP)处理。前端射频滤波器的作用在于降低接收机接收信号的总负载，并改善接收机的技术参数，比如噪声系数、镜频抑制度等。通过电子开关，前端射频滤波器可将接收频段分为若干子段，从而选通那些需要分析的子频段而将其他子频段抑制于带外。这样，即可在极大程度上消除互调产物。低噪声放大器输入端的射频滤波器应具备良好的选频功能，并能抑制带外干扰和镜像信号。低噪声放大器输出端的射频滤波器则用于抑制杂散信号、镜频干扰和减少本振泄漏。低噪声放大器对射频滤波器送来的射频信号进行放大，提高增益和混频器的混频效果。

混频器与中频放大器之间的滤波器为中频滤波器，它可以进一步抑制带外干扰并选取中频信号，同时降低了后面各模块对动态范围的要求。中频滤波器的带宽通常决定了接收机的信道带宽；中频滤波器的带外抑制度通常决定了接收机的邻道抑制能力；中频滤波器通常使用晶体滤波器或声表面波滤波器作为中频滤波网络，以克服因工作频率高而导致选择性差的缺点。

3.3.2 混频器

混频器在接收机中的应用非常多，不但用于各种接收机的下变频电路中，而且还用于频率合成器等电路中。混频是接收机中极为重要的一项技术，混频器质量的好坏，会对整个系统的性能产生重要影响。

1. 混频器工作原理

为使高频信号经频率变换后所携带的有用信息保持不变，要求电路仅将高频信号的各个频率分量搬移至新的频域，而各个频率分量的频率间隔和相对幅度保持不变，这个过程称为混频，完成这种功能的电路或部件称为混频器。

在混频过程中，要求频率变换后各个新的频率分量等于原来的频率分量与某一参考频率的和或差。该参考频率是由接收设备产生的，通常称为本振频率。设信号载波频率为 f_0，本机振荡电路产生的信号频率为 f_L，如果混频要完成的频率变换为 $f_L+f_0=f_i$，则称上变频，如果频率变换为 $f_L-f_0=f_i$，则称下变频。其中，f_i 是混频器输出的载波变频信号，习惯上称为中频信号。要实现混频，必须有非线性器件，除输入已调波外，还要有本机振荡器和选频回路。

图 3.29 是混频器的组成框图及主要点的波形图和频谱图（以调幅信号为例）。

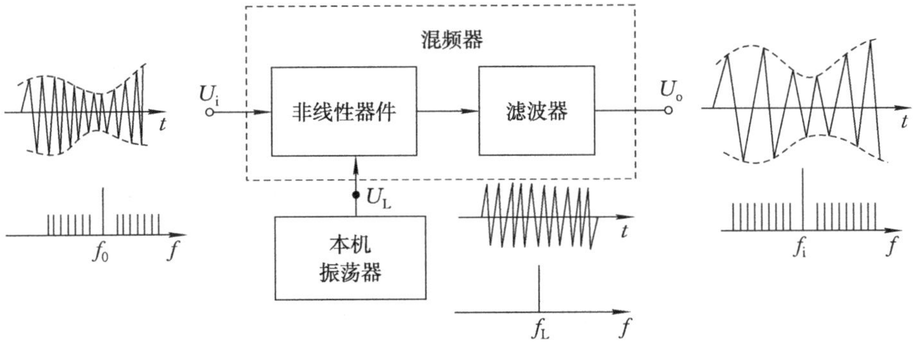

图 3.29　混频器组成及工作过程

可以看出，若混频器输入信号 U_i 是普通调幅信号，载波频率为 f_0，调制频率为 f_Ω，混频后输出信号 U_o 与 U_i 相比，调制频率 f_Ω 没有改变（即调幅波的包络没有变），仅载波频率变为 f_i。

由此可见，混频是频谱的线性搬移过程，且搬移后频谱分布的相对情况仍与搬移前一样，变化的仅仅是载波频率。混频器的主要功能是变频（频率变换）。变频的原理是很简单的，就是将接收信号与本振信号一起经过非线性器件后，产生包含希望频率成分的信号，然后再经过滤波器把其他频率成分滤除。

非线性电路形式多种多样，都可以实现上述的频率变换功能。其中相乘器是随处可见的，绝大部分的频率变换电路常常用乘法电路来实现。下面就以乘法电路为例来说明频率变换的原理和计算方法。

接收信号可以写成三角函数的形式，即

$$S(t)=A_s\cos(\omega_s t+\varphi_s(t)) \tag{3.23}$$

式中，$S(t)$ 为卫星信号，是时间 t 的函数；A_s 为信号的幅度；ω_s 为信号的角频率（可简称为频率），可以认为是一个固定值；$\varphi_s(t)$ 为信号的相位，是时间 t 的函数。北斗卫星信号采用的是相位调制的方式，控制 $S(t)$ 的相位 $\varphi_s(t)$ 按照一定的方式根据要发射的信息变化，即 $\varphi_s(t)$ 包含了基带信号的信息。

本振信号也可以写为

$$L(t)=A_L\cos(\omega_L t) \tag{3.24}$$

式中，$L(t)$ 为本振信号，为时间 t 的函数；A_L 为信号的幅度；ω_L 为本振频率，是一个固定值。由于本振信号上不加载调制信息，所以没有相位变化。

两个信号相乘后并经过三角运算(积化和差),得到了一个新的信号,即

$$\begin{aligned} w(t) &= S(t)L(t) = A_s\cos(\omega_s t+\varphi_s(t))A_L\cos(\omega_L t) \\ &= \frac{A_sA_L}{2}(\cos(\omega_s t+\varphi_s(t)+\omega_L t)+\cos(\omega_s t+\varphi_s(t)-\omega_L t)) \\ &= \frac{A_sA_L}{2}\cos((\omega_s+\omega_L)t+\varphi_s(t))+\frac{A_sA_L}{2}\cos((\omega_s-\omega_L)t+\varphi_s(t)) \end{aligned} \tag{3.25}$$

信号 $w(t)$ 分为两部分,即 $\frac{A_sA_L}{2}\cos((\omega_s+\omega_L)t+\varphi_s(t))$ 和 $\frac{A_sA_L}{2}\cos((\omega_s-\omega_L)t+\varphi_s(t))$,它们都包括基带信号的相位 $\varphi_s(t)$。这样信号 $w(t)$ 可认为包含了频率分别为 $(\omega_s+\omega_L)$ 和 $(\omega_s-\omega_L)$ 的两个信号,这两个频率互称为镜频。

可以采用带通滤波器来区分这两个信号。例如采用中心频率为 $(\omega_s-\omega_L)$ 的带通滤波器可滤掉频率为 $(\omega_s+\omega_L)$ 的分量,即信号 $S(t)=A_s\cos(\omega_s t+\varphi_s(t))$ 经过变频后变为 $\frac{A_sA_L}{2}\cos((\omega_s-\omega_L)t+\varphi_s(t))$,频率由 ω_s 变为 $(\omega_s-\omega_L)$(频率变小了),这时称之为下变频;反之,采用中心频率为 $(\omega_s+\omega_L)$ 的带通滤波器可滤掉频率为 $(\omega_s-\omega_L)$ 的分量,即信号 $S(t)=A_s\cos(\omega_s t+\varphi_s(t))$ 经过变频后变为 $\frac{A_sA_L}{2}\cos((\omega_s+\omega_L)t+\varphi_s(t))$,频率由 ω_s 变为 $(\omega_s+\omega_L)$,频率变大了,此时称之为上变频。这就是变频的基本原理。

2. 混频电路

混频电路的种类很多,本节将介绍常用的模拟相乘混频器、三极管混频器和二极管环形混频器。

1)模拟相乘混频器

模拟相乘混频器由模拟乘法器和带通滤波器组成,其优点是模拟乘法器输出端无用的频率分量较少,对滤波器要求不是很高。用模拟乘法器构成的混频电路,可以大大减少由组合频率分量产生的各种干扰。这种混频器还具有体积小、调整容易、稳定性和可靠性高等优点。

2)三极管混频器

三极管混频器的特点是电路简单,具有一定的变频增益,要求本振信号的幅值较大,约为50～200 mV,要求信号的幅值较小,常为毫伏量级,从而使后级中频放大器的噪声影响大大减小,因而在接收机中获得了广泛应用。三极管混频器的几种基本电路形式如图 3.30 所示。它们之间的区别是电路组态以及本振电压的注入方式。图 3.30(a)和图 3.30(b)是共射电路,图 3.30(c)和图 3.30(d)为共基电路。

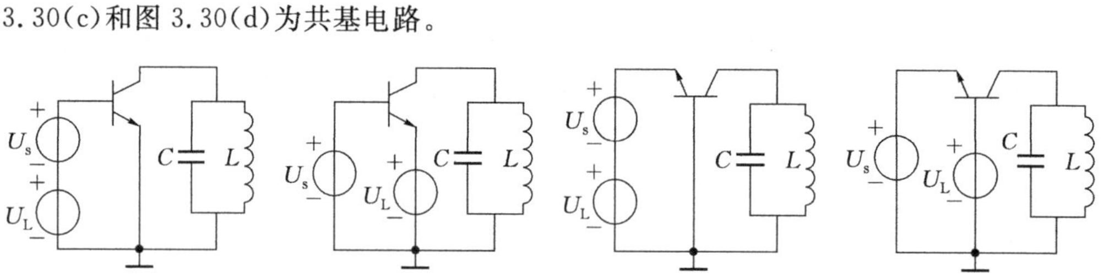

(a) 基极注入基极输入　(b) 发射极注入基极输入　(c) 发射极注入发射极输入　(d) 基极注入发射极输入

图 3.30　三极管混频器电路形式

3)二极管环形混频器

很多接收机在工作频率较高时,常使用二极管混频器。二极管混频器有二极管平衡混频器和二极管环形混频器。为了减少组合频率分量,以便获得理想的相乘功能,二极管相乘器大都采用环形对称电路,并工作在开关状态。二极管环形混频器电路如图 3.31 所示。

二极管环形混频器具有电路简单、信号与本振信号隔离度高、噪声系数低、组合频率分量少、工作频带宽、动态范围大等优点,因此得到广泛应用。二极管环形混频器的主要缺点是变频增益低(小于 1),且要求元件的对称性要高。

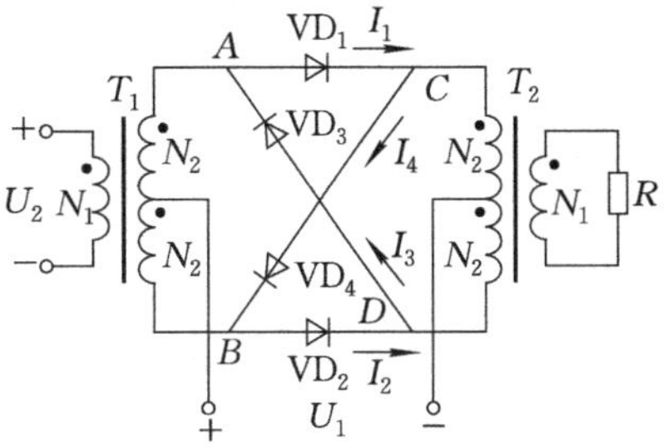

图 3.31　二极管环形混频器电路

3. 混频器的性能指标

衡量混频器性能的主要指标有失真与干扰、噪声系数、混频增益、选择性、阻抗匹配、压缩电平、隔离度、动态范围等。

(1)失真与干扰。混频器中会产生频率失真和非线性失真,还会有各种组合频率分量产生的干扰等。人们希望混频器只对信号的载波频率进行变换,而对信号包络或信号相位的变化尽可能维持原状,这样才能保持原调幅波或调相波的传输不失真。另外,也要求所产生的组合频率少或其他非线性失真小。

(2)噪声系数。前面介绍过,噪声系数定义为输入信噪比与输出信噪比的比值。在混频器中,它描述了混频器对所传输信号的信噪比的影响程度。因为混频器常作为接收机接收系统的前级,输入信号一般很弱,其本身又工作在非线性状态,对接收机整机的噪声系数影响很大,仅次于高频放大器,所以希望混频器的噪声系数越小越好。噪声系数越小,说明电路性能越好。混频器的噪声系数的大小除本身因素外,还与本振信号的大小、工作点的选取有关。

(3)混频增益。混频增益是指混频器输出的中频信号功率 P_{I} 与输入的高频信号功率 P_{S} 之比,常用对数形式表示,即

$$G_{\mathrm{P}}=10\lg\frac{P_{\mathrm{I}}}{P_{\mathrm{S}}} \tag{3.26}$$

在接收机中,混频增益表征混频器把输入的高频信号变换为输出的中频信号的能力。混频增益越大,变换能力越强,所以希望混频增益大。而且混频增益大,有利于提高接收机接收灵敏度。但是混频增益过大,会使混频失真增大,且噪声增加。

(4)选择性。混频器的中频输出信号应该只有所要接收的有用信号,而不应该有其他不需要的干扰信号。在混频器中,由于各种原因总会混入很多与中频信号频率接近的干扰信号,为了抑制不需要的干扰而选出有用的分量,要求中频输出回路具有良好的选择性,矩形系数趋近于 1。

(5)阻抗匹配。混频器输入端的阻抗应与射频放大器的输出端的阻抗匹配,而且其输出端的阻抗还应与中频放大电路输入端的阻抗匹配,以提高传输效率。

(6)压缩电平。在混频器中,输出与输入信号的幅度应成线性关系。实际上,由于非线性器件的限制,当输入信号增加到一定程度时,中频输出信号的幅度与输入信号不再成线性关系,这一现象称为变频压缩。通常可以用实际输出电平低于其理想电平一定值(如 3 dB 或 1 dB)的输入电平的大小来表示它的压缩性能的好坏。此电平称为混频器的(3 dB 或 1 dB)压

缩电平(压缩点)。压缩电平越高,混频器性能越好。

(7)隔离度。混频器隔离度是指各频率端口间的相互隔离,包括本振与射频、本振与中频,以及射频与中频之间的隔离。隔离度定义为本振或射频信号泄漏到其他端口的功率与输入功率之比,单位为 dB。

(8)动态范围。动态范围是指混频器正常工作时的微波输入功率范围。其下限因混频器的应用环境不同而异,其上限受射频输入功率饱和所限,通常对应混频器的 1 dB 压缩点。如果有两个频率相近的微波信号与本振信号一起输入混频器,由于混频器的非线性作用,将产生交调,其中三阶交调可能出现在输出中频附近的地方,落入中频通带以内,造成干扰,通常用三阶交调抑制比来描述,即有用信号功率与三阶交调信号功率的比值,常表示为 dBc。因中频功率随输入功率成正比,当微波输入信号减小 1 dB 时,三阶交调信号抑制比增加 2 dB。

3.3.3 镜频及其抑制

1. 镜频

接收机需要克服的一个现象是镜频干扰。在超外差接收机中,接收端不需要的输入频率可以生成与需要接收的频率相同的中频值,这就是镜频。设有用信号载波频率是 f_K,本振频率为 f_L,干扰信号的频率为 f_C,当满足 $f_K + f_C = 2f_L$ 时,载波信号和干扰信号混频后的中频频率相同,即 $f_K - f_L = f_L - f_C = f_I$,因此接收机无法区分干扰信号与有用信号,如图 3.32 所示。

镜频抑制比是接收机镜频频率的规定信号电平与产生同样输出功率的调谐频率的(有用)信号电平之比,它表明接收机抵抗镜频干扰的能力。镜频干扰只能靠预选器和高频滤波器滤除,高性能接收机需要有很高的镜频抑制比。

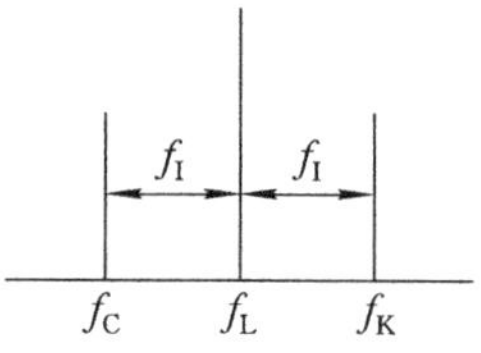

图 3.32 镜频示意

2. 镜频抑制

镜频抑制的基本方法主要包括提高混频前级的选择性和提高中频频率,此外,选择合适的混频电路、合理地选择混频管的工作状态也有一定的作用。

在变频的过程中引入镜频干扰,利用滤波器对镜频干扰进行抑制时,滤波器的效果取决于镜频频率与信号频率之间的距离,而该距离取决于中频频率的高低。如果中频频率比较高,则信号与镜频相距较远,镜频部分就能受到较大的抑制;反之,如果中频频率比较低,则信号与镜频相隔不远,滤波器对于干扰的滤波效果就比较差。同时,信道选择也是在中频,较高的中频频率对信道选择滤波器的要求也比较高,所以,镜频抑制与信道选择形成一对矛盾,下变频频率的选择是解决矛盾的关键。

现在常用的方法是采用二次变频(图 3.33),二次变频接收机采用两级变频将载波降为中频。其中,第一级中频采用较高的频率,以提高接收机抑制镜频干扰的能力,而第二级中频则比较低,这样用来选择有用信道的滤波器就更容易实现。由于二次变频接收机采用两级变频,较好地解决了中频频率的选择问题,电路技术相对简单成熟,目前已成为接收机的行业标准。在实际应用中,也会遇到采用三级甚至更多级变频的接收机。

当然,二次变频接收机由于自身结构的特点,具有以下两个固有缺点:

(1)由于采用了两级混频器,接收机就需要额外的中频滤波器,因此增加了电路设计的复杂度和硬件成本。

(2)通常中频滤波器的频点和带宽是固定的，工作频率和带宽不容易更改，接收机兼容性比较差。

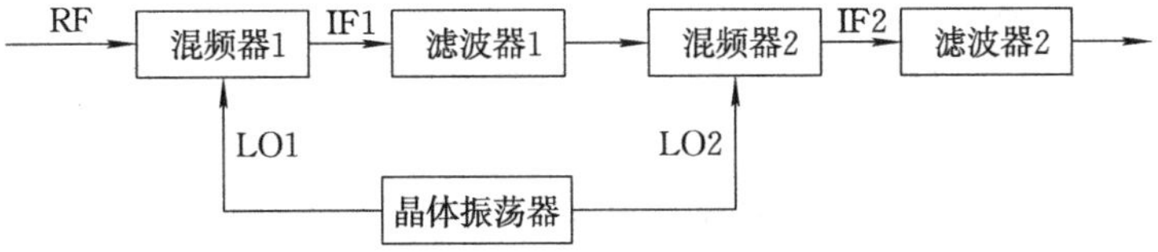

图 3.33　两级变频结构

3.4　振荡器

本节介绍振荡器的功能原理。通过对分立元件电路进行分析来讨论正弦波振荡电路，并介绍集成化正弦波振荡器的电路特点，重点介绍常用的晶体振荡器。

振荡器是一种不用外加激励就能自行产生交流信号输出的电路。振荡器在接收机中有广泛应用，如发射机的载波振荡器、接收机中的本机振荡器等。

振荡器的种类很多，按信号的波形可分为正弦波振荡器和非正弦波振荡器。正弦波振荡器产生的波形非常接近于正弦波或余弦波，且振荡频率比较稳定；非正弦波振荡器产生的波形是非正弦的脉冲波形，如方波、矩形波、锯齿波等。

在正弦波振荡器中，主要有 LC 振荡器、石英晶体振荡器和 RC 振荡器等几种。其中，石英晶体振荡器的频率最稳定，LC 振荡器次之，RC 振荡器最差。RC 振荡器的工作频率较低，频率稳定度不高，但电路简单，频率变化范围大，常在低频段中应用。

随着设备小型化的需求逐渐增多，振荡器正逐步实现集成化，这些集成化正弦波振荡器的工作原理、电路分析、设计方法等原则上与分立元件振荡器一致。

3.4.1　反馈振荡器的工作原理

振荡器产生振荡的条件、振荡信号的波形、频率的变化原因是首先应该弄清楚的问题。实际上，自激振荡器是由反馈放大器演变而来的。为了说明问题，这里对照画出调谐放大器和变压器耦合正弦波自激振荡器的实际电路，如图 3.34 所示。

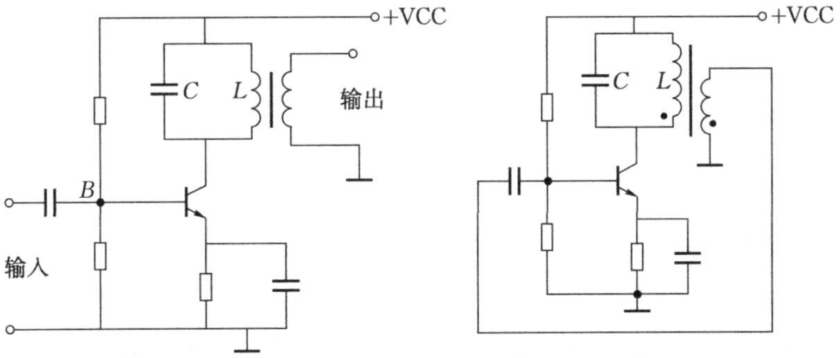

(a) 调谐放大器　　(b) 变压器耦合正弦波自激振荡器

图 3.34　调谐放大器和自激振荡器比较

图 3.34(a)是调谐放大器的电路,已为大家所熟悉,使 LC 回路调谐在所需的信号频率上。图 3.34(b)是 LC 自激振荡器的电路,与图 3.34(a)相比,只是多了一根反馈线,将输出信号正反馈至输入端。由图 3.34(b)可见,如果电路满足一定条件,不外加激励,也会产生正弦或余弦信号,成为正弦波自激振荡器。

那么电路满足什么样的条件就可以产生自激振荡了呢? 下面分析振荡器实现振荡必须满足的起振条件和平衡条件。

起振条件又称自激条件,表示一个振荡电路在接通电源时,输出信号从无到有建立起来应该满足的条件。

振荡器刚接通电源后,原始输入电压的来源包括:第一,放大管基极 U_B,U_B 在开机后由零升至定值,此阶跃信号含有多种频率分量;第二,电路各部分噪声,如管子的内部噪声、输入回路电阻的热噪声等,其含有的频率成分十分丰富。不管是阶跃信号还是噪声,其引起的电压或电流波动经过振荡器放大管的放大,加至负载回路或反馈网络,经过选频电路的选择,再反馈至放大管的输入端,经过放大、选频、反馈,再放大、再选频、再反馈,如此反复,经过若干周期,振荡信号就越来越强,当幅度强到一定值时,振荡管便由放大状态进入非线性区域(截止或饱和),使振荡器的幅度稳定在一定值,达到平衡状态。振荡器的组成如图 3.35 所示。

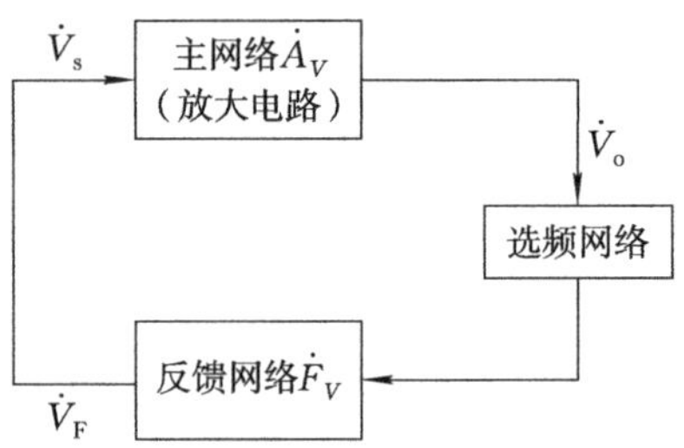

图 3.35 振荡器的组成

根据以上分析,可以得出振荡器的起振条件为:振荡器的环路增益要大于 1,即 $A_F > 1$,这是振荡器产生振荡的幅度条件;环路中信号的相位移为 $2n\pi$,也就是说反馈回来的信号要与输入信号是同相信号,这是振荡器产生振荡的相位条件。

振荡器满足起振条件时,振荡信号的幅度就会越来越大,振荡管便由线性状态很快地过渡到甲、乙乃至丙类的非线性状态。这时放大器的增益会下降,最终达到平衡条件 $A_F = 1$,且环路中信号的相位移为 $2n\pi$。在平衡条件下,反馈到放大管的输入信号正好等于放大管所需的输入电压,从而保持反馈环路各点电压的平衡,使振荡器得以维持。

对振荡器来说,仅满足起振条件和平衡条件还不够。由于振荡器的工作环境是在变化的,如果平衡条件受到破坏,振荡器能否输出特定频率和幅度的信号就成为振荡器能否使用的重要问题,这就是振荡器的稳定性问题。

在实际电路中,常有两种方法实现振荡器的稳幅。一种称内稳幅,是利用放大器的固有非线性放大特性和自给偏压效应来实现稳幅;另一种称外稳幅,是通过使放大器工作在线性状态,而另外在振荡环路中插入非线性环节来实现稳幅。

为了提高振荡器的频率稳定度,除了减弱各种扰动因素外,还可以提高振荡器振荡回路的品质因数。

3.4.2 典型振荡器

1. LC 振荡电路

在 LC 振荡电路中,三点式应用最为广泛。其工作频率一般为 1 MHz 到 1 GHz,频率稳定度也比变压器耦合振荡电路高一些。这种振荡器的另一个优点是电路比较简单,易于制作。

三点式 LC 振荡器有多种形式,主要有:电感三点式振荡器,又称哈特利(Hartley)振荡器；电容三点式振荡器，又称考比次(Colpitts)振荡器；串联型改进电容三点式振荡器，又称克拉普(Clapp)振荡器；并联型改进电容三点式振荡器，又称塞勒(Seiler)振荡器。三点式振荡电路的一般形式如图 3.36 所示。

图 3.36 中，晶体管的 3 个电极分别与振荡回路的 3 个点相连接，三点式的名称由此而来。X_{CE}、X_{EB}、X_{CB} 是振荡回路中的 3 个电抗元件。根据分析，振荡器要想自激输出信号，要满足振荡系统的相位平衡条件，即满足正反馈的条件。因此，X_{EB} 与 X_{CE} 必须性质相同，即 X_{CE}、X_{EB} 必须是同名电抗(同名即同为电容或同为电感)，X_{CB} 必须是异名电抗(异名即一为电容，一为电感)，这样才能构成 LC 振荡回路。这是判别一个三点式电路能否振荡的基本准则。

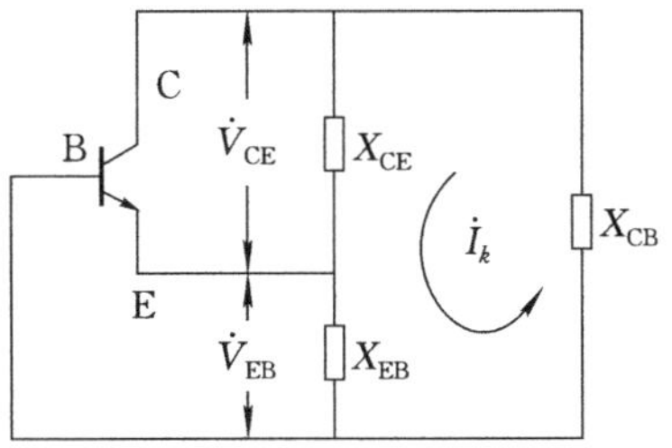

图 3.36　三点式振荡电路形式

1)电容三点式振荡器

电容三点式振荡器的典型电路及交流等效电路如图 3.37 所示。

振荡器的振荡频率可按相位平衡条件求得，其近似式为

$$f_0 = \frac{1}{2\pi\sqrt{LC}} \tag{3.27}$$

式中，C 为等效电容。电容三点式振荡器的优点是振荡波形好，提高了频率稳定度。这种电路的缺点是调整频率比较麻烦。电容三点式振荡电路的工作频率较高，一般在几十兆赫兹到近千兆赫兹的高频段中应用。

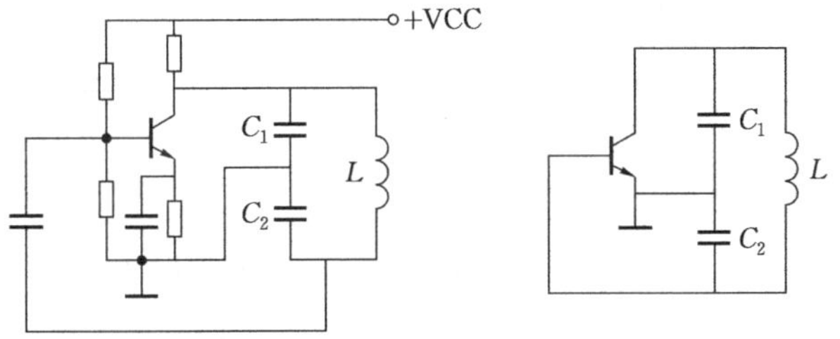

图 3.37　电容三点式振荡电路

2)电感三点式振荡器

电感三点式振荡器的典型电路及其交流等效电路如图 3.38 所示。

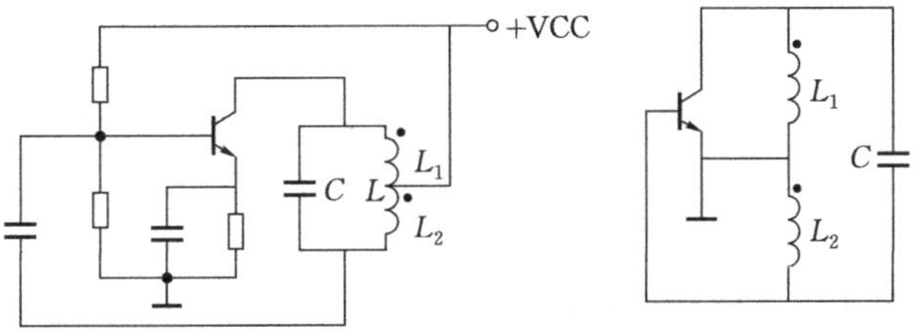

图 3.38　电感三点式振荡电路

电感三点式振荡器的优点是：容易起振，振荡频率调节方便。电感三点式振荡器的缺点是：振荡波形不够好，振荡频率不够高，由于品质因数太低，频率稳定度也不高。电感三点式振荡器的工作频率一般在几十兆赫兹以下。

3)串联型改进电容三点式振荡器

在电容三点式振荡电路中,在 C-B 间的电感支路中串入一电容 C_3,就成了串联型改进电容三点式振荡电路了,其典型电路如图 3.39 所示。

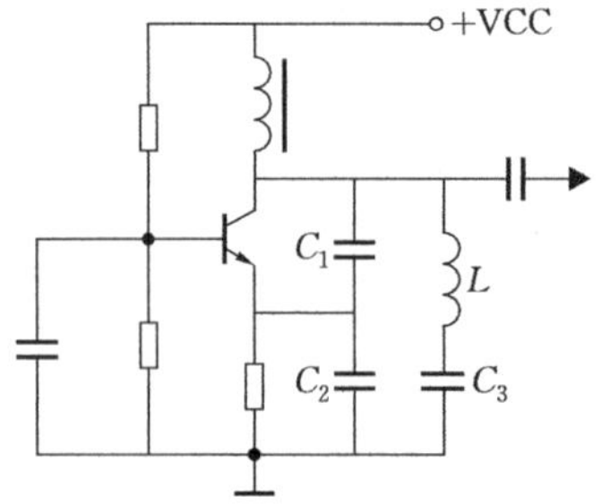

图 3.39　串联型改进电容三点式振荡电路

串联型改进电容三点式振荡电路的频率稳定度高,频率调节容易;但它的波段覆盖系数小,在波段内输出信号的振幅不够均匀,与电容三点式振荡电路相比,起振稍难。

4)并联型改进电容三点式振荡器

为了进一步改善电容三点式振荡器的性能,解决串联型改进电容三点式振荡电路所存在的问题,可在电感 L 两端并联一个电容,这就是并联型改进电容三点式振荡电路。其典型电路与交流等效电路如图 3.40 所示。

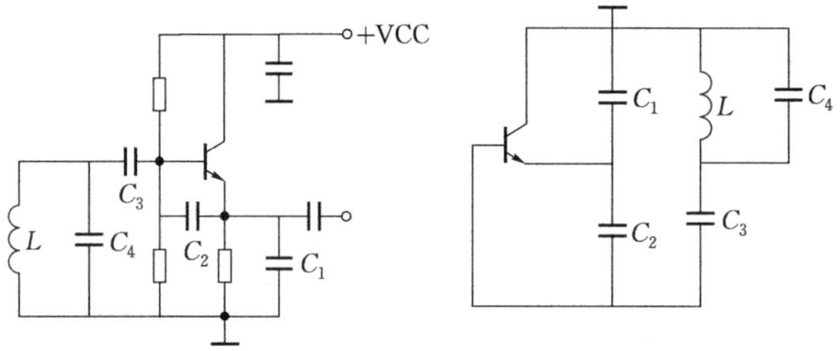

图 3.40　并联型改进电容三点式振荡电路

并联型改进电容三点式振荡电路的频率稳定度高,调节振荡频率比较容易,在改变振荡频率的过程中,振荡信号的幅度比较平稳。此电路很容易做成电压控制振荡器或自动频率控制振荡器。并联型改进电容三点式振荡电路在分立元件系统或集成高频电路系统中均获得广泛的应用。

2. 晶体振荡电路

在 LC 振荡电路中,频率稳定度大约是 $10^{-2}\sim5\times10^{-5}$,并且品质因数还不是很高,一般在几十到 100 的范围内,很少有 200 以上。这样的性能指标难以满足接收机的要求,所以接收机大都采用石英晶体振荡电路。

石英晶体振荡器是用石英晶体谐振器来控制振荡频率的一种振荡器,其频率稳定度根据所采用的石英晶体谐振器、电路形式以及稳频措施的不同而不同,一般在 $10^{-4}\sim10^{-11}$ 范围内。

晶体振荡电路是接收机系统的一个最关键环节,高精度、高稳定度的晶体振荡器是保证接收机主要指标满足要求的前提条件。对一般的晶体振荡电路,短期稳定度很容易达到要求,但频率精确度离要求还差得很远，对温补晶体振荡电路，其频率准确度也很难达到要求。要提供高精度、高稳定度的频率源，目前主要是用恒温晶体振荡器产生高精度频率源，因为晶体振荡器的频率精度受温度影响比较大。

石英晶体具有正、反压电效应，而且在谐振频率附近，晶体的等效参数电感 L_q 很大，电容 C_q 很小，电阻 R_q 也不高。因此，石英晶体谐振器的品质因数很大，可达百万数量级。这个特点是石英晶体振荡器频率稳定度高的一个重要原因。石英晶体存在串联谐振频率 f_s 和并联谐振频率 f_p。

石英晶体在电路中可以起两种作用：一种是等效为电感元件，这类振荡器称为并联谐振型石英晶体振荡器；另一种是作为短路元件，将它串接在反馈支路内，用以控制反馈系数，由于这类振荡器工作在石英晶体的串联谐振频率上，因此称为串联谐振型石英晶体振荡器。常用的是并联谐振型石英晶体振荡器。

这类石英晶体振荡器的工作原理及振荡电路与一般的反馈式 LC 振荡器相同，只要将三点式 LC 振荡电路中的电感元件用晶体取代，就构成了晶体振荡电路，其他分析与三点式 LC 振荡器没有区别。

在实际应用中，常用的晶体振荡电路是将石英晶体接在三极管的 C-B 间（或场效应管的 D-G 间）或接在 B-E 间（或场效应管的 G-S 间）。其中，B、E、C 分别为三极管的基极、发射极和集电极，S、G、D 分别为三极管的源极、栅极和漏极。前者相当于电容三点式振荡电路，又称皮尔斯（Pierce）电路；后者相当于电感三点式振荡电路，又称米勒（Miller）电路。振荡管可以是晶体三极管，也可以是场效应管。图 3.41 是这两种电路的基本电路和等效电路。

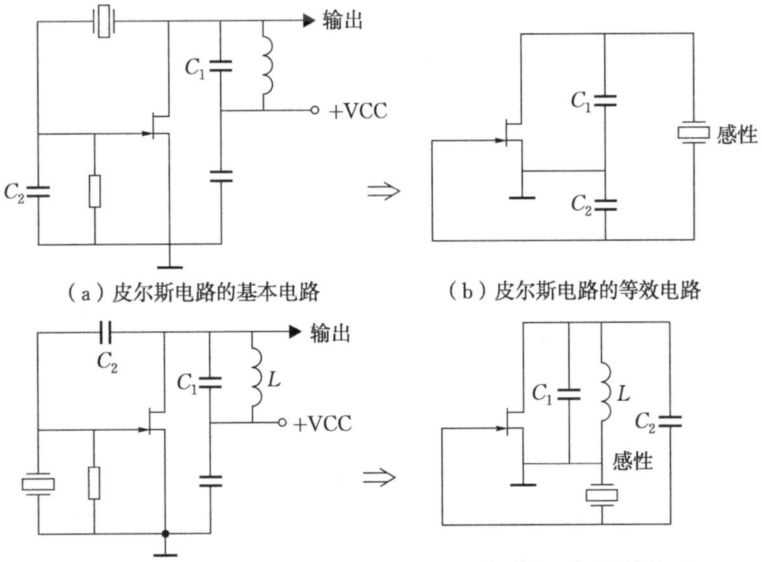

（a）皮尔斯电路的基本电路　（b）皮尔斯电路的等效电路

（c）米勒电路的基本电路　（d）米勒电路的等效电路

图 3.41　皮尔斯电路与米勒电路

与三点式振荡电路相比，若将皮尔斯等效电路中的石英晶体等效电路画出，则这种电路可看成是电容三点式振荡器即考比次振荡器；而米勒电路则可看成是电感三点式电路即哈特利振荡器。

将石英晶体作为短路元件应用的振荡电路就是串联谐振型石英晶体振荡电路，常用的电路如图 3.42 所示。

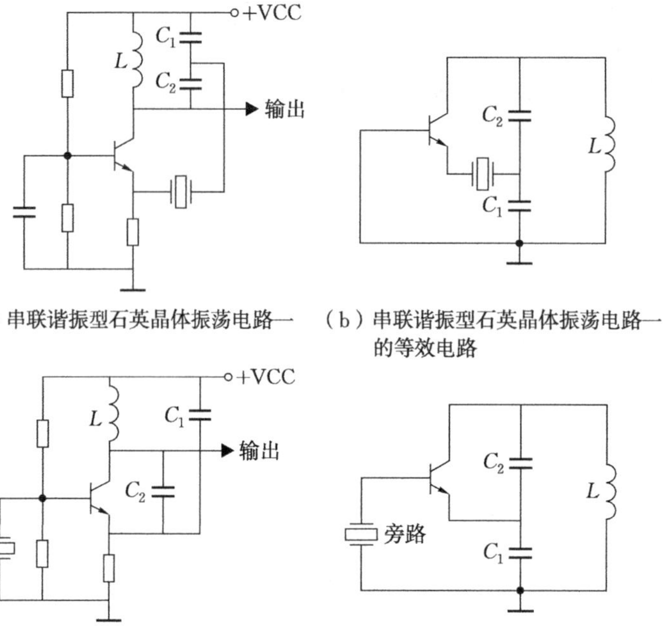

（a）串联谐振型石英晶体振荡电路一　（b）串联谐振型石英晶体振荡电路一的等效电路

（c）串联谐振型石英晶体振荡电路二　（d）串联谐振型石英晶体振荡电路二的等效电路

图 3.42　串联谐振型石英晶体振荡电路

在这两种振荡器中，石英晶体的作用或类似于一个短路的耦合电容，或类似于一个旁路电容。总之，石英晶体基本工作在串联谐振频率上，其等效阻抗非常低。

在图 3.42(b)中，若石英晶体是短路的，则等效电路与电容三点式振荡电路毫无区别。根据这个原理，应该将振荡电路的振荡频率调谐到石英晶体的串联谐振频率上。此时，石英晶体的阻抗最小，电路的正反馈最强，满足电路振荡条件；而对于其他频率的信号，晶体的阻抗较大，正反馈减弱，电路难以起振。图 3.42(c)的电路，石英晶体也是串联在交流信号的反馈支路中，它的作用类似于旁路电容。

这两种电路的振荡频率以及频率稳定度，都是由石英晶体谐振器的串联谐振频率所决定的，而不取决于振荡电路。但是，振荡电路元件也不能随便选用，它的固有频率应该与石英晶体谐振器的串联谐振频率一致。

3. 压控振荡器电路

压控振荡器是以某一电压来控制振荡频率或相位大小的一种振荡器。这种振荡器可以通过调整外加电压使晶体振荡器输出频率随之改变，主要用于锁相环路或频率微调。压控振荡器的应用极为广泛，如通信设备中的本机振荡电路、各种自动频率控制(automatic frequency control, AFC)系统中的振荡电路、锁相环路中的振荡电路等都采用压控振荡器。振荡器最常用的压控元件是变容二极管，输出的波形有正弦波和方波。

1）变容管压控振荡器

变容管是利用半导体 PN 结的结电容受控于外加反向电压的特性而制成的一种晶体二极管，它属于受电压控制的可变电抗器件。

晶体二极管在反向工作时，晶体二极管的结电容 C_j 将随反向偏压绝对值的增大而减小。

改变晶体二极管的反向偏压值可使晶体二极管的结电容 C_j 按某种规律变化，即晶体二极管可作为一个可变电容来使用。

将变容二极管作为压控电容接入 LC 振荡器中，就组成了 LC 压控振荡器。一般可采用各种形式的三点式电路。这种振荡器的工作原理比较简单，只要在振荡器的振荡电路上并接或串接某个受电压控制的电抗元件后，即可对振荡频率实行控制，其原理电路如图 3.43 所示。

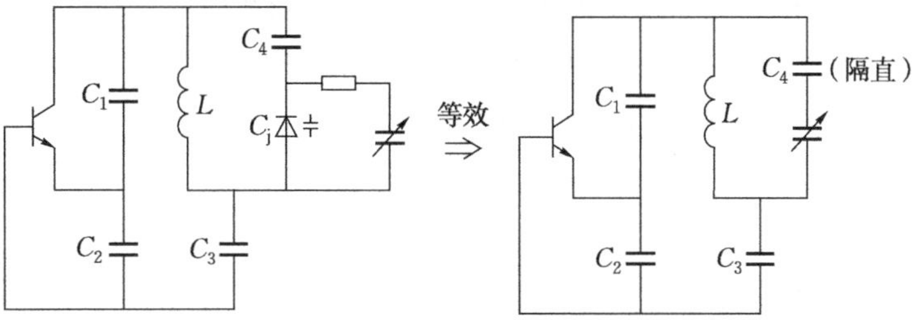

图 3.43　变容管压控振荡器原理电路

图 3.43 中，受电压控制的电抗元件常用变容二极管取代，变容二极管的结电容 C_j 取决于外加控制电压的大小，控制电压的变化会使变容管的 C_j 发生变化，C_j 的变化会导致振荡频率改变。

压控振荡器的主要性能指标是压控灵敏度。压控灵敏度定义为单位控制电压 ΔU_c 引起的振荡频率的增量 Δf，用 S 表示，即

$$S=\frac{\Delta f}{\Delta U_c} \tag{3.28}$$

2）晶体压控振荡器

为了提高压控振荡器中心频率稳定度，常采用晶体压控振荡器。在晶体压控振荡器中，晶体振荡器可以等效为一个短路元件，起选频作用，也可以等效为一个高品质因数的电感元件，作为振荡电路元件之一。通常仍采用变容二极管作为压控元件。

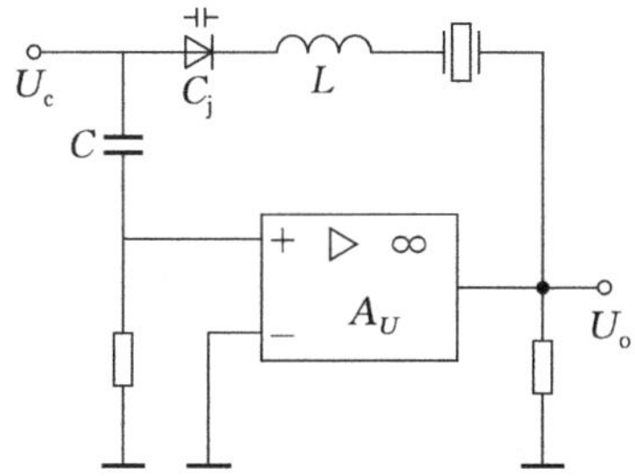

图 3.44　集成运放构成的晶体压控振荡器

图 3.44 是用集成运放构成的晶体压控振荡器。石英晶体构成具有选频特性的正反馈电路，这种晶体压控振荡器比一般压控振荡器的性能更优良，但它的频率调整范围较小。

3.4.3　振荡器性能指标

（1）振荡器相位噪声。振荡器相位噪声是表示晶体振荡器短期稳定程度的量。该指标应用于不同的中频变换，显示了接收机对邻近强信号的微弱信号的监测能力，其值要尽量低。

（2）振荡频率及频率范围。振荡器的振荡频率是振荡器的工作频率。对于频率可调的振荡器，其频率范围决定了它的工作范围。

（3）频率稳定度。频率稳定度描述频率信号因内部噪声调制而产生的谱噪声大小（频域）或频率取样值的随机波动大小（时域），用于表征某一取样时间内频率平均值的随机起伏程度。频域用单边带相位噪声来表征，时域用阿伦方差的平方根来表征，即

$$\sigma_y(\tau)=\sqrt{\frac{1}{2m}\sum_{i=1}^{m}[y_{i+1}(\tau)-y_i(\tau)]^2} \tag{3.29}$$

式中，τ 为取样时间；$y(\tau)$ 为 τ 间隔内平均频率偏差；m 为 $y(\tau)$ 的个数，称为取样个数。定义时要求取样是无间隙的，这会使测量设备变得复杂。通过理论和实验验证，可用有间隙取样代替，只要间隙时间小于 5 s，代替后的误差就会小于 10%，这对于频率稳定度的量值而言可以忽略。当谈及和给定具体的频率稳定度指标时，一定要指明相应的取样时间。例如，说毫秒稳定度时，是指取样时间 1 ms 的稳定度；秒级稳定度，是指取样时间 1 s 的稳定度。

(4)频率准确度。频率准确度指频率的测量值或推算值相对于预定值或定义值符合或接近的程度，表示为

$$A=\frac{f_X-f_0}{f_0} \tag{3.30}$$

式中，A 为频率准确度，f_X 为被测频率标准的实际频率值，f_0 为标称频率值。

3.5 模数与数模转换电路

为了能够使用数字电路处理设备的模拟信号，必须把模拟信号转换成相应的数字信号，同时，还要求把处理后得到的数字信号再转换成相应的模拟信号，作为最后的输出。能完成这两个任务的电路是模数转换电路和数模转换电路。

3.5.1 模数转换电路

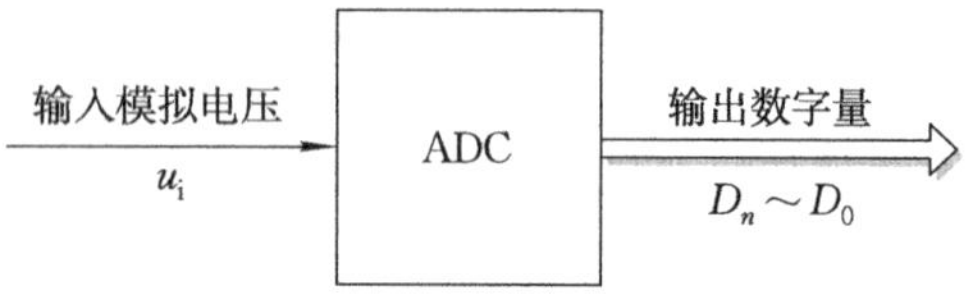

图 3.45 模数转换功能

模拟信号到数字信号的转换称为模数转换，或称为 A/D 转换，其功能是将模拟电压成正比地转换成对应的数字量。其转换示意图如图 3.45 所示。

模数转换电路按电路结构来分，可分为并联比较型、逐次逼近型和双积分型。

1. 模数转换的一般工作过程

模数转换的一般工作过程如图 3.46 所示，一般要包括采样、保持、量化及编码 4 个工作过程。

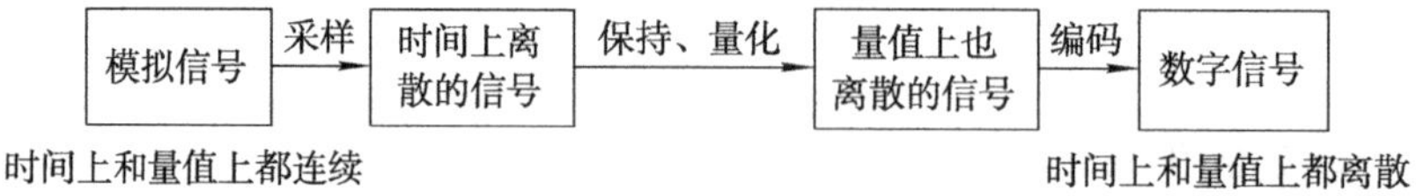

图 3.46 模块转换的一般工作过程

(1)采样与保持。采样是通过采样电路将随时间连续变化的模拟量转换为在时间上离散的模拟量，如图 3.47 所示。

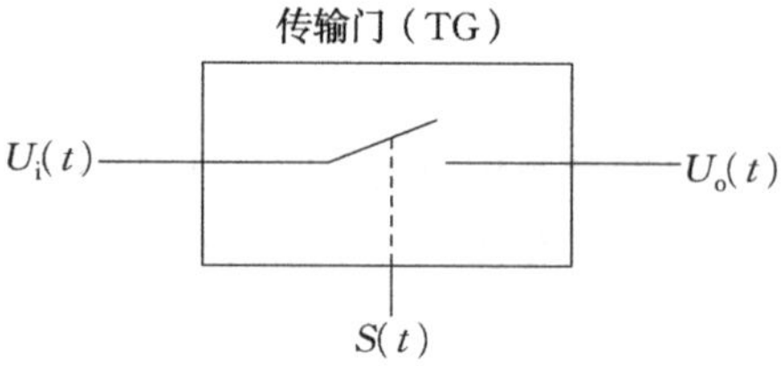

图 3.47 采样电路示意图

如图 3.48 所示，采样时钟信号 $S(t)$ 的频率越高，所采得信号经低通滤波器后越能真实地复现输入信号。合理的采样频率由采样定理确定，设采样

时钟信号 $S(t)$ 的频率为 f_S，输入模拟信号 $U_i(t)$ 的最高频率分量的频率为 $f_{i,max}$，则 $f_S \geqslant 2f_{i,max}$。

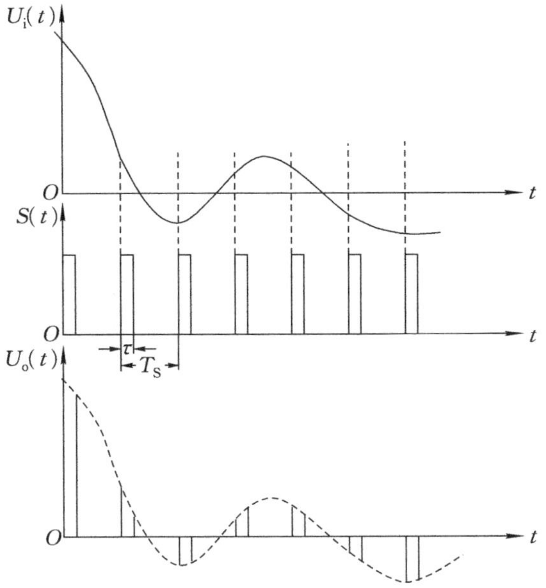

图 3.48　采样波形图

将采样得到的模拟信号转换为数字信号需要一定的时间，为了给后续的量化、编码过程提供一个稳定的值，在采样电路后要将所采样的模拟信号保持一段时间，电路如图 3.49 所示。

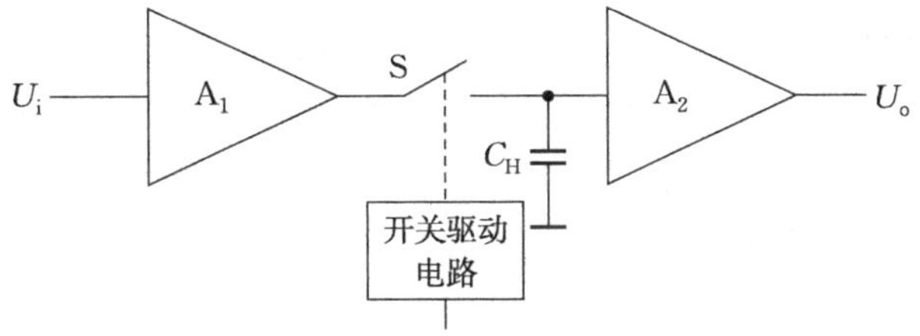

图 3.49　采样-保持电路

(2)量化。数字信号在数值上是离散的，任何数字量只能是某个最小数量单位的整数倍，采样-保持电路的输出电压还需按某种近似方式归化到与之相对应的离散电平上。量化过程就是将采样电压转化为数字量(最小数量单位的整数倍)的过程。

在量化过程中，由于所采样电压不一定能被参考量整除，所以量化前后一定存在误差，此误差称为量化误差。量化误差属于原理误差，是无法消除的。模数转换器的位数越多，各离散电平之间的差值越小，量化误差越小。

(3)编码。量化后的数值最后还需通过编码过程用一个代码表示出来。经编码后得到的代码就是模数转换器输出的数字量。

2. 模数转换基本电路形式

(1)并行比较型模数转换器。并行比较型模数转换器根据各比较器的参考电压和输入模拟电压的关系，可以确定各比较器的输出状态。比较器的输出状态由 D 触发器存储，经优先编码器编码，得到数字量输出。其电路如图 3.50 所示。这种电路的优点是转换速度快，缺点是电路比较复杂。

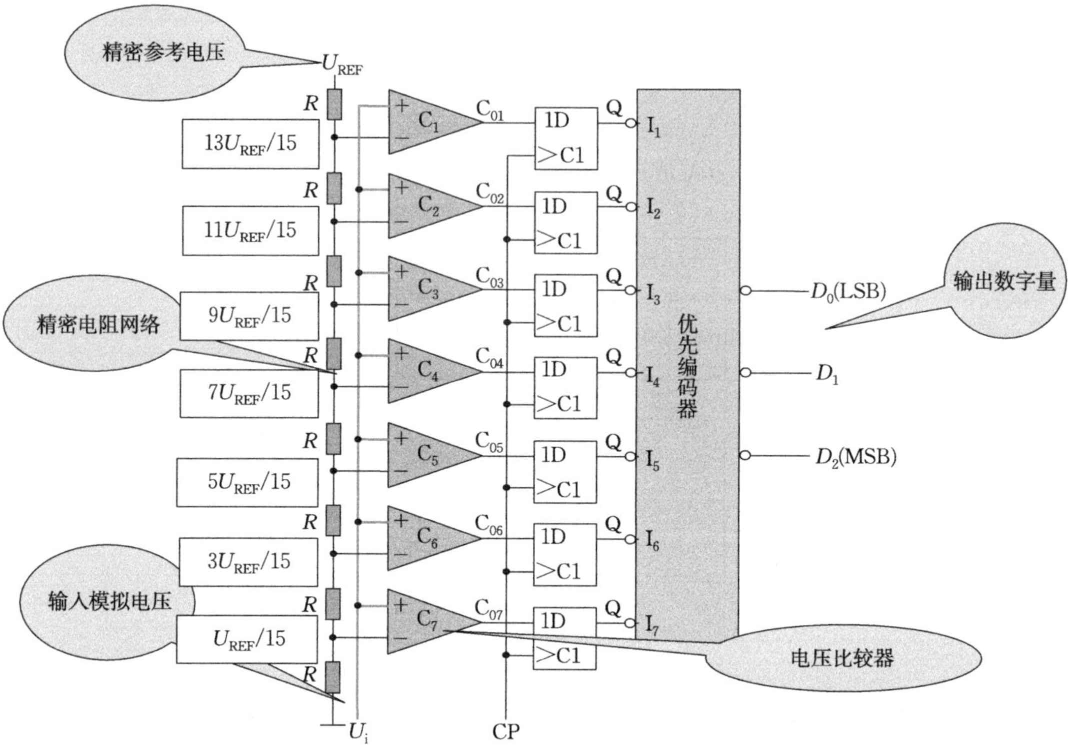

图 3.50 并行比较型模数转换器电路

(2)双积分型模数转换器。双积分型模数转换器对输入模拟电压和参考电压分别进行两次积分，将输入模拟电压平均值变换成与之成正比的时间间隔，然后利用时钟脉冲和计数器测出该时间间隔，进而得到相应的数字量输出。双积分型模数转换器也称为电压-时间-数字式积分器。其电路如图 3.51 所示。这种转换器的特点是工作性能比较稳定，具有很高的抗工频干扰能力，但转换速度不高。

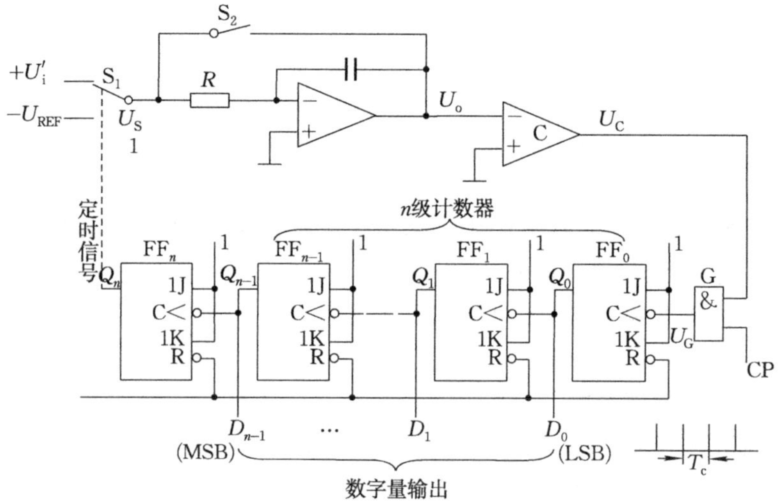

图 3.51 双积分型模数转换器电路

3. 模数转换电路性能指标

接收机中的最后一步就是将放大后的中频信号转换为数字信号输出，模数转换器性能的优劣对接收机性能有直接的影响。对于模数转换器器件的性能指标，主要考虑以下几点：

(1)采样率。为了保证能从采样信号中恢复出被采样信号，模数转换器的采样率必须满足采样定理，采样率越高，越能无失真地恢复原来信号。但是采样率提高后又影响了转换电路的工作时间，因此不能无限制提高采样率，通常取 f_S 为 $f_{i,max}$ 的 3～5 倍。

(2)转换精度。通常单片集成模数转换器的转换精度用分辨率和转换误差来描述。分辨率描述的是模数转换器对输入信号的分辨能力。若模数转换器的位数为 n，满量程电压为 U_{FSR}，则模数转换器的分辨率为 $\frac{U_{FSR}}{2^n}$。转换误差表示模数转换器实际的输出数字量和理论上输出的数字量之间的差别。

(3)转换时间。转换时间指模数转换器从转换控制信号到来开始，到输出端得到稳定的数字信号所经过的时间。模数转换器的转换时间与转换电路的类型有关。并行比较型模数转换器(8 位)的转换时间一般小于 50 ns；逐次比较型模数转换器的转换时间为 10～50 μs；间接模数转换器(如双积分型模数转换器)的转换时间为 10～1 000 ms。

(4)转换位数。为使模数转换器有比较高的转换位数，可通过一定的算法来增加接收机的动态范围。例如，模数转换器的转换位数为 8 位时，通常选取其中的 2 位进行解算，此时模数转换器具有的动态范围为 20 lg64 ≈ 36 dB。

(5)模数转换器的带宽。由前文分析可知，两次下变频后信号频谱主要集中在 23～43 MHz，因此模数转换器的带宽至少应该为从基带到 50 MHz。

4. 模数转换器的使用

使用模数转换器时应该注意以下几点：

(1)转换过程各信号的时序配合，如图 3.52 所示。

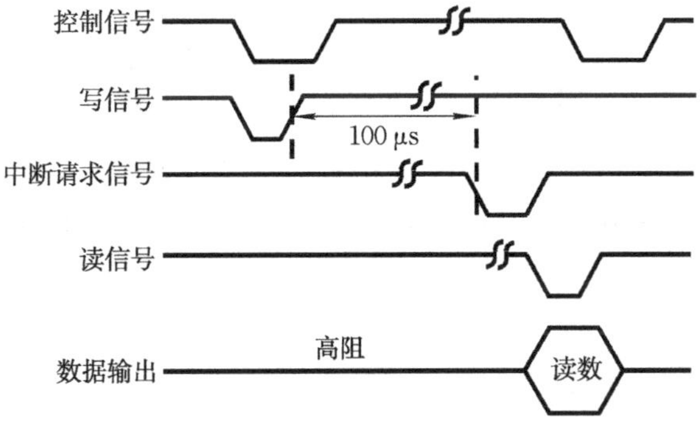

图 3.52　模数转换器的转换时序

(2)零点和满刻度调节。

(3)参考电压的调节。

(4)接地。模数、数模转换电路中要特别注意地线的正确连接，否则会有很严重的干扰，以致影响转换结果的准确性。模数转换、数模转换及采样-保持芯片上都提供了独立的模拟地(analog ground，AGND)和数字地(digital ground，DGND)的引脚。在线路设计中，必须将所有器件的模拟地和数字地分别相连，然后将模拟地与数字地仅在一点上相连接。

3.5.2 数模转换电路

数字信号到模拟信号的转换称为数模转换，或称为 D/A 转换，其功能是将数字量转换成对应的模拟电压。

1. 数模转换电路性能指标

(1)分辨率。分辨率指数模转换器所能分辨的最小电压。有时也用最小输出电压与最大输出电压之比的百分数表示。

(2)转换精度。转换精度指数模转换器实际输出电压与理论值之间的误差。一般采用数字量的最低有效单位[即最低有效比特(least significant bit，LSB)的一半 LSB/2]来衡量。

(3)建立时间。建立时间是指从数字输入端发生变化开始，到输出模拟值稳定在额定值(LSB/2)所需的时间，是衡量数模转换速率的一个重要参数。

(4)输出电平。不同型号的数模转换器的输出电平相差较大，一般为 5～10 V。

2. 数模转换基本电路形式

(1)权电阻网络数模转换器。权电阻网络数模转换器的电路如图 3.53 所示。这种电路的特点是电路简单，器件少；但精度由电阻的精度决定，电路中阻值差别大，对集成不利。

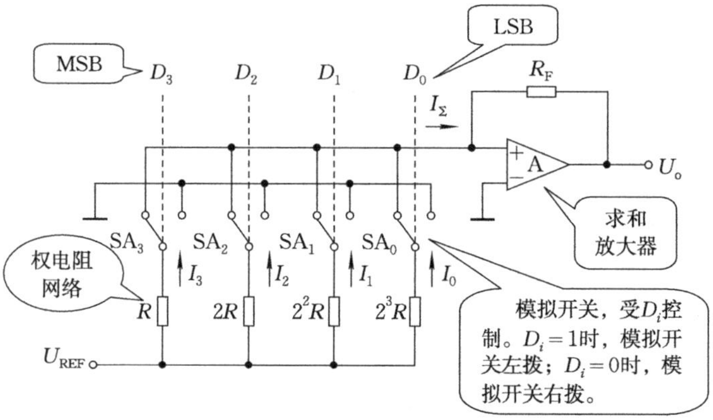

图 3.53 权电阻网络数模转换器电路

(2)倒 T 形电阻网络数模转换器。倒 T 形电阻网络数模转换器的电路如图 3.54 所示。$D_i=1$ 时，S_i 将电阻接到运算放大器反向输入端；$D_i=0$ 时，S_i 将电阻接到运算放大器同向输入端。

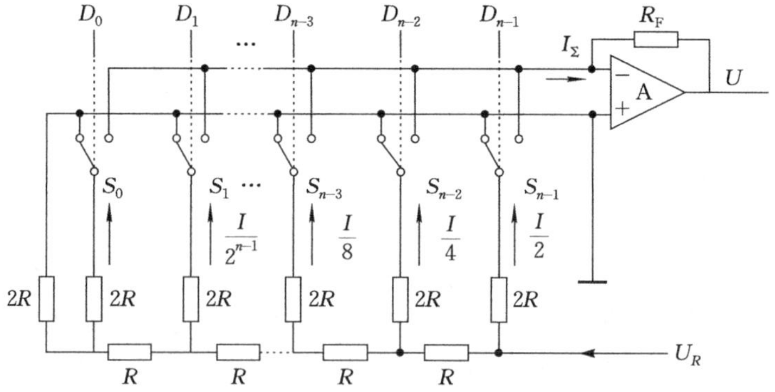

图 3.54 倒 T 形电阻网络数模转换器电路

3.6　电源转换电路

一切电子设备都离不开电源，没有电源或者电源出了故障，整个电子设备就要停止工作，因此电源对电子设备的正常工作是至关重要的。不同的设备需要不同的电压，即使相同的设备内部，各部分需要的电压也不一样，这就需要各种电源转换电路来进行电压的转换。本小节主要介绍交流转直流(alternating current /direct current, AC/DC)电源、线形稳压电源和开关稳压电源的工作原理和基本电路。

3.6.1　AC/DC 电源

电路通常需要一个能保持稳定的电压，同时需要能够提供足够的驱动电流的直流电源。除了电池供电外，另外一种方法就是使用能将交流市电转换为直流稳定电压的电源，这就是 AC/DC 电源。

要将交流电压转换成一种可用的直流电压(一般是低压)，先用变压器降低交流电压，然后通过整流器来滤除负半周波形(如果需设计负电压电源，则滤除正半周波形)。滤除半波电压以后，再使用滤波电路来平滑整流信号，输出的直流电压波形就会非常平滑。图 3.55 表明了 AC/DC 电源的工作过程。

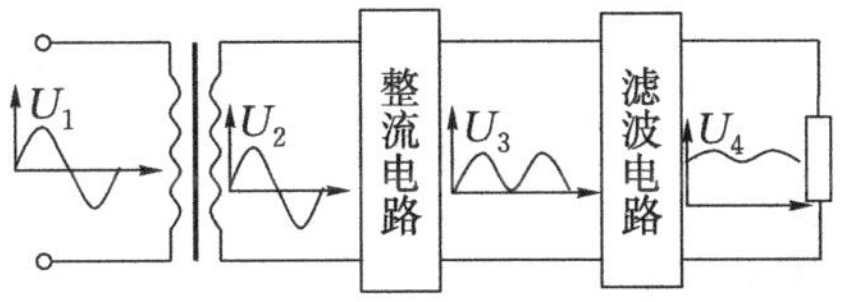

图 3.55　AC/DC 电源的工作过程

但是这种供电方法有一个问题——稳定性差。也就是说，如果在交流输入电压里面存在任意的尖峰、下跌等，就会导致输出电压的变化。使用未经过稳压的电源来驱动敏感电路是不安全的，电压尖峰会导致工作异常(如误触发等)，甚至损坏工作中的集成电路。未经过稳压的电源还有一个问题，就是输出电压随着负载电阻的变化而变化。如果用低阻抗负载替换高阻抗负载，输出电压将下降。

幸运的是，有种特殊电路可以使不稳定的电源变为稳定的电源，并且能够消除尖峰信号，而且负载变动时可保持稳定的输出电压，这种电路称为稳压电路。加入稳压电路后电源的工作过程如图 3.56 所示。

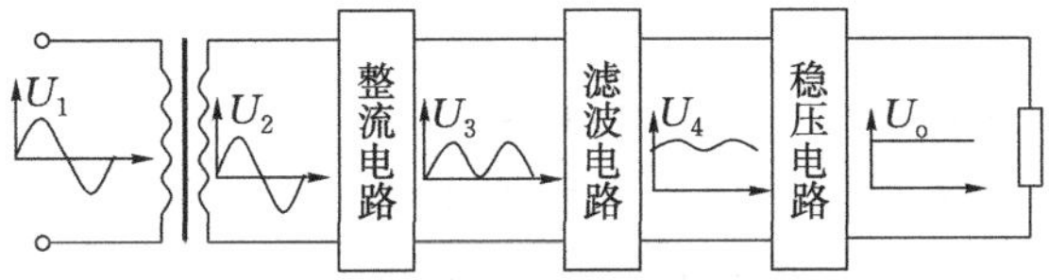

图 3.56　AC/DC 稳压电源的工作过程

通常可以将稳压后的电压分成两部分，一路给设备供电，另一路给电池充电。给设备供电的那部分与给电池供电的时候相同，而给电池充电的那部分需要通过电池的充电控制电路才可以加在电芯上，充电控制电路一般比较复杂，所以电源电压必须大于电芯电压，这样才有充分的能力供应给充电控制电路的各单元。

对于电源来说，选一个合适的变压器是很重要的。变压器的次级电压不能比稳压集成电路的输出电压高太多，否则稳压集成电路的功耗将增大，需要对其大量散热。同时，次级电压也不能比稳压集成电路的最低输出电压低(一般比输出电压高 2～3 V)。

电源电路的三个基本整流电路为半波、全波与桥式整流器。半波、全波与桥式整流器完全可以用分立的二极管制成。然而，全波与桥式整流器已有预先封装成一体的形式，如图 3.57 所示。

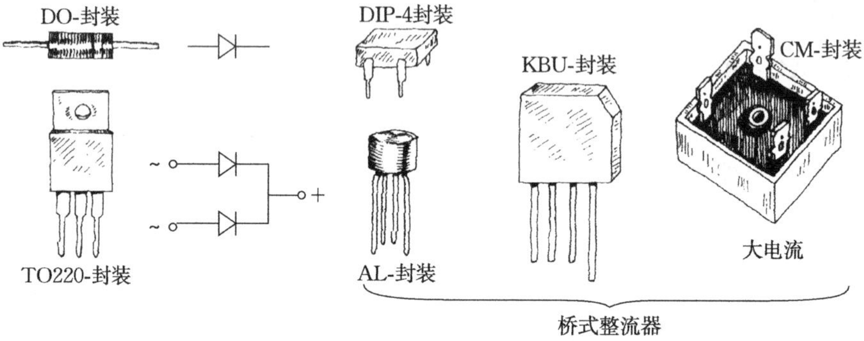

图 3.57 部分整流器外形

滤波器在前文已经介绍过，直流电源经过滤波电路后，既可保留直流分量，又可滤掉一部分交流分量，改变了交直流成分的比例，减小了电路的脉动系数，改善了直流电压的质量。常用的滤波电路有电容滤波、电感滤波、复式滤波及有源滤波等。

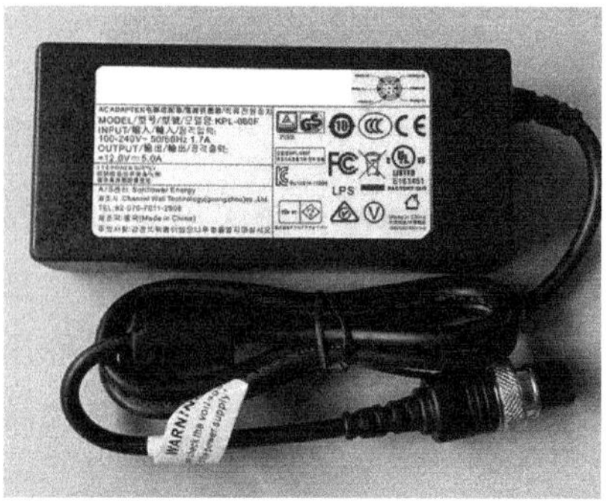

图 3.58 电源适配器

稳压电路按调整元件类型，分为电子管稳压电路、三极管稳压电路、可控硅稳压电路和集成稳压电路；按调整元件与负载连接方法，分为串联型和并联型；按调整元件工作状态，分为线性稳压电路和开关稳压电路。

电源适配器用于将 220 V 市电转换为需要的交流电压或直流电压；转换为直流电压时，它就是一个 AC/DC 电源。电源适配器一般由外壳、电源变压器和整流电路等组成。图 3.58 为电源适配器外形。

3.6.2 线性稳压电源

1. 稳压原理

线性稳压电源可分为标准线性稳压器和低压差线性稳压器。这里以串联型稳压电路为例来介绍线性稳压器的稳压原理。简单的串联型稳压器由采样电路、误差放大器、调整元件和基准电压元件组成，如图 3.59 所示。

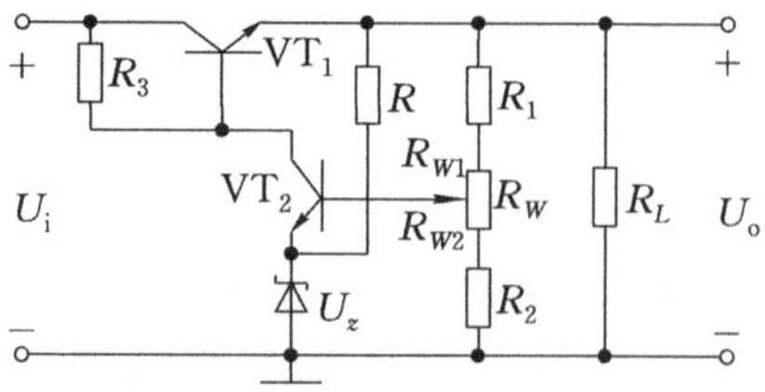

图 3.59 稳压电路组成

稳压器的采样电路(分压器)对输出电压进行采样，并且将它反馈到误差放大器，以监控输出电压。参考电压元件(稳压二极管)能输出一个恒定的参考电压,供误差放大器使用。误差放大器比较输出电压和参考电压,当两者存在差异时,就产生一个误差电压。误差放大器将输出反馈到电流控制元件(晶体管),以调整负载电流。

当某种原因(如电网电压波动或负载电流变化等)使输出电压 U_o 增大时,取样电压也随之增大。由于稳压管的作用,U_z 大小不变,因此加在 VT_2 基极和发射极间的电压增大,发射极电流增加,VT_1 的基极电压 U_{B1} 减小。由于电路为发射极输出形式,因此 U_o 也随 U_{B1} 的降低而降低,即 U_o 得到稳定。整个过程可概括为 $U_o\uparrow \rightarrow U_{B2}\uparrow \rightarrow U_{BE2}\uparrow \rightarrow U_{B1}\downarrow \rightarrow U_o\downarrow$。当 U_o 减小时,同理有 $U_o\downarrow \rightarrow U_{B2}\downarrow \rightarrow U_{BE2}\downarrow \rightarrow U_{B1}\uparrow \rightarrow U_o\uparrow$。

2. 稳压器指标

稳压电路的技术指标分为两类:一类是特性指标,用来表示稳压电源规格,有输入电压、输出功率、输出直流电压和电流范围等;另一类是质量指标,用来表示稳压性能。有以下几种质量指标:

(1)稳压系数。稳压系数又称电压调整特性,定义为在负载不变的条件下,稳压电路的输出电压相对变化量与输入电压相对变化量之比,即

$$S_r = \frac{\Delta U_o/U_o}{\Delta U_i/U_i} \times 100\% \tag{3.31}$$

该指标反映了电网电压波动对稳压电路输出电压稳定性的影响。

(2)负载调整特性。稳压电路在输入电压 U_i 不变的条件下,输出电压的相对变化量与负载电流变化量之比,即

$$S_I = \frac{\Delta U_o/U_o}{\Delta I_o} \times 100\% \tag{3.32}$$

该指标反映了负载变化对输出电压稳定性的影响。

(3)输出电阻。输入电压 U_i 不变时,输出电压变化量与负载电流变化量之比,即

$$R_o = \frac{\Delta U_o}{\Delta I_o} \tag{3.33}$$

R_o 越小,负载变化对 U_o 变化的影响越小,表示带负载能力越强。

(4)纹波抑制比。稳压电路输入纹波电压峰值 U_{ip} 与输出纹波电压峰值 U_{op} 之比,即

$$S_R = 20\lg\frac{U_{ip}}{U_{op}} \tag{3.34}$$

该指标反映稳压电路对输入电压 U_i 中纹波电压的抑制能力。S_R 越小,纹波抑制能力就越强。

3. 标准集成稳压器

单片集成稳压器具有体积小、可靠性高、使用灵活、价格低廉等优点。最简单的集成稳压器只有输入、输出和公共引出端,称为三端集成稳压器。下面介绍三端集成稳压器的分类、引脚及应用。

1)分类

目前有许多不同种类的集成稳压器。有的输出固定正电压,有的输出固定负电压,而有的输出电压是可以调节的。

通用的集成稳压电路有固定电压和可调电压两种。例如,LM78××系列(输出固定正电压)和 LM79××系列(输出固定负电压)为固定电压输出,“××”代表输出电压值,如 7805

(5 V)、7812(12 V)、7905(−5 V)、7912(−12 V);LM117 系列(输出可调正电压)和 LM137 系列(输出可调负电压)为可调电压输出,在一定范围内,其输出电压可通过改变外围电路电阻比例进行调整。表 3.1 给出了部分三端可调式稳压器产品参数。需要注意的是,型号前面字母部分仅代表生产厂家,如果后面的数字和字母一样,则属于同类产品,一般情况下可替换使用。

表 3.1 部分三端可调式稳压器产品参数

特点	部分国产型号	最大输出电流/A	输出电压/V	对应部分国外型号
输出正电压	CW117L/217L/317L	0.1	1.25～37	LM117L/217L/317L
	CW117M/217M/317M	0.5	1.25～37	LM117M/217M/317M
	CW117/217/317	1.5	1.25～37	μA117、LM117、TA117
	CW117HV/217HV/317HV	1.5	1.25～57	LM117HV/217HV/317HV
	W150/250/350	3	1.2～33	LM150/250/350
	W138/238/338	5	1.2～32	LM138/238/338
	W196/296/396	10	1.25～15	LM196/296/396
输出负电压	CW137L/237L/337L	0.1	−1.2～−37	LM137L/237L/337L
	CW137M/237M/337M	0.5	−1.2～−37	LM137M/237M/337M
	CW137/237/337	1.5	−1.2～−37	LM137、μPC137、TA137

2)外形及引脚功能

图 3.60 是三端集成稳压器 LM78××和 LM79××的外形和引脚示意图。三端集成稳压器只有三个引脚,即输出端、输入端和公共端(接地端)。

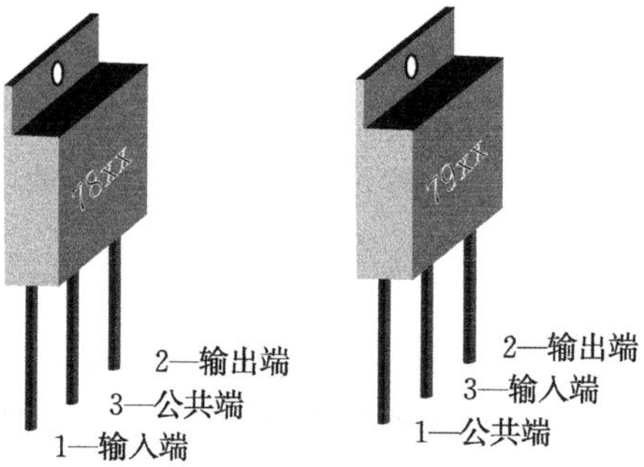

图 3.60 LM78××和 LM79××系列稳压器外形

3)集成稳压器应用

(1)输出为固定电压的稳压电路。输出为固定正电压时的接法如图 3.61 所示。

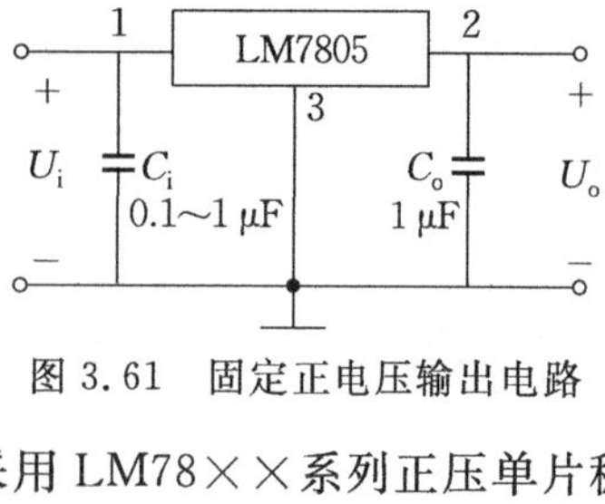

图 3.61 固定正电压输出电路

图 3.61 中,C_i 用来抵消输入端接线较长时的电感效应,防止产生自激振荡,即用以改善波形;C_o 是为了瞬时增减负载电流时,不致引起输出电压有较大的波动,即用来改善负载的瞬态响应。

(2) 正负电压同时输出的稳压电路。图 3.62 是正负电压同时输出的稳压电路。当需要正负两组电源输出时,可以采用 LM78××系列正压单片稳压器和 LM79××系列负压单片稳压器各一块按图接线,构成正负两组电源。

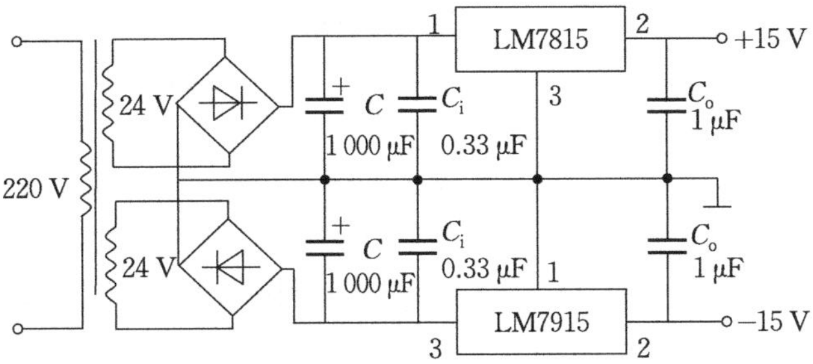

图 3.62　正负电压输出电路

4. 低压差线性稳压器

低压差线性稳压器(low dropout regulator,LDO)是相对于标准线性稳压器来说的。标准线性稳压器,如 LM78××系列的芯片都要求输入电压比输出电压高出 2～3 V 以上,否则就不能正常工作。但是在一些情况下,需要比较小的压差。针对这种情况,才有了低压差线性稳压器电源转换芯片。

低压差线性稳压器的结构是一个微型片上系统,由作为电流主通道并具有极低在线导通电阻的金属-氧化物-半导体场效应晶体管(metal-oxide-semiconductor field effect transistor, MOSFET)、肖特基二极管、取样电阻、分压电阻、过流保护、过热保护、精密基准源、差分放大器、延迟器和漏极开路电源就绪场效应管(Power OK MOSFET)等在一个芯片上集成而成。

3.6.3　开关稳压电源

开关电源被誉为高效节能电源,代表了稳压电源的发展方向,现在已经成为稳压电源的主流产品。DC/DC 直流变换电路将直流电能转换成另一固定电压或电压可调的直流电能,是开关稳压电源的核心组成部分。

1. 开关稳压电源

开关稳压电源的优点是开关速度快、调整管功耗小、电源效率高、体积小和重量轻等。现在开关稳压电源已经比较成熟,广泛应用于各种电子电路中。开关稳压电源的缺点是纹波较大,用于小信号放大电路时,还应采用第二级稳压措施。

开关稳压电源按起开关控制作用的振荡电路组成形式,分为自激开关式和他激开关式;按起稳压控制作用的脉冲占空比形式,分为脉冲宽度调制式(pulse width modulation, PWM)和脉冲频率调制式(pulse frequency modulation, PFM)。脉冲宽度调制式开关稳压电源频率恒定,通过调节导通脉冲宽度来改变占空比,称为定频调宽。脉冲频率调制式开关稳压电源脉冲宽度恒定,通过调节开关频率改变占空比,称为定宽调频。

下面简单介绍脉冲宽度调制式开关直流稳压电源的工作原理,其电路如图 3.63 所示。

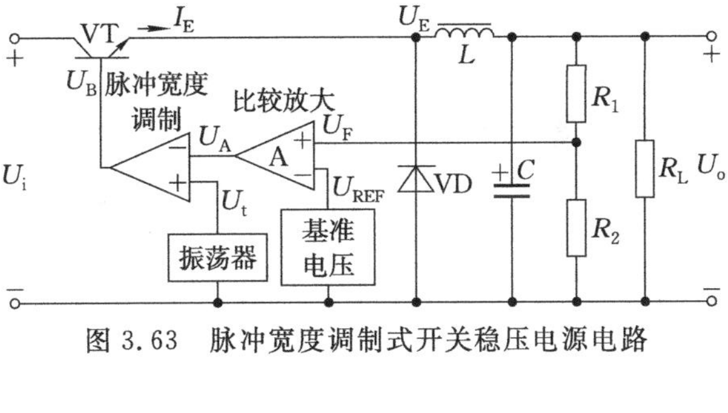

图 3.63　脉冲宽度调制式开关稳压电源电路

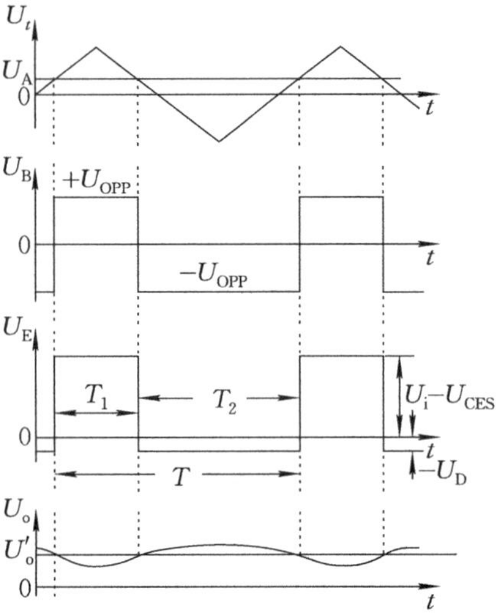

图 3.64 电路波形

当 $U_t > U_A$ 时，$U_B = +U_{OPP}$，运算放大器输出正脉冲电压，调整管 VT 饱和导通，I_E 向负载提供电流，并将能量储存在电感的磁场中；当 $U_t < U_A$ 时，$U_B = -U_{OPP}$，运算放大器输出负脉冲电压，调整管截止，$I_E = 0$，电感释放能量，产生的电流流过负载 R_L 和二极管 VD。

电路的波形图如图 3.64 所示。其中，U_{CES} 为三极管 VT 集电极和发射极压降，U_D 为二极管 VD 导通电压，T 为振荡器周期，T_1 和 T_2 分别为振荡器周期内发射极电位 U_E 正负脉冲持续时间，则脉冲波形的占空比为

$$D = \frac{T_1}{T} \tag{3.35}$$

所以，调整管处于开关状态，U_E 是高低交替的脉冲波形，经 LC 滤波电路后，负载上得到较平滑的输出电压 U_o。

2. 基本的 DC/DC 直流变换电路

基本的 DC/DC 直流变换电路有降压斩波电路、升压斩波电路、升降压斩波电路和丘克变换电路。

(1)降压斩波电路。降压斩波电路又叫作 Buck 变换器，电路如图 3.65 所示。开关 S 闭合时，可对 L、C 充电，二极管 D 截止；开关 S 断开后，电感 L 的电能传给负载。

(2)升压斩波电路。升压斩波电路又叫作 Boot 变换器，电路如图 3.66 所示。开关 S 闭合后，电感 L 储能，续流二极管截止；S 断开后，D 导通，对负载供电。

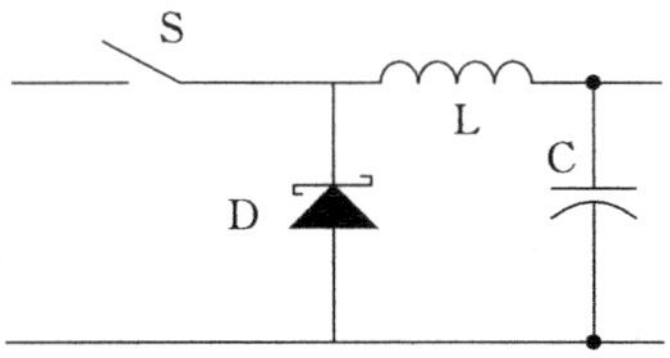

图 3.65 Buck 变换器

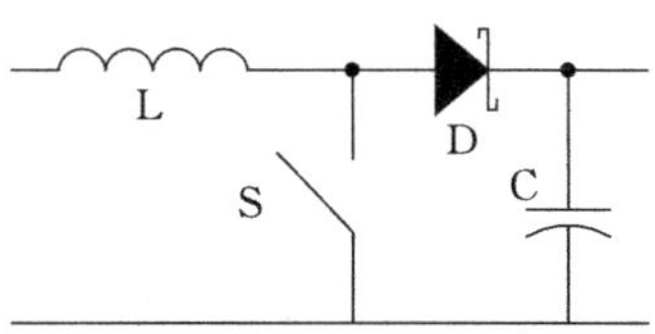

图 3.66 Boot 变换器

(3)升降压斩波电路。升降压斩波电路又叫作 Buck-Boost 变换器，电路如图 3.67 所示。当开关 S 导通时，电感 L 储能，此时负载没有输出电压；S 断开后，二极管导通，负载有了输出电压，电容储能。

(4)丘克变换电路。丘克变换电路又叫作 Cuk 变换器，电路如图 3.68 所示。S 闭合时，L_1 储能，C_1 放电使 L_2 储能并供电负载；S 断开后，电源输入和 L_1 释能使 C_1 充电，L_2 释能维持负载。

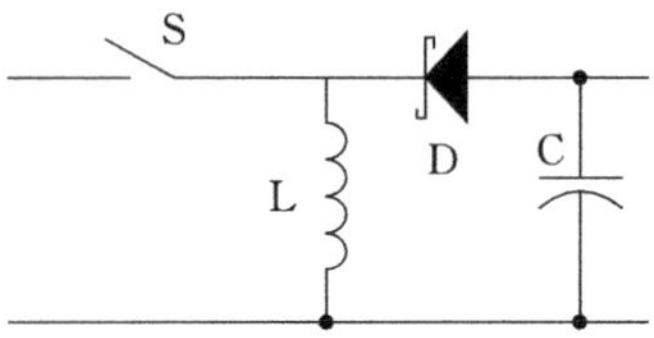

图 3.67 Buck-Boost 变换器

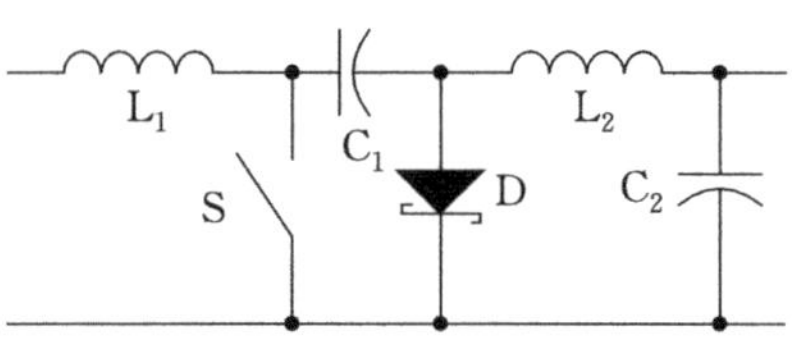

图 3.68 Cuk 变换器

3.7　接口电路

接收机有时要与其他设备如电脑进行数据交换，这就涉及与其他设备连接方式的问题。这时需要借助中间电路，这部分电路称为数据接口电路。数据接口是接收机与个人电脑之间进行连接的接口，凭借该接口能够实现上传下载、资料同步等功能。

接口(interface)是指两个部件或两个系统之间的交接部分。接口可以是两个电子部件或两种设备之间的逻辑电路，称为硬件接口；接口也可以是两个软件之间为交换信息而约定的逻辑边界，称为软件接口。硬件接口实际上就是完成某种逻辑功能和转换功能的电子线路，常见的有通用串行总线(universal serial bus，USB)接口、RS-232C接口和蓝牙接口等。本小节主要介绍USB接口和RS-232C接口。

3.7.1　USB接口

USB是一种串行总线标准，主要用于个人计算机与外部设备的互连。

1. USB的功能特点

(1)USB支持热插拔(hot plug)。在不关闭个人计算机的情况下，可以安全地插上和断开USB设备，动态地加载驱动程序。

(2)USB支持即插即用(plug and play，PnP)。当插入USB设备的时候，计算机系统检测该外部设备，并且自动加载相关驱动程序，对该设备进行配置，使其正常工作。

(3)USB在设备供电方面具有灵活性。USB不仅可以通过电缆为连接到USB集线器(hub)或主机(host)的设备供电，而且可以通过电池或者其他电力设备为其供电，或使用两种供电方式的组合，并且支持节约能源的挂机和唤醒模式。

(4)USB2.0提供全速12 Mbit/s、低速1.5 Mbit/s和高速480 Mbit/s(USB 2.0)三种速率来适应各种不同类型的外部设备。USB3.0以上可提供更高速度的传输。

(5)USB具有很强的连接能力，最多可以采用链接形式连接127个外部设备到同一个系统。

(6)USB具有很高的容错性能。因为在协议中规定了出错处理和差错恢复的机制，所以可以对有缺陷的设备进行认定，并对错误数据进行恢复或报告。

总之，USB在传统的计算机组织结构的基础上，引入网络的拓扑结构思想。其具有终端用户的易用性、广泛的应用性、带宽的动态分配、优越的容错性能、较高的性价比等特点。

2. USB组成与接口类型

USB是基于令牌的总线。类似于令牌环网络或光纤分布式数据接口(fiber distributed data interface，FDDI)基于令牌的总线，USB主控制器广播令牌，总线设备检测令牌中的地址是否与自身相符，通过接收或发送数据给主机来响应。USB通过支持悬挂或恢复操作来管理USB总线电源，系统采用级联星形拓扑，该拓扑硬件由三个基本部分组成：主机、集线器和功能设备。其中，主机，也称为根、根结或根集线器，做在主板上或作为适配卡安装在计算机上，主机包含主控制器和根集线器，控制着USB总线上的数据，并控制信息的流动，每个USB系统只能有一个根集线器，它连接在主控制器上，一台计算机可能有多个根集线器；集线器是USB结构中的特定成分，它提供端口将设备连接到USB总线上，同时检测连接在总线上的设

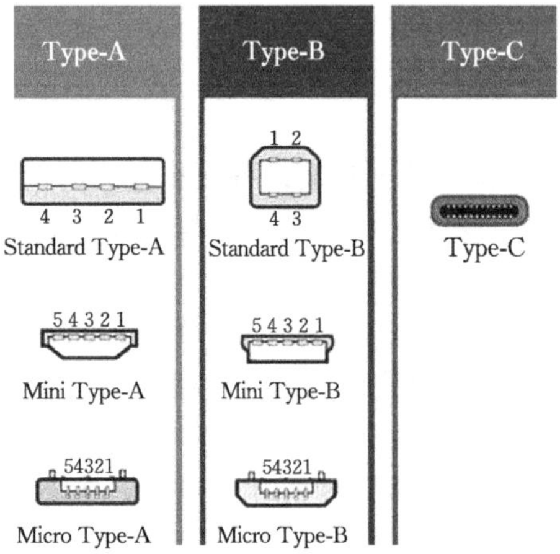

图 3.69 各种 USB 接口

备,并为这些设备提供电源管理,负责总线的故障检测和恢复;功能设备通过端口与总线连接。另外,USB 软件部分包括 USB 设备驱动程序、USB 驱动程序、USB 主控制器驱动程序。

如图 3.69 所示,USB 接口按大类分为三种,即 Type-A(电脑上插鼠标、键盘、U 盘的接口)、Type-B(常见于打印机以及带触摸和 USB 接口的显示器)、Type-C(支持正反 2 个方向插入,常用于智能手机)。如果细分,USB 接口包含七种,分别是 Standard Type-A、Mini Type-A、Micro Type-A、Standard Type-B、Mini Type-B、Micro Type-B 和 Type-C。

无论哪种类型 USB 都有同样的标志,该标志在 USB 设备和 USB 数据线中都能看到,如图 3.70 所示。

3. USB 电缆

USB 通过四芯电缆传送信号和电源,主要包括 USB 1.0、USB 2.0 和 USB 3.0,传输距离均可达到 5 m。USB 1.0 提供了两种速率,即低速 1.5 Mbit/s 和全速 12 Mbit/s(USB 1.1),这意味着 USB 全速数据传输速度比普通串口快 100 倍,比普通并口也快 10 倍多。USB 2.0 在 USB 1.0 的基础上增加了另一种数据传输速率即高速 480 Mbit/s。实际上,USB 2.0 的速度已经无法满足应用需要,USB 3.0 也应运而生,最大传输带宽高达 5.0 Gbit/s。

USB 电缆中包括电源线(VBUS)和地线(GND),为设备提供电源。VBUS 的电压为 +5 V。电缆中还有两条互相缠绕的数据线(D+和 D−)。USB 电缆如图 3.71 所示。

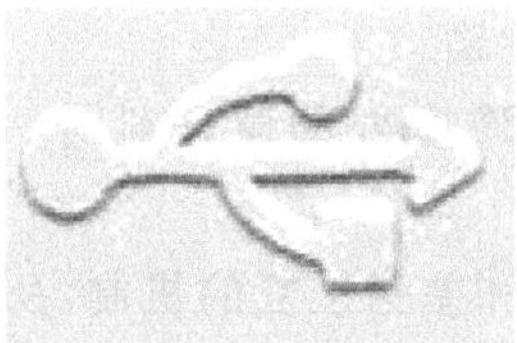

图 3.70 USB 标志

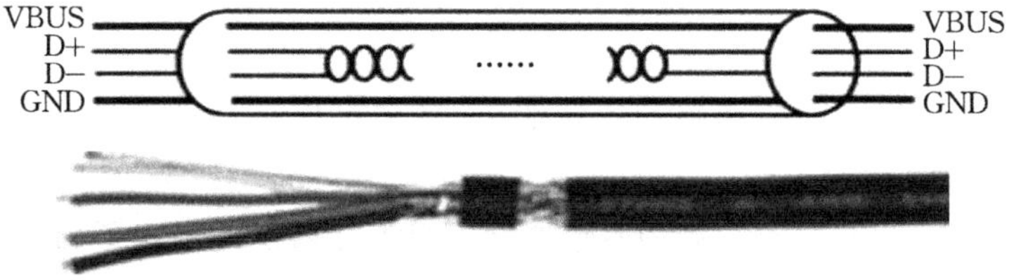

图 3.71 USB 电缆

USB 电缆的四根线一般是这样分配的:黑线 GND,红线 VBUS,绿线 D+,白线 D−。需要注意的是,不能把正负极弄反,否则会烧掉 USB 设备。

4. USB 电源

USB 电源主要包括电源分配和电源管理两方面的内容。电源分配指 USB 如何分配计算机所提供的能源。USB 主机有与 USB 设备相互独立的电源管理系统,系统软件可以与主机的电源管理系统结合,共同处理各种电源事件,如挂起、唤醒等。

USB 可以通过连接线为设备提供 5 V 的电压、500 mA 的电流。每个设备可以从总线上获得 100 mA 的电流,如果有特殊情况可以向系统申请,最多可以获得 500 mA 的电流。

3.7.2　RS-232C 接口

RS-232C 接口是美国电子工业协会(EIA)制定的一种串行通信接口标准。RS-232C 接口的 25 条信号线包括一个主通道和一个辅助通道,在多数情况下主要使用主通道。对于双工通信,仅需几条信号线就可实现,如一条发送线、一条接收线及一条地线。

1. RS-232C 接口的机械特性

图 3.72 是 DB-25 型和 DB-9 型连接器。

RS-232C 接口所使用的连接器为 25 引脚插入式连接器,一般称为 25 引脚 D-SUB。实际中比较常用的为 9 引脚的 DB-9 型连接器。RS-232C 接口有 25 条线,为 4 条数据线、11 条控制线、3 条定时线、7 条备用和未定义线。DB-25 型连接器常用的只有 9 根线,分别为联络控制信号线、数据发送与接收线和地线。联络控制信号线包括数据发送就绪(data send ready, DSR)、数据终端就绪(data terminal ready,DTR)、请求发送(request to send,RTS)、允许发送(clear to send,CTS)、数据载波检出(data carrier detection,DCD)和振铃指示(ringing,RI)。数据发送与接收线包括发送数据(transmitted data,TXD)和接收数据(received data, RXD),地线为 GND。

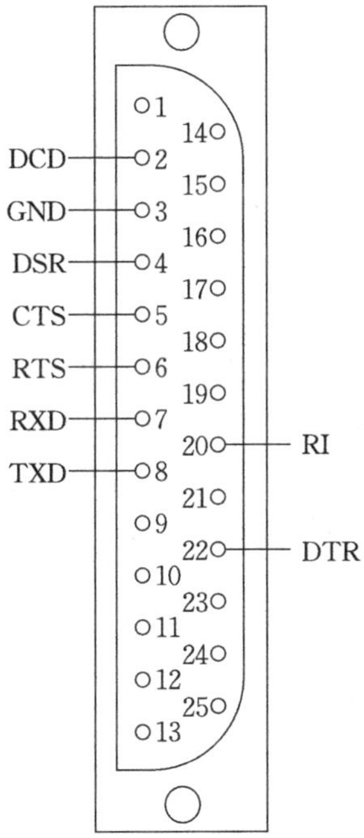

(a) DB-25型连接器

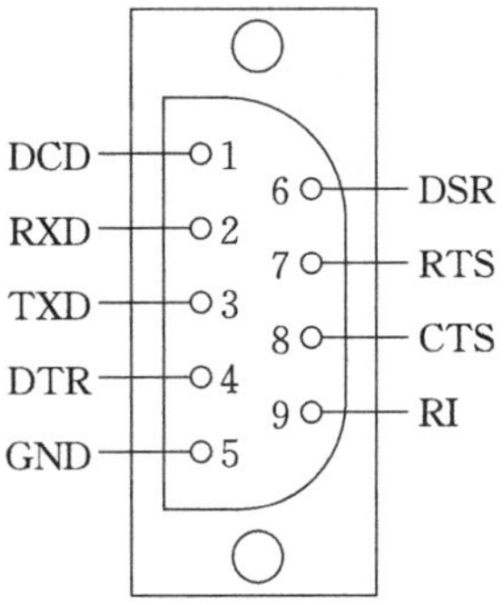

(b) DB-9型连接器

图 3.72　DB-25 型和 DB-9 型连接器

2. RS-232C 接口的电气特性

在 TXD 和 RXD 上,逻辑 1(MARK)为 −3 V～−15 V,逻辑 0(SPACE)为 +3 V～+15 V。在 RTS、CTS、DSR、DTR 和 DCD 等控制线上,信号有效(接通状态,正电压)为 +3 V～+15 V,信号无效(断开状态,负电压)为 −3 V～−15 V。

上述规定说明了 RS-232C 接口标准对逻辑电平的定义。对于数据(信息码),逻辑“1”的电平低于－3 V,逻辑“0”的电平高于＋3 V;对于控制信号,接通状态(ON)即信号有效的电平高于＋3 V,断开状态(OFF)即信号无效的电平低于－3 V,也就是说当传输电平的绝对值大于3 V时,电路可以有效地检查出来，－3 V～＋3 V的电压无意义,低于－15 V或高于＋15 V的电压也认为无意义,因此,实际工作时,应保证电平为±(3～15)V。

RS-232C接口电路用正负电压来表示逻辑状态,与晶体管-晶体管逻辑(transistor-transistor logic,TTL)电路用高低电平表示逻辑状态的规定不同。因此,为了能够同计算机接口或终端的TTL器件连接,必须在RS-232C接口电路与TTL电路之间进行电平和逻辑关系的变换。实现这种变换可用分立元件,也可用集成电路芯片。目前广泛使用的是集成电路转换器件,如MC1488、SN75150芯片可完成TTL电平到EIA电平的转换,MC1489、SN75154可实现EIA电平到TTL电平的转换,而MAX232芯片可完成TTL电平和EIA电平双向转换。

图3.73是MC1488和MC1489的电平转换逻辑。

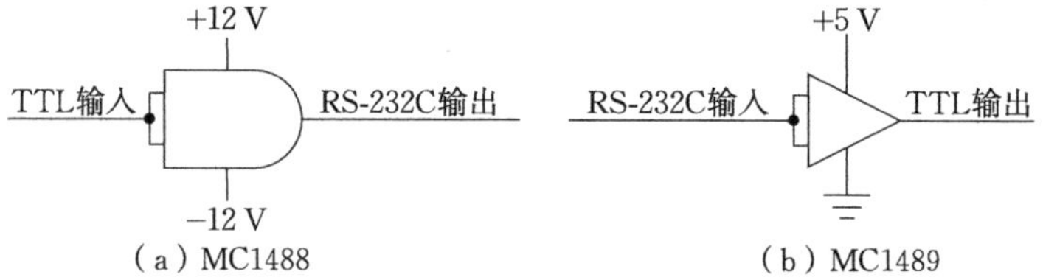

图3.73　电平转换逻辑

RS-232C接口标准允许信号传输速率为0～20 000 bit/s,在实际使用中被限制在19 200 bit/s以内,数据传输速率为50、75、100、150、300、600、1 200、2 400、4 800、9 600、19 200 bit/s。

3. RS-232C接口的连接方式

当传输距离较远时,两个数据终端设备(data terminal equipment,DTE)(如一台计算机与一台终端)需要通过调制解调器相连。但当相距较近时,则不需要调制解调器,而成为两个数据终端设备通过RS-232C接口直接相连。这时需要通过一条通信电缆来连接两个数据终端设备。这种情况下,只需使用少数几根信号线。图3.74为DB-25型连接器作为数据终端设备,而DB-9型连接器作为数据电路终端设备(data circuit-terminal equipment,DCE)的连接电缆示意图。

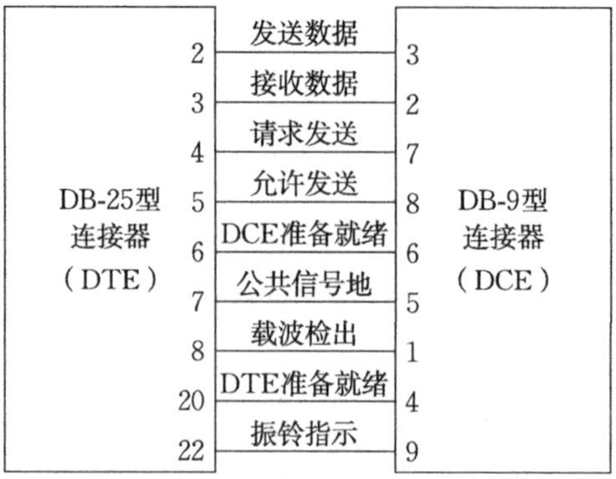

图3.74　电缆连接

图3.75左边的接线方法是零调制解调器方式的简单连法,只要任何一方自身请求发送有

效和终端设备准备就绪有效，就可实现发送和接收。

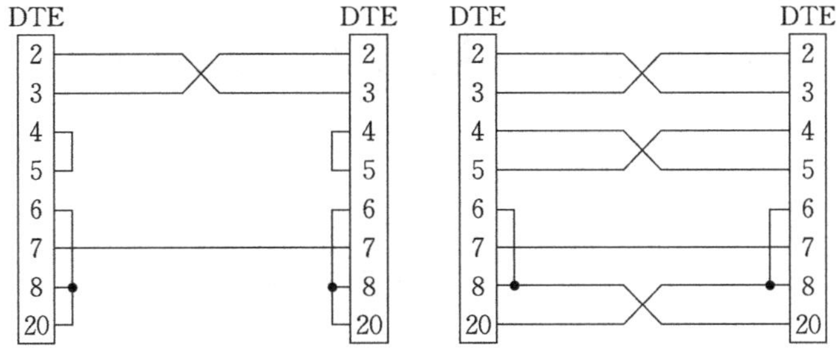

图 3.75　零调制解调器方式连线

这种简单的连线方法不需要 RS-232C 接口的控制联络信号，只需三根线（发送线、接收线、信号地线）便可实现全双工异步串行通信。图 3.75 中的 2 号线与 3 号线交叉连接是因为采用直连方式时，把通信双方都当作数据终端设备看待，双方都可发送也可接收。在这种方式下，通信双方的任何一方，只要请求发送（RTS）有效和数据终端就绪（DTR）有效，就能开始发送和接收。

RTS 与 CTS 互联时，只要请求发送，立即得到允许。DTR 与 DSR 互联时，只要本端准备好，则认为本端立即可以接收。无调制解调器时，最大通信距离按以下方式计算：当误码率小于 4%时，驱动器允许的最大电容为 2 500 pF；对于普通导线，假设其电缆电容为 170 pF/m，则允许距离 $L=2\,500$ pF/(170 pF/m)，即通常所说的 15 m，该距离的计算是偏于保守的。实际应用中，当串口传输速率为 9 600 bit/s，使用普通双绞屏蔽线时，通信距离可达 30～35 m。如果需要更远距离传输，可以采用 RS-485 或者 RS-422 协议标准，这里不再赘述。

图 3.75 右边的接线方法是按照 RS-232C 接口标准定义的控制调制解调器的规则进行引脚连接的，双方的数据终端设备仍以为与自己一侧的数据电路终端设备在通信，其实双方数据终端设备都跳过了数据电路终端设备，从而实现异步通信。

第4章　基本检修技术

4.1　手工焊接技术

焊接是接收机维修过程中的重要步骤。合格的焊接质量，可为电路提供良好的稳定性、可靠性。错误的焊接方法可能会导致元器件损坏，给测试带来很大困难，有时还会留下隐患，影响电子设备的可靠性。

1. 工具和材料

焊接工具主要包括普通内热式电烙铁、普通外热式电烙铁和热风拔焊台。焊接材料的作用是熔合两种或两种以上的金属面，使之形成一个整体的金属合金，特点是熔点低、机械强度高、抗氧化和表面张力小。

在手工焊接过程中，很多时候都会用到助焊剂。助焊剂可以去除被焊件的氧化层、降低焊锡的表面张力及较快地覆盖在金属和焊锡表面以防止氧化。

2. 焊接操作姿势

电烙铁拿法有反握法、正握法和笔握法三种，如图4.1所示。

（a）反握法　　（b）正握法　　（c）笔握法

图4.1　电烙铁拿法

使用电烙铁要配置烙铁架，一般放置在工作台右前方。电烙铁用后一定要稳妥地放在烙铁架上，避免对人和物造成高温伤害。

3. 五步法训练

焊接五步法是常用的基本焊接方法，是初学者掌握手工锡焊技术的基本训练方法。正确的五步法如图4.2所示。

4. 拆焊

在电子产品的调试和维修中经常需要进行元器件拆焊，如果方法不得当，就会破坏印制电路板(PCB)，也会使换下但没有失效的元器件无法重新使用。

一般电阻、电容、晶体管等元器件的引脚不多，且每个引脚能相对活动的元器件可用电烙铁直接拆焊。

为保证拆焊顺利进行，应注意以下两点：一是用烙铁头加热被拆焊点时，焊接材料一熔化，就应及时按垂直印制电路板的方向拨出元器件的引脚，不管元器件的安装位置如何，都不要强拉或扭转元器件，以免损伤印制电路板和其他元器件；二是插装新元器件之前，必须把焊盘插孔内的焊接材料清除干净，否则在插装新元器件引脚时，将造成印制电路板的焊盘翘起。

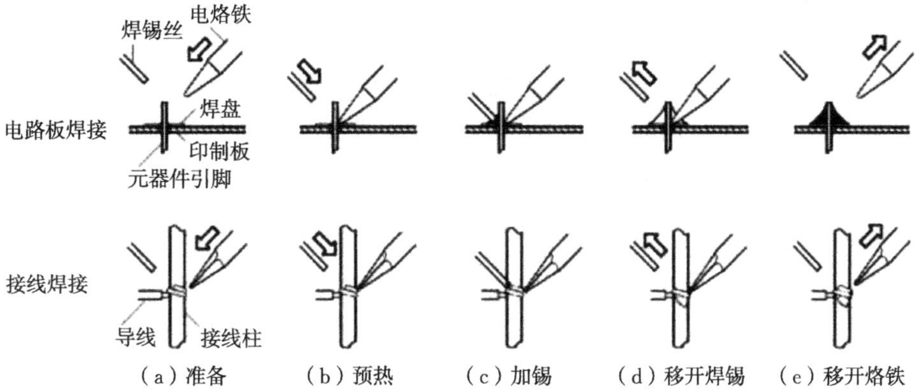

图 4.2　五步焊接法

5. 手工焊接注意事项

首先，掌握好加热时间，在保证焊接材料润湿被焊件的前提下，烙铁加热时间越短越好；其次，保持烙铁头温度在合适的温度范围内，一般经验是烙铁头温度比焊接材料熔化温度高 50℃较为适宜；最后，不能用烙铁头对焊点加力加热，这可能会造成被焊件的损伤，如电位器、开关、接插件的焊接点往往固定在塑料构件上，加力加热容易造成元器件失效。

4.2　常用仪器的使用与电路检测方法

4.2.1　万用表

万用表是一种多量程、多功能的便携式电子测量仪表，是最基本、最常用的电子测量仪器。一般的万用表以测量电阻、交流或直流电流、交流或直流电压为主，有的万用表还可以测量电容、电感，以及判别二极管引脚极性、三极管极性等。

万用表按其工作原理，可分为模拟万用表和数字万用表两类。这里主要介绍目前常用的数字万用表的基本功能和使用方法。

1. 数字万用表简介

数字万用表外形如图 4.3 所示。

数字万用表一般由模数转换器、液晶显示屏、电源和功能开关等构成。其中，模数转换器将外部输入模拟量转换成数字量，液晶显示屏用来显示各种测量值，电源和功能开关控制开关机以及显示控制等。

相比于模拟万用表，数字万用表的主要特点包括：

(1)数字显示，直观准确，无视觉误差，并具有极性自动显示功能。

(2)测量速度快。

(3)输入阻抗高，对被测电路影响小。

图 4.3　数字万用表

(4)集成度高,便于组装和维修,更加可靠、耐用。

(5)测试功能齐全。

(6)保护功能齐全,有过压保护、过流保护、过载保护和超输入显示功能。

(7)功耗低,抗干扰能力强。

(8)便于携带,使用方便。

数字万用表根据显示的位数可分为三位半、四位半、五位半等,有的甚至更高。数字万用表的位数,即数字万用表显示屏上能显示的数字位数,由整数位和分数位组成。能显示0～9所有数字的是整数位,反之称为分数位。例如,其最大显示值是1 999,最高位只能是0或1,满量程数值为2 000,因此整数位是3,分数位是1/2,称为$3\frac{1}{2}$,读作"三位半"。同样,四位半、五位半等数字万用表的最大显示值分别为19 999、199 999,依此类推。

下面以UT58B型万用表为例介绍数字万用表的表面板及其功能,如图4.4所示。

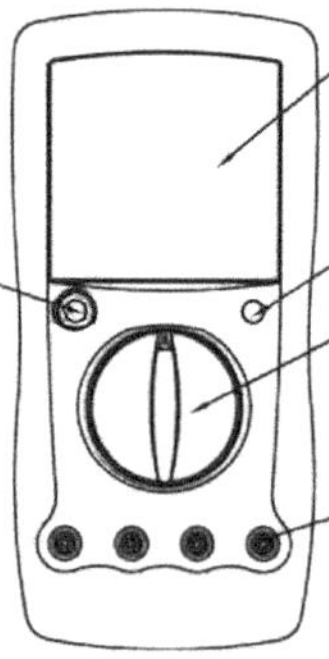

图4.4 数字万用表的表面板

万用表显示屏主要用来显示测量结果,在显示结果的周围还会显示测量项目提示符、万用表工作状态提示符等。在任何测量情况下,当按下数据保持开关(HOLD键)时,仪表显示并保持当前测量结果,再按一次数据保持开关时,仪表显示的保持测量结果自动解锁,随即显示当前测量结果。功能量程选择旋钮用来选择测量的项目和量程,符号功能说明如表4.1所示。

表4.1 万用表符号功能说明

符号	功能说明	符号	功能说明
V⎓	直流电压测量	A⎓	直流电流测量
V～	交流电压测量	A～	交流电流测量
⊣⊢	电容测量	℃	温度测量
Ω	电阻测量	hFE	三极管放大倍数测量
▶⊢	二极管测量	POWER	电源开关
♫	电路通断测量	HOLD	数据保持开关

电源开关用来打开和关闭万用表电源,有一些数字万用表没有单独电源开关,而是直接集成在功能量程选择旋钮中,对应"OFF"档位置。

2. 使用方法

使用万用表前先按下电源开关,观察液晶显示屏工作是否正常、电池缺电标志是否出现,若缺电则要先更换电池。

1)功能和量程的选择

使用万用表时,先要根据要测量的项目把功能量程选择旋钮旋至对应位置,然后根据估计值选择量程,切勿误接量程以免电路受损,不确定时尽量从大量程逐级减小。

量程选定后,读数时万用表显示屏上显示的值乘以所选择的量程才是被测量的实际值。例如,用万用表测量电阻时,电阻测量值=指示值×倍率;选择“R×1K”档,读数为1.25,则电阻测量值为1.25 ×1 kΩ。

2)表笔的使用

对于目前广泛使用的数字万用表,红表笔接电压或电流插孔(红色),黑表笔接“COM”插孔。以前的模拟万用表,由于内部电路的不同,红表笔接“－”插孔,黑表笔接“＋”插孔,使用时应加以区分。

无论测量什么项目,黑表笔都接“COM”插孔;而红表笔在测量电流时,需要接标有电流标识的插孔(依据测量量程不同二选一),在测量其他量时,则接“Ω/V”插孔。

3)测量

——电流的测量。使用万用表电流档测量电流时,在万用表串联到电路中前,先关闭电路电源,然后断开被测支路,将万用表红、黑表笔正确串联在被测电路中,此时流过万用表的电流(测量显示值)即为被测支路的电流。特别注意,测量电流时万用表为短路接入,切勿将其并联在被测电路中,否则极易烧毁万用表。在完成所有的测量操作后,应先关掉电源,再断开表笔与被测电路的连接。测量时应使用正确的输入端口和功能档位,如不能估计电流的大小,应从高档量程开始测量,以免烧坏万用表。

——电阻的测量。测量电阻时,要断开被测电路电源,将万用表红、黑表笔正确并联在被测电路中,并将所有电容器放尽电荷,不能带电测量。另外,被测电阻不能有并联支路,有并联支路时测得的电阻将是与并联支路的并联电阻。测量时不能用手接触两支表笔,以免人体与被测电阻并联增加测量误差。如果测得的电阻很大,或阻值超过仪表最大量程时,显示器将显示“1”,这时可能是电路断路或者接触不良;如果测得的电阻太小,则可能是电路短路。

——电压的测量。测量电压时,万用表要与被测电路并联。测量方法与测量电阻基本相同,但是需要带电测量,档位选择在电压测量档上。电压和电流测量均需要区分交流和直流,在档位选择时需要注意。

4)使用注意事项

(1)禁止在高温、阳光直射、潮湿、寒冷、灰尘多的环境下使用或存储数字万用表,以免损失显示屏和电子器件。

(2)测量时不要超过万用表量程,以免损害人身安全或烧坏仪器。

(3)测量时不能用手捏住表笔的金属部位,以免人体电阻分流,增大测量误差或触电。

(4)改变量程时,表笔应先与被测点断开。

(5)测量时要避免误操作,如用电压档测电流、电阻档测电压等。

(6)测量完毕后,不要把功能量程选择旋钮置于电流档,以免烧坏仪器,应置于直流电压最大量程处。

(7)不测量时,应拔出表笔,并关闭电源。

4.2.2　数字示波器

在电子测量时,人们通常希望能直观地看到电信号随时间变化的规律,能直接观察并测量信号的幅度、频率、周期等基本参量。能实现以上功能的仪器是示波器，此外大部分示波器还具备数学计算、噪声分析、数据存储等拓展功能。示波器主要分为模拟示波器和数字存储示波器(又称为数字化示波器，后来统称为数字示波器)，这里主要介绍比较常用的数字示波器。

1. 数字示波器简介

早期的数字示波器是在模拟示波器的基础上增加一个数字化处理和存储电路，经过数字化存储后的信号，仍然需要转换为模拟信号送给静电偏转阴极射线管进行显示。随着微处理器和光栅扫描阴极射线管显示技术在数字存储示波器中的应用，被测信号被数字化存储以后，其信号数字样品不再转换为模拟信号，而是经过计算机处理，直接以像素的方式显示出被测信号波形，如图 4.5 所示。

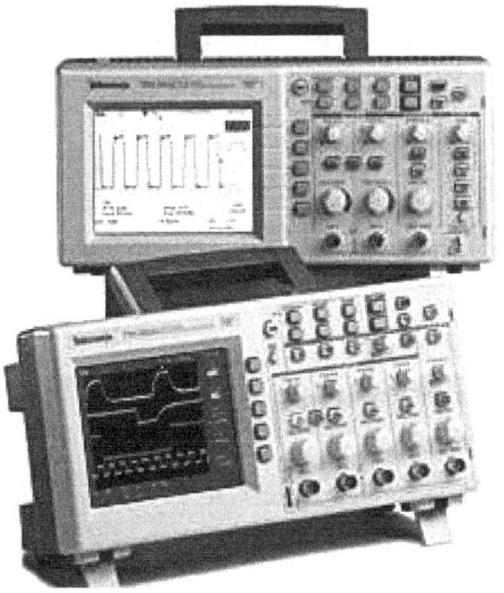

图 4.5　数字示波器

由于数字示波器采用了数字化技术和计算机技术，可以根据需要对数字化的信号进行数据存储、运算和加工处理，最终恢复并显示被测信号波形，因此数字示波器具备许多传统的模拟示波器(包括早期意义的数字存储示波器)所无法比拟的优点：

(1)能够捕捉单次信号、随机信号、低重复速率信号，并进行测量和分析。

(2)能够获得触发前或触发后的信息。

(3)通过软件实现自动参数测量，测量精度高，不受人为因素影响。

(4)灵活多样的触发和显示，增加了捕捉和测量能力。

(5)便于进行波形存储、比较和后处理。

(6)便于实现硬拷贝输出、存档和交流。

(7)便于组成自动测试系统或远程控制等。

现在数字示波器在各个领域都获得了广泛的应用，模拟示波器已逐步退出历史舞台。

2. 工作原理

图 4.6 是示波器基本结构，主要包括垂直系统、水平系统、触发系统和显示屏。电信号能以波形的形式在示波器显示屏上显示，主要是由垂直扫描、水平扫描和触发共同作用来完成的。

示波器一般都有两个或四个垂直输入通道，每个通道都有一个增益开关，可以设置屏幕上每刻度对应的电压值，或者说可以使波形在垂直方向上放大或缩小。垂直系统还包含一个垂直扫描位置控制，可以上下移动显示信号。另外，至少有一个通道带有反相控制，可以反相显示信号波形。

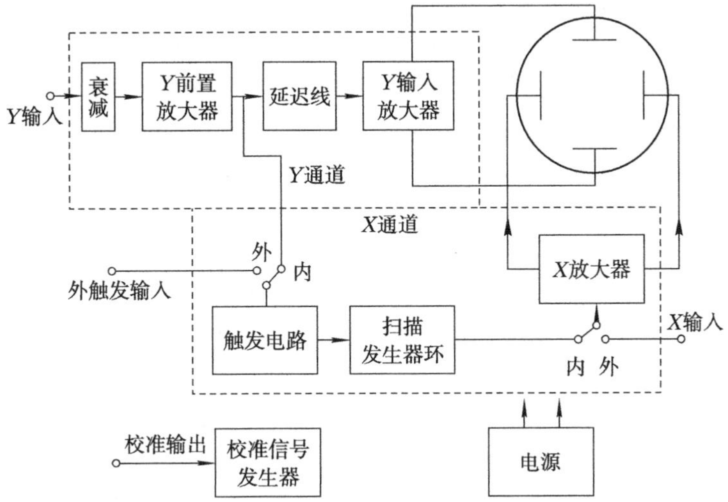

图 4.6　示波器基本结构

为了描绘一幅图形，必须要有水平和垂直两个方向的信息。垂直扫描使信号显示于屏幕的垂直方向，而水平扫描使输入信号与时间成一定比例显示。示波器描绘的轨迹表明信号随时间变化的情况，因此其水平偏转必须与时间成正比。类似于垂直扫描，水平扫描也有一个扫描时间刻度开关，可以设置屏幕上每刻度对应的时间值，即时基的放大和缩小。水平系统也包含一个水平扫描位置控制，可以左右移动显示信号，如图 4.7 所示。

基于得到的垂直和水平扫描信号，可以生成一幅电压-时间关系图，然而，如果水平扫描信号每次扫描起始点，而不是输入信号在其波形中同一位置的点(假设信号是周期的)，那么显示出来的图形就会是一片混乱，即输入波形与它自身在不同时间内波形的叠加。这个问题的解决需要触发系统的帮助。

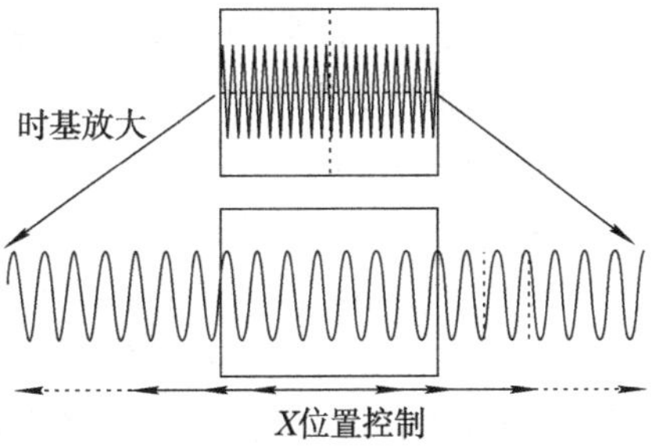

图 4.7　时基放大和 X 位置控制

触发系统是示波器中最复杂的部分，触发的正确设置可以使不稳定的图形变为有意义的信号。触发电路的作用就是保证每次时基扫描或采集的时候，都从输入信号上相同的触发条件开始，这样每次扫描或采集的波形同步，可以使每次捕获的波形相重叠，从而显示稳定的波形。触发电路允许选择扫描的起点电平和斜率(正或负)，在示波器面板上可以看到关于触发源和触发模式的选择。

在标准(NORMAL)模式下，当所选触发源经过所设定的触发点时开始扫描，沿着设定的方向(斜率)运动。在实际应用中，常常要调整起点电平，这样才能得到稳定的波形显示。在自动(AUTO)模式下，如果没有信号，扫描将会自由运动，这样即使信号值在某些时候降得很低，屏幕上也不至于完全没有波形显示，也不会引起信号已经消失的误解。如果要观察很多不同的信号，又不想每次设置触发模式，那么自动模式是最好的选择。单次捕获模式是用于非周期信号的，当输入的单次信号满足触发条件时，进行捕获(扫描)，并将波形存储和显示在屏幕上;此时再有信号输入示波器也不予理会,如果需要进行再次捕获,必须进行单次设置。

触发源决定触发信号的来源。在多数情况下,触发信号来自输入信号本身。所以如果只使用一个通道,那么触发源就设置为该通道;如果使用多个通道,那么触发源可以从这些通道中选取。外部(EXT)触发源输入适用于以下情况:如果已经有了一个噪声污染较小的信号,而它的变化速率与想观察的带噪声信号相同,这时就可以把该信号作为外部触发源。通常,如果用一个测试信号来驱动某个电路,或者在数字电路中用某个时钟信号进行同步,就可以将该测试信号或时钟信号,通过外部触发通道接入示波器作为外部触发源使用。

3. 性能指标

1)频带宽度

频带宽度,即示波器的最高响应能力。示波器放大器是信号进入示波器的大门,它的模拟频带宽度决定了示波器的频带宽度。频带宽度不足将导致信号失真。

2)采样率

采样率以"点/秒"(S/s)来表示。数字示波器不但需要观测重复信号,而且需要观测单次信号。虽然示波器放大器的频带宽度保证了信号输入不失真,但如果采样率不足,会造成显示信号漏失和失真。所以示波器必须具有足够的采样率,用以捕捉单次信号和精确恢复显示波形。

确定示波器的频带宽度后,还要选择足够的采样率来与之相配合,这样才能获得适用于实际测量的实时频带宽度,从而获得满意的显示和测量结果。示波器采样率不足,将会使信号失去高频成分,并影响对信号的完整性测量。如果在实际测量中,比较重视单次信号的精确信息,则采样率要为频带宽度的 5 倍以上,最好能为 8~10 倍。

3)存储长度

存储长度由示波器的存储容量决定,增加存储容量才能增加存储长度。示波器的存储长度与两个方面相关,即触发信号和延时的设定确定了示波器存储的起点,示波器的存储深度决定了数据存储的终点。

在保证对单次信号进行精确捕获的前提下,示波器的存储长度越长,波形的存储时长就越长。如果没有使用示波器的最高采样率,在对单次信号进行捕获时,提高采样率可以提高对信号的捕获精度和分辨率,但降低了信号的存储时长。采样率和存储长度有限时,为提高存储时长,只能降低采样率,但是降低采样率将失去波形的细节以及信号的高频成分,使复现信号发生畸变。如果单次信号时间较长,为保证信号中高频成分不丢失(信号漏失和畸变),需要综合考虑示波器频带宽度、采样率和存储长度等指标,以保证被测信号的精确复现。

4. 面板介绍

以某公司生产的数字示波器为例,频带带宽为 200 MHz,彩色显示,采样率为 2.0 GS/s,存储长度为 2.5k 个点,具备 4 个输入通道。下面简单介绍该型示波器的操作面板。

1)背面板

图 4.8 所示的示波器背面板中,"电源接口"用于连接 220 V 电压电源,"USB 设备接口"用于与个人计算机之间通信。该示波器通过 USB 设备接口与个人计算机通信,厂商配套的专用通信软件和互动测量软件可以在示波器和个人计算机之间传送波形数据、屏幕图和前面板设置。这两个软件都可以把数据传送到单机版桌面办公应用程序(如常用的文字处理软件和表格处理软件)中。需要打印图形和测量数据时,可以通过 USB 设备接口把屏幕图直接打印

到任何兼容 PictBridge 标准协议的打印机上。每个图形都可以打印日期、时间、仪器型号及串号。

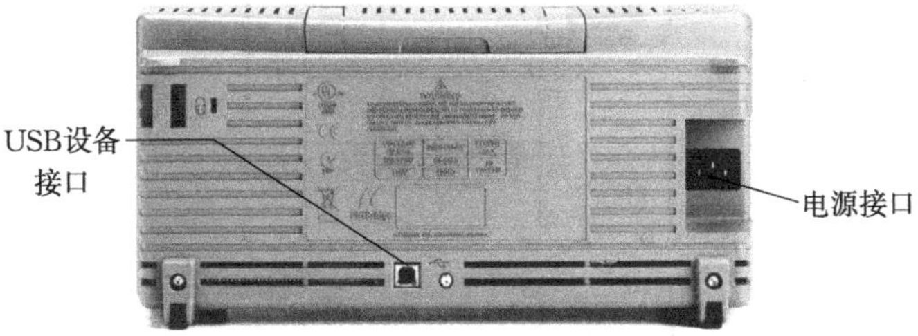

图 4.8　示波器背面板

2）前面板

示波器的前面板分成几个易操作的功能区，如图 4.9 所示。

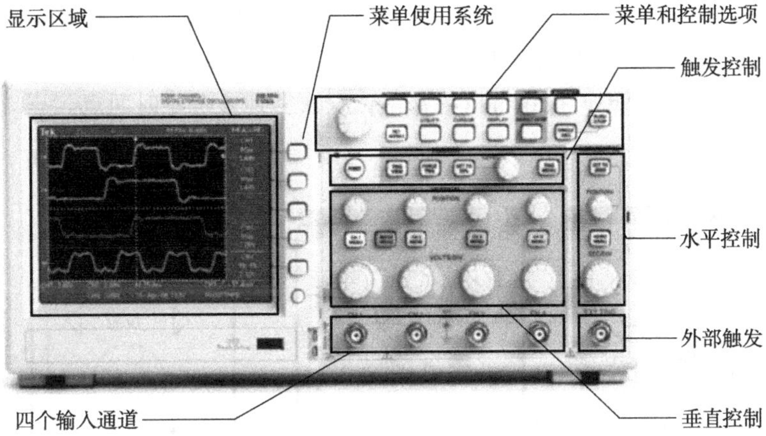

图 4.9　示波器前面板

（1）显示区域。显示区域除显示波形外，显示屏上还有很多关于当前波形和示波器控制设置的详细信息，如采集模式、触发状态等。

（2）菜单使用系统。这部分按钮是为了便于访问示波器某些特殊功能，按下前面板任意菜单按钮，将在示波器显示屏的右侧显示相应的子菜单选项。操作子菜单选项有四种情形，如图 4.10 所示：按下“页面选择”按钮后，会在屏幕右侧显示下一级菜单；按下“循环列表”按钮时，示波器将循环设定参数值；按下“动作”按钮时，示波器执行相应操作命令；“单选钮”为每一选项对应一个按钮，按下时，相应选项被加亮显示并执行相应操作命令。需要注意的是，菜单使用系统共有五个按钮，由于每种菜单涉及的内容不同，在上述不同情形下，子菜单设置所用到的按钮数量并不相同。

（3）垂直控制。垂直控制部分如图 4.11 所示。旋转“位置”（POSITION）旋钮，可以在垂直方向移动波形，当光标使用的发光二极管（LED）变亮时，此旋钮可控制光标的移动；“通道 1 菜单”（CH1 MENU）和“通道 2 菜单”（CH2 MENU）按钮用来显示垂直菜单选择项，并打开或关闭对通道波形的显示；“伏/格”（VOLTS/DIV）旋钮用来选择标定的刻度系数，在垂直方向上缩小或放大波形；“数学计算菜单”（MATH MENU）显示波形的数学运算，并可用于打开和关闭数学波形。

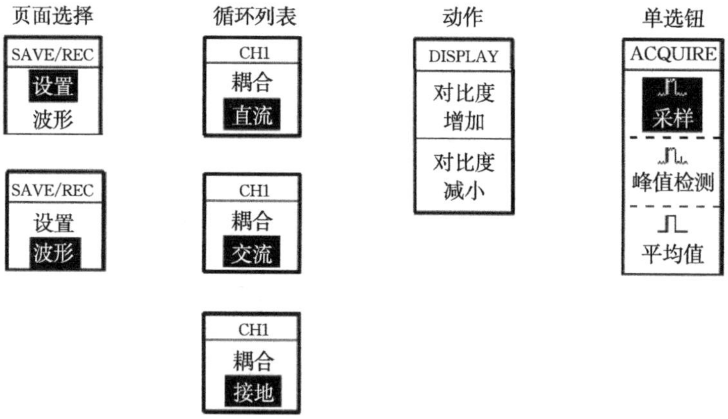

图 4.10 显示菜单选项

(4)水平控制。水平控制部分如图 4.12 所示。水平"位置"(POSITION)旋钮用来调整所有通道波形的水平位置;"水平菜单"(HORIZ MENU)用来显示水平菜单;"秒/格"(SEC/DIV)旋钮为主时基或窗口时基选择水平的刻度系数,在水平方向上缩小或放大波形;使用"水平位置为 0"(SET TO ZERO)按钮可以将水平位置恢复到参考零时间点。

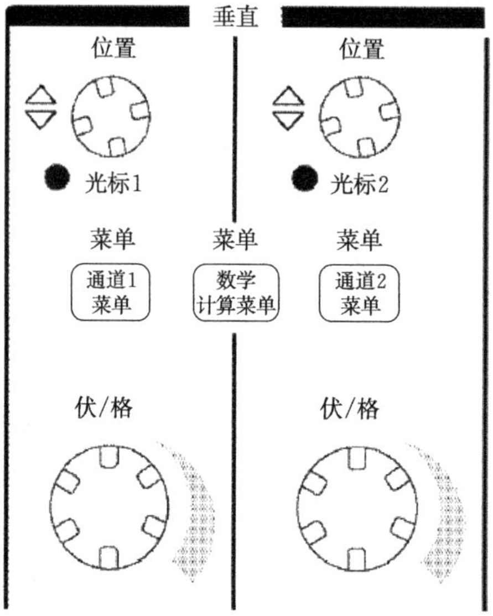

图 4.11 垂直控制

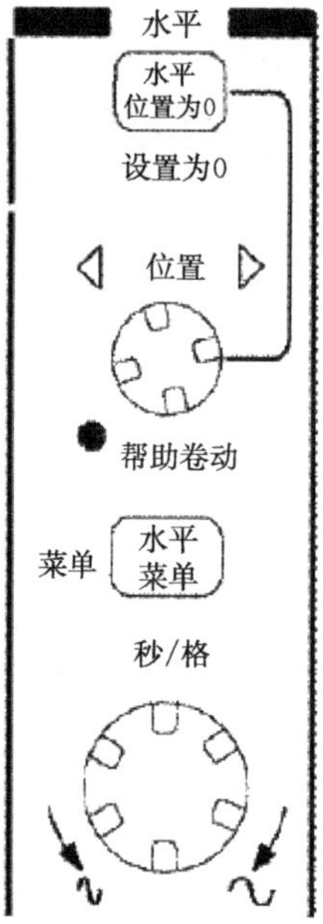

图 4.12 水平控制

(5)触发控制。触发控制选项如图 4.13 所示。触发控制部分的作用是通过触发控制,选择适当的触发点,稳定显示波形,可以显示重复信号,也可以捕捉单次信号。

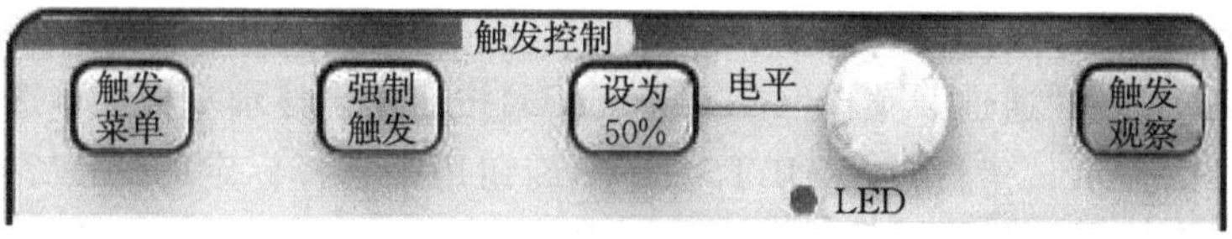

图 4.13 触发控制

“电平”(LEVEL)旋钮用于边沿触发时控制触发电平幅度，信号必须高于该幅度才会被采集，还可使用此旋钮执行“用户选择”的其他功能，旋钮下的 LED 发亮提示此功能有效；“触发菜单”(TRIG MENU)按钮显示触发菜单及其选项，包括触发类型、触发源、触发模式等；“设为 50%”(SET TO 50%)按钮用于选择垂直中点作为触发电平；“强制触发”(FORCE TRIG)按钮按下后，不管触发信号是否满足条件，都会完成采集；“触发观察”(TRIG VIEW)按钮按下时，显示触发波形而不显示通道波形，可用此按钮查看触发设置(如触发耦合)对触发信号的影响。

(6)菜单和控制选项。这部分用于显示和控制各种菜单，面板按钮如图 4.14 所示，各按钮功能如表 4.2 所示。

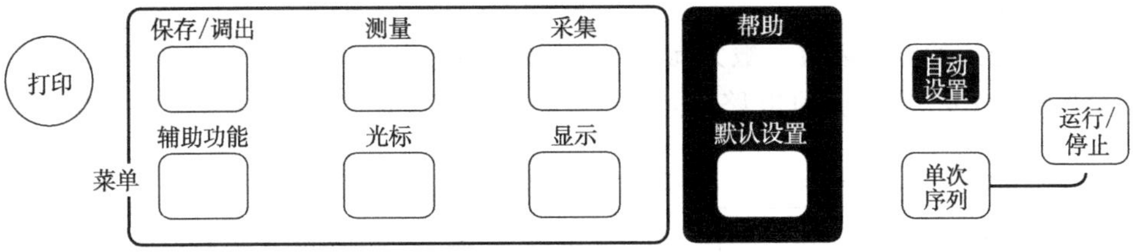

图 4.14　菜单和控制选项

表 4.2　菜单和控制选项按钮功能

按钮名称	英文名称	按钮功能
保存/调出	SAVE/RECALL	显示设置和波形的“保存/调出”菜单
测量	MEASURE	显示“自动测量”菜单
采集	ACQUIRE	显示“采集”菜单
显示	DISPLAY	显示“显示”菜单
光标	CURSOR	显示“光标”菜单
辅助功能	UTILITY	显示“辅助功能”菜单
帮助	HELP	显示“帮助”菜单
默认设置	DEFAULT SETUP	调出厂设置
自动设置	AUTO SET	自动设置示波器控制状态，以产生适用于输出信号的显示图形
单次序列	SINGLE SEQ	采集单个波形，然后停止
运行/停止	RUN/STOP	连续采集波形或停止采集
打印	PRINT	开始打印操作

(7)外部触发。这部分是外部触发源的输入连接器。使用“触发菜单”可以选择外部触发源。

(8)四个输入通道。可最多同时输入四路信号(CH1、CH2、CH3 和 CH4)。

5. 使用方法

1)功能检查

功能检查可以验证示波器是否能正常工作，步骤如下：

(1)打开示波器电源，等候一会儿，直到显示屏显示已通过所有开机测试，按下“默认设置”按钮，将探头衰减系数设置为 10×。

(2)将 P2200 探头开关设定到 10×，并连接探头至示波器的通道。要将探头连接器上的插槽对准 CH1 BNC 上的凸键，按下去即可连接，然后向右转动将探头锁定到位，将探头端部和基准导线连接到信号发生器输出端子上。

(3)按下“自动设置”按钮,如果在数秒内能看到频率为 1 kHz、电压为 5 V 峰峰值的方波,则示波器工作正常。

可以用同样的方法检查其他通道。

2)垂直控制

示波器有直流耦合、交流耦合、接地耦合等方式可供选择。选择直流耦合时,在屏幕上的显示包含直流分量及信号电压。若需要观察一个加在大直流电压上的小信号,可切换至交流耦合,对输入信号进行容性耦合。大多数示波器还有一个已接地的输入点,可以让人们看到零电压值在屏幕上的位置(在接地点,信号并不是直接与大地短接,而是与输入接地的示波器断开)。

垂直输入通道的输入阻抗一般为高阻抗 1 MΩ,也有 50 Ω 可选。50 Ω 的设置可用于连接探头或要求 50 Ω 终端阻抗的电路,但在一般情况下,出于安全的考虑,建议采用高阻抗(1 MΩ)输入。

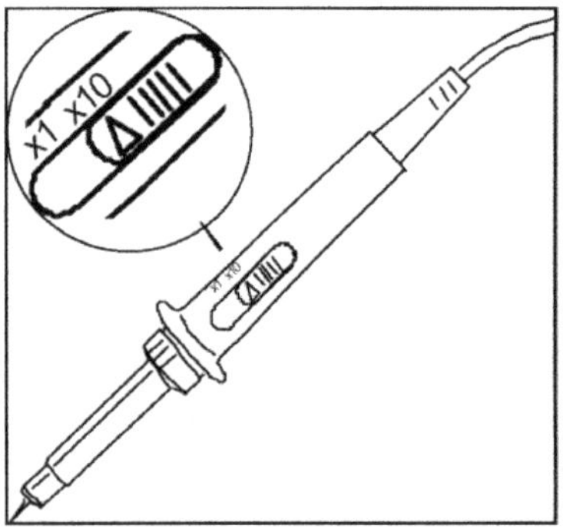

图 4.15　探头开关设定

3)探头补偿

如图 4.15 所示,在首次将探头与任一输入通道连接时,进行此项调节,使探头与输入通道相配。未经补偿或补偿有偏差的探头会导致测量误差或错误。将探头衰减系数设定为 10×,将探头开关设定为 10×,并将示波器探头与通道 1 连接。如果使用探头钩形头,应确保与探头接触紧密。将探头端部与探头补偿器的信号输出连接器相连,基准导线夹与探头补偿器的地线连接器相连,打开通道 1,然后按“自动设置”按钮。

如果需要,可以用探头补偿调节棒或者非金属质地的改锥调整探头上的可变电容,直到屏幕显示的波形如图 4.16(b)所示。

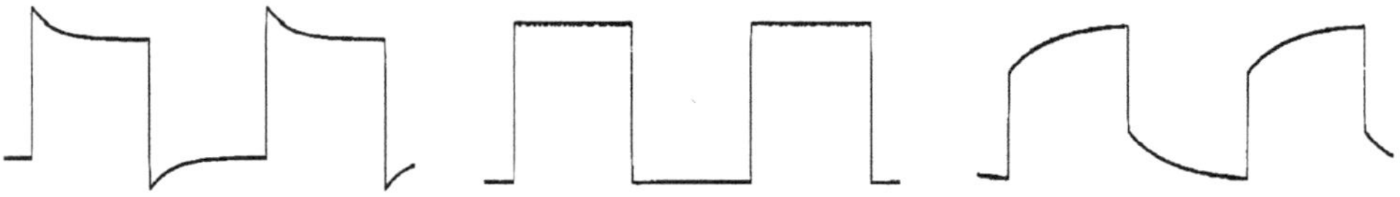

(a) 补偿过度　　(b) 补偿正确　　(c) 补偿不足

图 4.16　探头补偿结果

4)接地

正如绝大部分测量仪器一样,示波器的输入端(BNC 连接器的内部金属插孔)是与仪表接地端(BNC 连接器的外部金属部分)相对的,而接地端同时与机壳相接。借助于三相电源线,它可以反过来与交流电源的接地线连接。这就意味着示波器无法测量一个电路中任意两点之间的电压,而只能测量与公共地相对的信号电压。

需要注意的是:如果试图将示波器探针的地线夹子连接到电路中对地有某个电压值的点,就会因为将这一点与公共地短路而造成被测电路的混乱。如果确实需要测量两点之间的电压信号,可以将两个通道分别连接两点,其中一个通道设置成反相,然后将开关调至两通道相加状态，最后得到的合成信号即为所测电压信号。

另外，当要测量的是弱信号或高频信号时，一定要保证示波器的地与被测电路的地是相同的。最好的方法就是将探针的地线直接连到电路的接地点上，然后用探针测量接地点，检查是否已经接好了。探针的地线夹子容易丢失，在示波器操作过程中应注意探针等附件要妥善保管。

5)测量

示波器可以对波形进行测量，可以用刻度、光标进行手动测量也可以执行自动测量。刻度测量，是通过计算相关的主次刻度分度并乘以比例系数来进行简单的测量；光标测量(电压和时间)，是通过移动总是成对出现的光标并从显示读数中读取对应数值来进行测量，使用光标时，要确保将信源设置为显示屏上想要测量的波形；自动测量，可以采用最多五种参数来进行自动测量，示波器会为用户进行待测量的计算，比刻度、光标测量更精确，示波器可直接显示测量结果并对测量数据进行周期性更新。

6)示波器基本操作

这里重点介绍示波器主要功能的基本操作。如图 4.17 所示，首先将示波器探头和地线夹与待测电路正确连接。

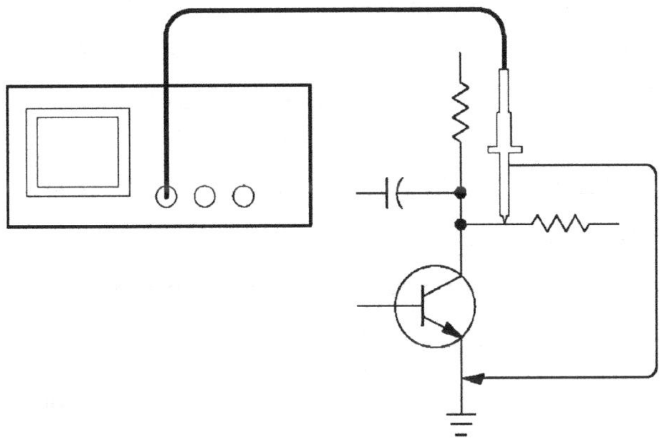

图 4.17　示波器连线示意

(1)自动设置的使用。示波器可以快速显示某个信号，步骤如下：①按下“通道 1”菜单按钮，将探头衰减系数设置成 10×；②将探头开关设定为 10×；③将通道 1 的探头与信号连接；④按下“自动设置”按钮。示波器自动设置垂直、水平和触发控制。如果要优化波形的显示，可手动调整上述控制功能。

(2)自动测量的使用。示波器可自动测量大多数信号参数。如需测量信号的频率，可以按如下步骤进行：①按下“测量”按钮，查看“自动测量菜单”；②按下菜单使用系统顶部第一个按钮，显示“测量 1 菜单”；③按下“类型”按钮，选择频率，将显示测量结果及更新信息；④按下“返回”按钮；⑤按下菜单使用系统顶部第二个按钮，显示“测量 2 菜单”；⑥按下“类型”按钮，选择周期，将显示测量结果及更新信息；⑦按下“返回”按钮。以此类推，还可以自动测量信号的周期、峰峰值、上升时间以及脉冲宽度等。

(3)光标的使用。下面以测量振荡频率和测量上升时间为例来介绍光标的使用。

——测量振荡频率。步骤如下：①按下“光标”按钮，查看“光标菜单”；②按下“类型”按钮，选择时间；③按下“信源”按钮，选择 CH1；④旋转“光标 1”旋钮，将光标置于振荡的第一个波峰上，如图 4.18 所示；⑤旋转“光标 2”旋钮，将光标置于振荡的第二个波峰上。这时，在“光标菜单”中将显示时间增量和频率增量(测量所得的振荡频率)。

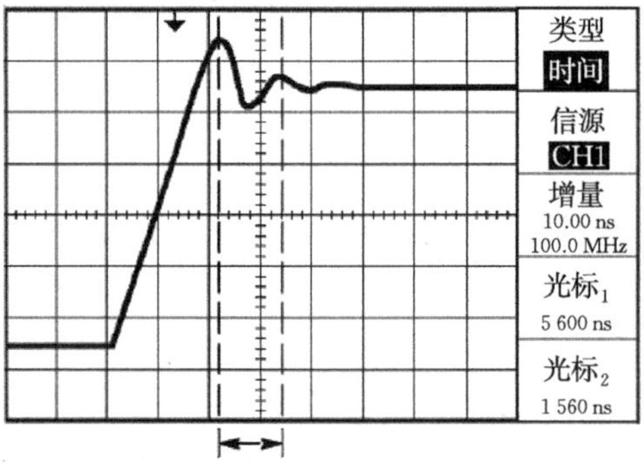

图 4.18　光标测量振荡频率

——测量上升时间。通常情况下，应当测量波形电平的 10％和 90％之间的上升时间。测量上升时间的步骤如下：①旋转“秒/格”旋钮以显示波形的上升沿；②旋转“伏/格”和垂直“位置”旋钮将波形振幅大约五等分；③如果“通道 1 菜单”未显示，可按下“通道 1 菜单”按钮；④按下“伏/格”按钮，选择细调；⑤旋转“伏/格”旋钮将波形振幅精确五等分；⑥旋转垂直“位置”旋钮使波形居中，将波形基线定位到中心刻度线以下 2.5 等分处；⑦按下“光标”按钮，查看“光标菜单”；⑧按下“类型”按钮，选择时间；⑨旋转“光标 1”旋钮，将光标置于波形与屏幕中心下方第二条刻度线的相交点处，如图 4.19 所示，这是波形电平的 10％；⑩旋转“光标 2”旋钮，将第二个光标置于波形与屏幕中心上方第二条刻度线的相交点处，这是波形电平的 90％；⑪“光标菜单”中的增量读数即为波形的上升时间。

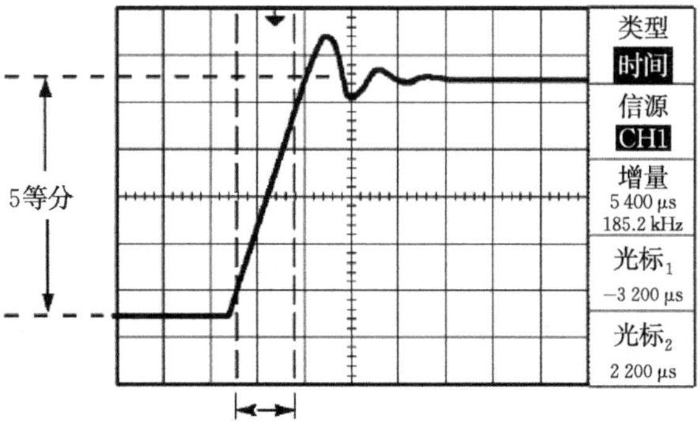

图 4.19　测量上升时间

以此类推，还可以通过光标测量脉冲宽度、信号幅度等。

4.2.3　电路检测的基本要求和方法

电子装备的维修离不开对某些电量的测量。电量测量是为了确定被测对象的量值而进行的检测过程，被测对象主要包括以下几项内容：电能量(如电压、电流、功率)、元器件和电路参数(如电阻、电容、电感、晶体管参数)、电信号特性参数(如频率、相位)、电路性能指标(如放大倍数、噪声系数)和特性曲线(如晶体管特性曲线、电路的幅频特性曲线等)。本节介绍几个基本电量的测量方法、基本的电路检测方法以及测量中应该注意的问题。

1. 电子测量的基本要求

1)电路与测量仪器的阻抗匹配

如果没有将被测电路的输入或输出阻抗与测量仪器的输入或输出阻抗进行合理的匹配，将造成测量误差。下面进行简要分析。

以示波器或数字万用表测量电路的内部电压为例，如图 4.20 所示，被测电路的输出阻抗为 Z_s，内部电压为 $\dot{U}$。用输入阻抗为 Z_m 的示波器或者数字万用表测量点 A、B 间的电压 U'：当 $Z_m \gg Z_s$ 时，$U' \approx U$，此时误差非常小；当 $Z_m = Z_s$ 时，$U' = U/2$，指示值为实际电压的 1/2。因此，在这种情形下，测量仪器的输入阻抗必须比被测电路的输出阻抗大很多。

测量仪器和被测电路串联测量电流时，如图 4.21 所示，若未接 Z_m 前的真值电流为 I，串接 Z_m 后电流为 I'，若 $Z_s \gg Z_m$，则 $I' \approx I$，测量值近于真值；若 $Z_s = Z_m$，则 $I' = I/2$，测量值为真值的 1/2 倍。因此，在这种情况下，测量仪器的输入阻抗应远小于被测电路的输出阻抗。

通过以上分析可以发现，如果忽略了测量仪器的阻抗，测量结果会受到较大影响，因此设备检测维修时应对阻抗匹配问题给予足够的重视。

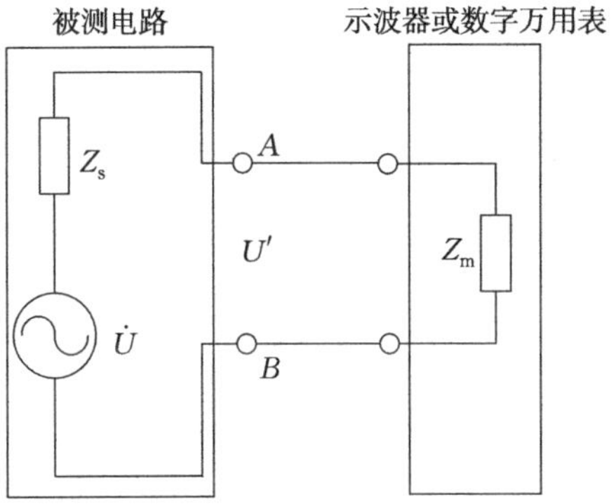

图 4.20　用高输入阻抗仪器测量电压

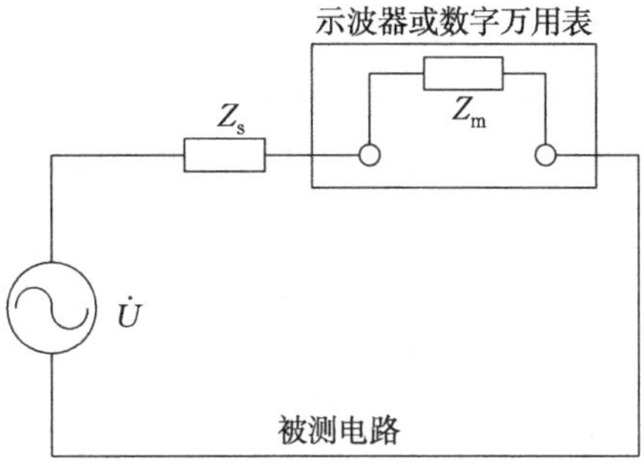

图 4.21　用低输入阻抗仪器测量电流

用信号发生器进行测量时，也要注意阻抗匹配问题。当被测电路输入阻抗 Z_m 和信号发生器的输出阻抗 Z_s 相等时，称为阻抗匹配。

2)抗干扰问题

电路检测需注意抗干扰问题，常见的抗干扰方法主要有远离干扰源、仪器接地等。

(1)远离电台、高压电网等干扰源。检测电路信号时，尽量远离电台、高压电网等干扰源。

(2)仪器接地。仪器的接地是指电子测量仪器、设备、被测电路等的公共连接点。这个公共连接点通常与机壳直接连接在一起，或通过一个大电容与机壳相连(这在交流意义上也相当于短路)。因此，在交流意义上，可以把一个测量系统中的公共连接点，即电路的地线与仪器或设备的机壳看作公共连接点，以保证由信号源、被测电路和测试仪器构成的测量系统具有公共的零电位线，这种接地称为技术接地。

技术接地可防止干扰或感应电压窜入测量系统或测量仪器而形成相互干扰，以及消除人体操作的影响。技术接地是使测量稳定、抑制外界的干扰、保证电子测量仪器和设备能正常工作以及保证测量结果准确的必要措施。如果接地不当，可能会产生错误的测量结果。

(3) 其他。除上述两点基本要求外，电路的频率与测量仪器的频率响应要一致，否则容易产生失真；当对电路进行在线测量时，测量前必须先将被测电路内所有电源断开，并将所有电容器残余电荷放尽。

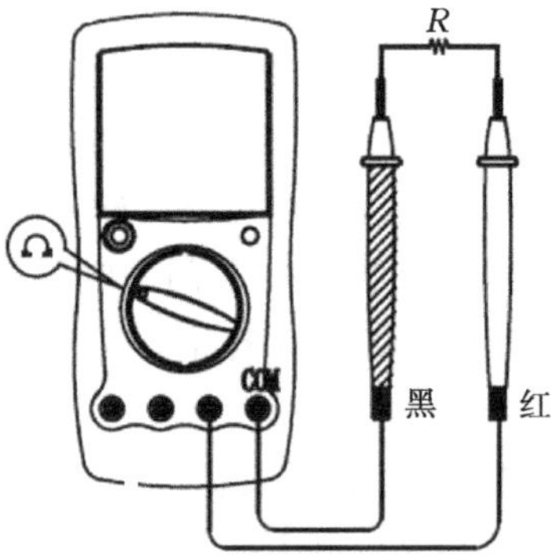

图 4.22 电阻测量电路连接

2. 信号或电子器件基本量的测量

1)电阻的测量

万用表欧姆档可以测量导体的电阻,测量步骤如下:

(1)将万用表的红表笔插入"Ω"插孔,黑表笔插入"COM"插孔,如图 4.22 所示。

(2)将功能量程选择旋钮置于电阻测量档,根据测量电阻的大小选择适当的电阻测量量程。

(3)将表笔并联到被测电阻上。

(4)从显示器上直接读取被测阻值。

注意:如果被测电阻开路或阻值超过仪表最大量程时,显示器将显示溢出符号"1"。

2)电流的测量

用万用表进行交/直流电流测量的步骤如下:

(1)将万用表的红表笔插入"μA"、"mA"或"A"插孔,黑表笔插入"COM"插孔,如图 4.23 所示。

(2)将功能量程选择旋钮置于 A(直流)或 A~(交流)电流测量档,根据测量电流的大小选择适当的电流测量量程。

(3)将仪表表笔串联到被测电路中。

(4)从显示器上直接读取被测电流值,交流测量显示值为正弦波有效值(平均值响应)。

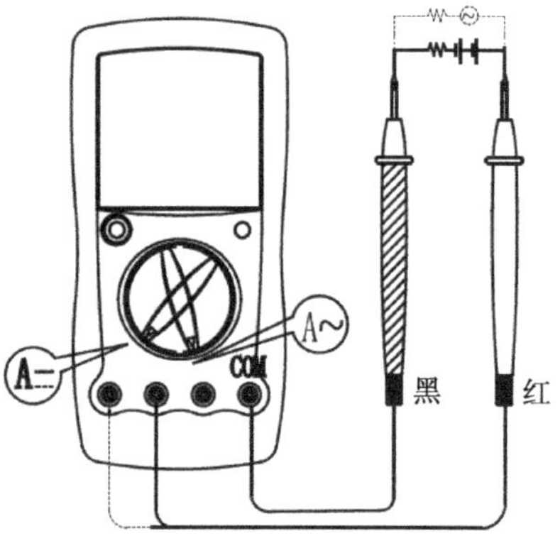

图 4.23 电流测量电路连接

仪表串联到被测电路之前,应先将电路中的电源关闭;测量时应使用正确的量程档位,如不能估计电流的大小,应从高档量程开始测量;当表笔插在电流插孔内时,切勿把表笔测试针并联到任何电路上,否则会烧断仪表内部保险丝或损坏仪表。

3)电压的测量

万用表和示波器都可以测量交流电压和直流电压,但一般情况下示波器只用于信号电压的测量,万用表还可以用于高压测量。

(1)示波器测量电压。将垂直输入耦合方式置于"AC"位置;将被测信号加到示波器的垂直输入端,调整"电压灵敏度"(V/DIV)和"扫描时间选择"(T/DIV)旋钮,使显示的波形在高度和宽度上均合适;选择被测波形一个周期的顶点和底点,并将其位置移到刻度线上以便于读数;读出被测波形顶点和底点在垂直方向上的高度 H 和"电压灵敏度"(V/DIV)旋钮所指示的值 V,则被测信号的电压峰峰值为

$$V_{\mathrm{p-p}} = H \times V \tag{4.1}$$

信号电压有效值为

$$V = \frac{V_{\mathrm{m}}}{\sqrt{2}} = \frac{V_{\mathrm{p-p}}}{2\sqrt{2}} \tag{4.2}$$

如果将"电压灵敏度"档位置于 2V/DIV,屏幕上显示被测信号峰峰之间的高度为 4 格,如

图 4.24 所示。计算方法为 $V_{p-p}=2\times4=8(\mathrm{V})$，则电压最大值为 $V_M=1/2\times V_{p-p}=4(\mathrm{V})$，电压有效值为 $V=\frac{V_M}{\sqrt{2}}$。也可以用光标测量，将两条水平光标线移到两个波形测试点，直接根据示波器屏幕下方文字显示读出电压值。

(2)万用表测量电压。将万用表的红表笔插入“V”插孔，黑表笔插入“COM”插孔，如图 4.25 所示；将功能量程选择旋钮置于 V(直流)或 V～(交流)电压测量档，根据估测电压的大小选择适当的电压测量量程；将表笔并联到待测电源负载上；从显示器上直接读取被测电压值，交流测量显示值为正弦波有效值(平均值响应)。

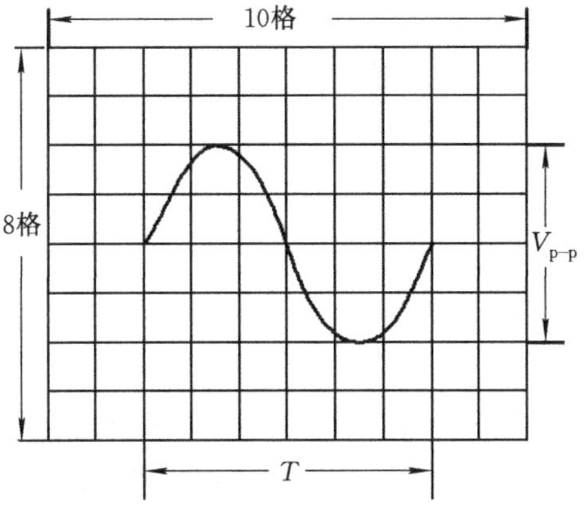

图 4.24　信号电压和周期测量

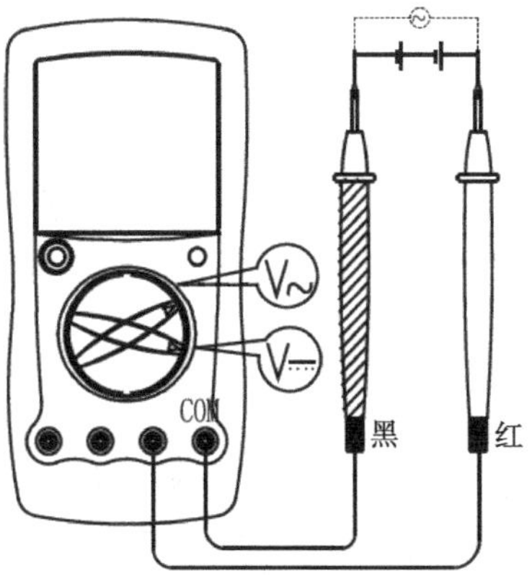

图 4.25　电压测量

4)时间与频率的测量

用示波器可以测量信号的周期、频率和相位差。

(1)信号周期的测量。将被测信号加到示波器的垂直输入端，调整“电压灵敏度”(V/DIV)和“扫描时间选择”(T/DIV)旋钮，使显示的波形在高度和宽度上均合适；选择被测波形一个周期的起点和终点，并将其位置移到刻度线上以便于读数；读出一个周期在水平方向上的距离 X_T 和“扫描时间选择”(T/DIV)旋钮所指示的值 S_X，则被测信号的周期 T 为

$$T=S_X\times X_T \tag{4.3}$$

如图 4.26 所示，屏幕显示被测信号一个周期所占格数为 6 格，如果“扫描时间选择”(T/DIV)的档位在 0.5 ms/格，则周期 $T=6\times0.5=3$ ms。

(2)信号频率的测量。先用示波器测出周期(参考信号周期的测量方法)；根据 $f=1/T$ 的关系，即可算出被测信号的频率。

(3)信号相位差的测量。示波器选用双踪显示方式；将两个被测信号 $u_1(t)$ 和 $u_2(t)$ 分别加到示波器的通道 1 和通道 2；触发源(SOURCE)选其中幅度大的被测信号作为同步触发源，即若 $u_1(t)$ 幅度大于 $u_2(t)$，且 $u_1(t)$ 接在通道 1，就按下“触发菜单”按钮，选择通道 1 作为触发源信号；调节有关旋钮，使屏幕显示两个大小适中的稳定波形，利用屏幕上的坐标，测出信号一个周期在水平方向所占长度 X_T，再测出两个波形上对应点之间的水平距离 X，则相位差为

$$\Delta\varphi=\frac{X}{X_T}\times360^\circ \tag{4.4}$$

如图 4.26 所示，波形一个周期占 6 格，两个信号对应点之间所占格数为 1 格，则相位差 $\Delta\varphi=$

$\frac{1}{6}\times 360^\circ=60^\circ$。

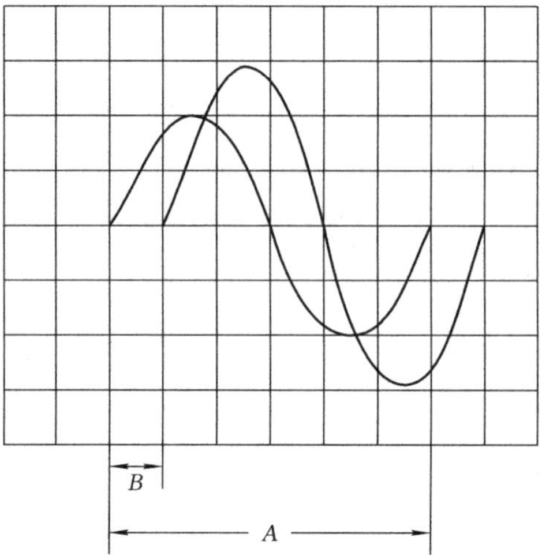

图 4.26　信号相位差测量

5)电路增益测量

要测量放大器增益,可将被测信号连接到放大器输入端,将示波器的两个通道分别与放大器输入端和输出端相连(图 4.27),测量两个信号的电平(图 4.28),并使用测量结果计算增益。

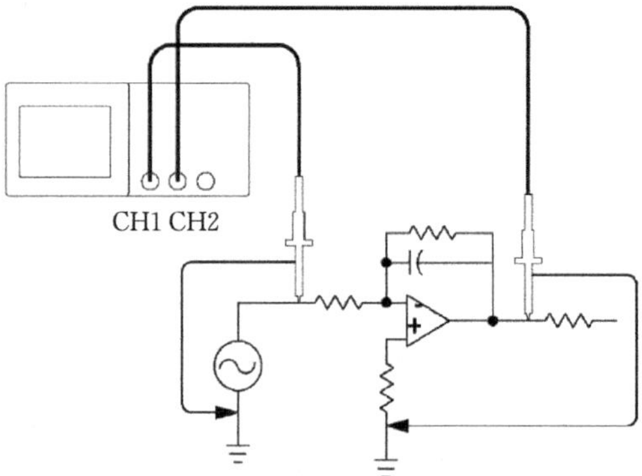

图 4.27　电路增益测量

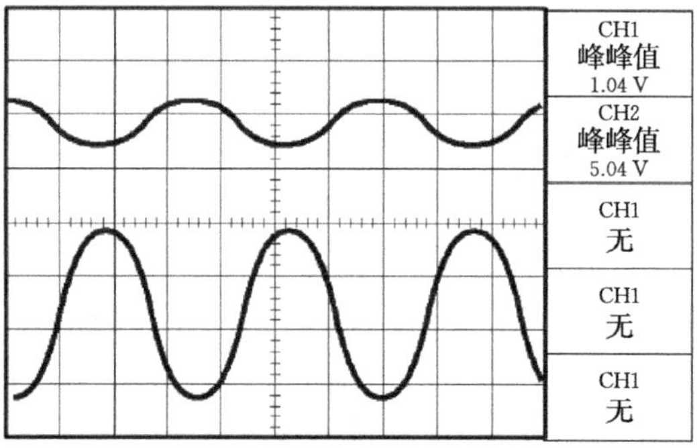

图 4.28　放大器输入输出信号

如前所述,测量出两个信号的峰峰值,然后计算放大器增益,即

$$A_U=\frac{U_o}{U_i} \tag{4.5}$$

用分贝表示为

$$A_U=20\lg\frac{U_o}{U_i} \tag{4.6}$$

3. 电路或电子器件基本情况检测

1)电路通断检测

电路通断检测可以用万用表。当检测在线电路通断时,在测量前必须切断被测电路内所有电源,并放尽所有电容器残余电荷。具体检测方法如下:

(1)将红表笔插入“Ω”插孔，黑表笔插入“COM”插孔，如图 4.29 所示。

(2)将功能量程选择旋钮置于通断测量档，并将表笔并联到被测电路两端。如果被测电路两端之间电阻大于 70 Ω，则认为电路断路；如果被测电路两端之间电阻小于等于 10 Ω，则认为电路良好导通，蜂鸣器连续发出声响。

(3)从显示器上直接读取被测电路的近似阻值，单位为 Ω。

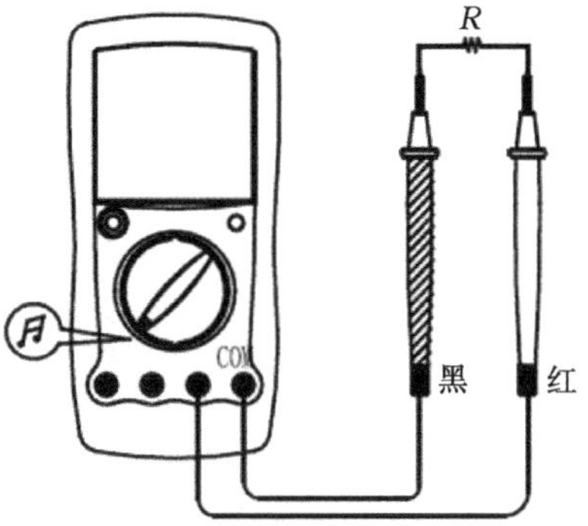

图 4.29　电路通断测量

2)二极管引脚极性、质量判别

二极管由一个 PN 结组成，具有单向导电性，其正向电阻小(一般为几百 Ω)而反向电阻大(一般为几十至几百 kΩ)。利用该特点可判别其极性和质量，测量原理如图 4.30 所示。

(1)引脚极性判别。步骤如下：用数字万用表的红表笔插入“V·Ω”插孔(带正电)，黑表笔插入“COM”插孔(带负电)，如图 4.31 所示，将万用表的功能量程选择旋钮置于二极管测量档，用两支表笔分别接触二极管两个电极。若显示值在 1 V 以下，说明二极管处于正向导通状态，红表笔接的是正极，黑表笔接的是负极；若显示溢出符号，表明二极管处于反向截止状态，黑表笔接的是正极，红表笔接的是负极。

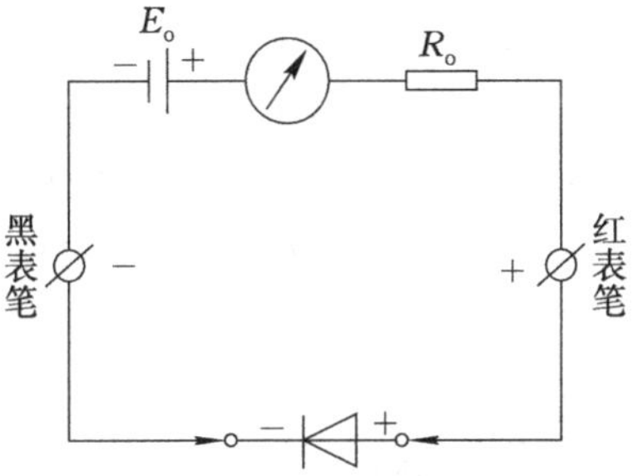

图 4.30　二极管测量原理

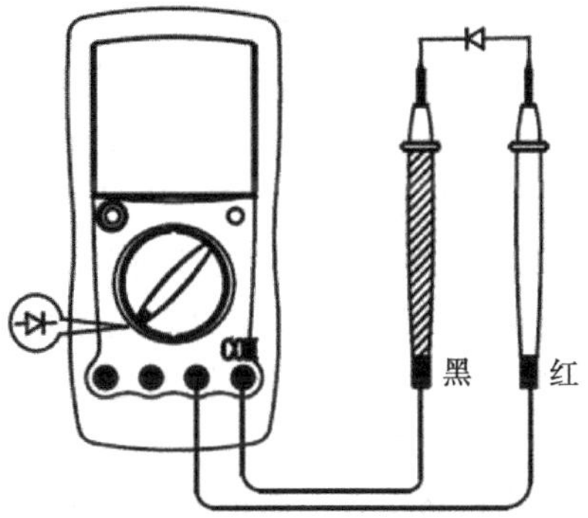

图 4.31　二极管引脚极性判别

(2)判别二极管质量。步骤如下：用数字万用表的红表笔插入“V·Ω”插孔(带正电)，黑表笔插入“COM”插孔(带负电)，将万用表的功能量程选择旋钮置于欧姆档，用两支表笔分别接触二极管两个电极。二极管的正、反向电阻差别越大，其性能就越好。如果双向阻值都较小，则说明二极管质量差，不能使用；如果双向阻值都为无穷大，则说明该二极管已经断路；如果双向阻值均为零，说明二极管已被击穿。

3)三极管引脚极性、管型判别

三极管的结构可以看作两个背靠背的 PN 结。对于 NPN 型三极管，基极是两个 PN 结的公共阳极；对于 PNP 型三极管，基极是两个 PN 结的公共阴极，分别如图 4.32 所示。利用该特点可以判别三极管的极性和管型。

(1)管型和基极的判别。将万用表的功能量程选择旋钮置于欧姆档，用红表笔先接触某一个电极——假定的基极，黑表笔分别接触其他两个电极。如两次测得的阻值一大一小，相差很多，则假定的基极有错，应更换其他电极重测；若两次测得的电阻均很小，则红表笔所接电极就是基极，并且该管属于 NPN 型三极管；若两次测得的电阻均很大，则红表笔所接电极就是基极，并且该管属于 PNP 型三极管。

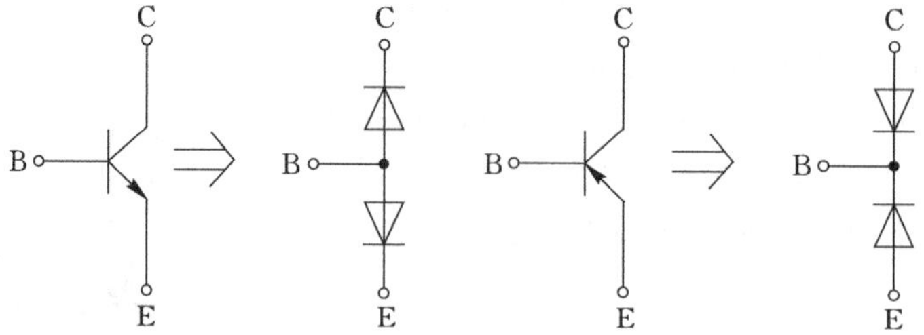

（a）NPN型　　（b）PNP型

图 4.32　晶体三极管结构示意

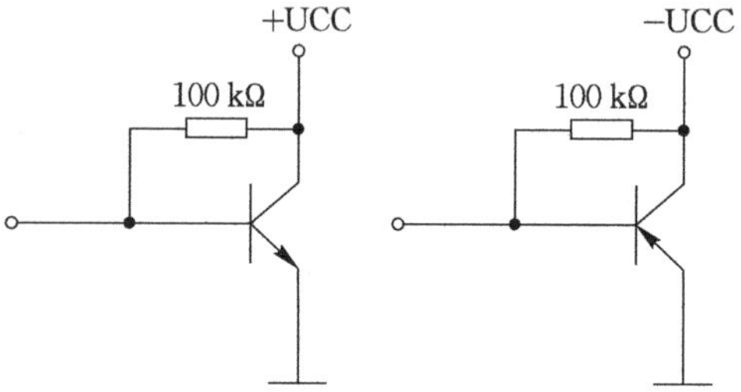

（a）NPN型　　（b）PNP型

图 4.33　三极管的偏置情况

(2)发射极和集电极的判别。为使三极管具有电流放大作用，发射极需加正偏置，集电极加反偏置，如图 4.33 所示。利用此点，当三极管基极确定后，便可判别集电极 C 和发射极 E，同时还可以大致了解穿透电流 I_{CEO} 和电流放大系数 β 的大小。

以 PNP 型三极管为例，若用红表笔(对应表内电池的正极)接集电极 C，黑表笔接发射极 E(相当于 C、E 极间电源正确接法)，如图 4.34 所示。这时万用表指针摆动很小，它所指示的阻值反映三极管穿透电流 I_{CEO} 的大小(阻值大，表示 I_{CEO} 小)。如果在 C、E 间跨接一个 $R=100\ \text{k}\Omega$ 电阻，此时万用表指针将有较大摆动，它指示的阻值较小，反映了集电极电流 I_C 的大小且 $I_C=I_{CEO}+\beta I_B$。阻值减小越多，电流放大系数 β 越大。如果 C、E 极接反(相当于 C、E 间电源极性反接)，则三极管处于倒置工作状态，此时电流放大系数 β 很小(一般 <1)，于是万用表指针摆动很小。因此，比较 C、E 极两种不同电源极性接法，便可判断 C 极和 E 极。同时还可大致了解穿透电流 I_{CEO} 和电流放大系数 β 的大小。

4)电解电容质量判别

用万用表能粗略检查电解电容是否失效或漏电。测量电路如图 4.35 所示，先将电解电容的两个引出线短接，使其所充的电荷释放，将万用表的功能量程选择旋钮置于欧姆档，并将电解电容的正、负极分别与万用表的黑表笔、红表笔接触。在正常情况下，万用表显示值应该很小，以后逐渐增大，这实际上是电容器的充电过程。电解电容在失效时，读数增加很小，甚至不增加；已被击穿的电容器，其阻值接近于零。

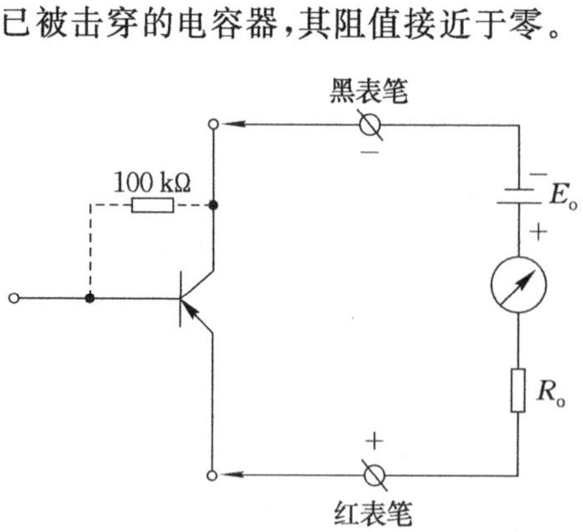

图 4.34　三极管的极性判别

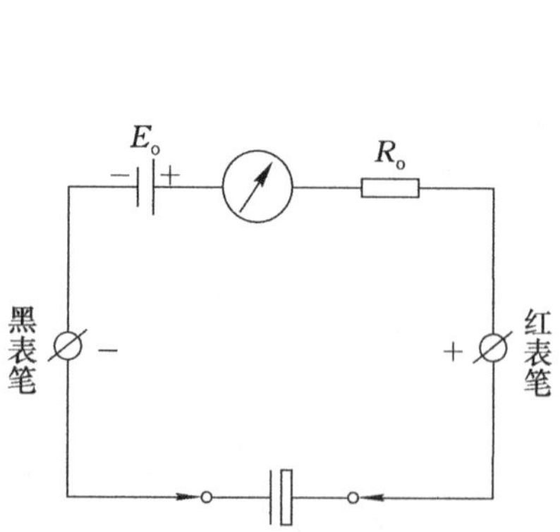

图 4.35　电容质量判别电路

4.3　电路仿真与设计软件

在检测维修过程中，为了准确判断故障所在位置，需要了解接收机内部电路结构，熟悉模块或元器件之间的连接关系，掌握输入输出信号特征。除了各种仪器仪表的操作以外，还经常涉及电路原理图判读、印制电路板电路识别和电路仿真。本节主要介绍电路仿真软件 Multisim 和电路判读软件 Protel DXP 的操作使用方法。

4.3.1　Multisim

1. 用户界面

Multisim 是以 Windows 系统为基础的仿真工具。在众多的电子设计自动化（electronic design automation，EDA）仿真软件中，Multisim 软件界面友好、功能强大、易学易用。Multisim 用软件方法虚拟化、软件化电子元器件及仪器仪表，并将两者集合为一体，是原理图设计、电路测试的虚拟仿真软件。

下面以 Multisim 10 为例介绍其基本操作。图 4.36 是 Multisim 10 用户界面，包括菜单栏、标准工具栏、主工具栏、虚拟仪器工具栏、元器件工具栏、仿真工具栏及开关、状态栏、电路图编辑区等组成部分。

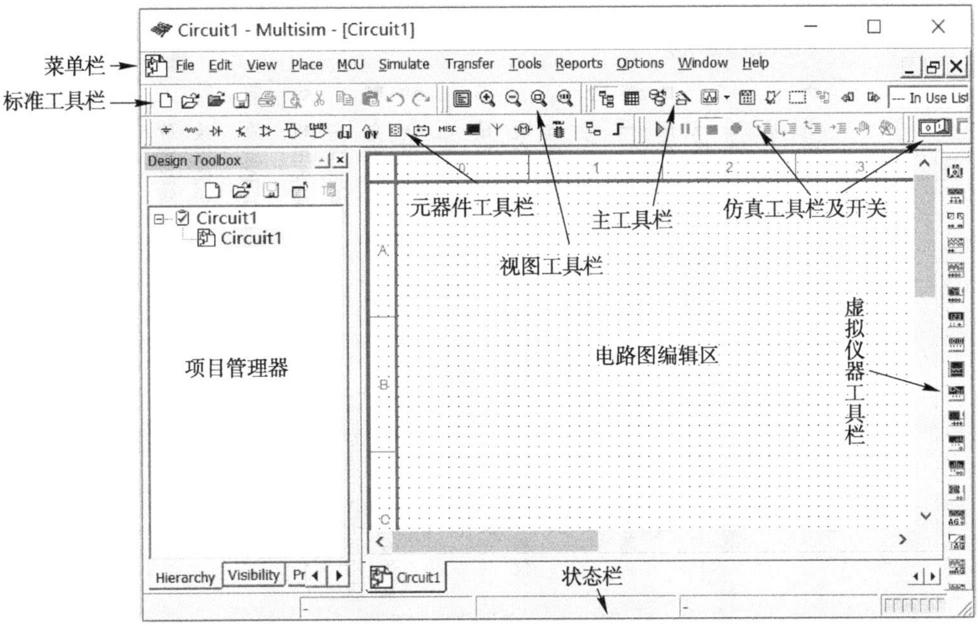

图 4.36　Multisim 10 用户界面

菜单栏与其他 Windows 应用程序相似，如图 4.37 所示。其中，菜单【Options】（选项）下的【Global Preferences】（全局参数）和【Sheet Properties】（图纸属性）可进行个性化界面设置，Multisim 10 提供两套电子元器件符号标准，分别为美国标准即美国国家标准学会（American National Standards Institute，ANSI）标准和欧洲标准即德国标准学会（German Institute for Standardization，DIN），ANSI 为软件中默认的标准，DIN 与中国符号标准一致。

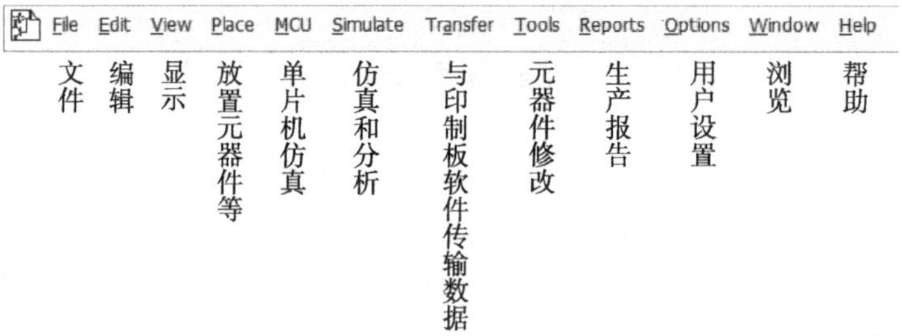

图 4.37 菜单栏

图 4.38、图 4.39 和图 4.40 分别给出了主工具栏及按钮名称译名、元器件工具栏及按钮名称译名、虚拟仪器工具栏及按钮名称译名。

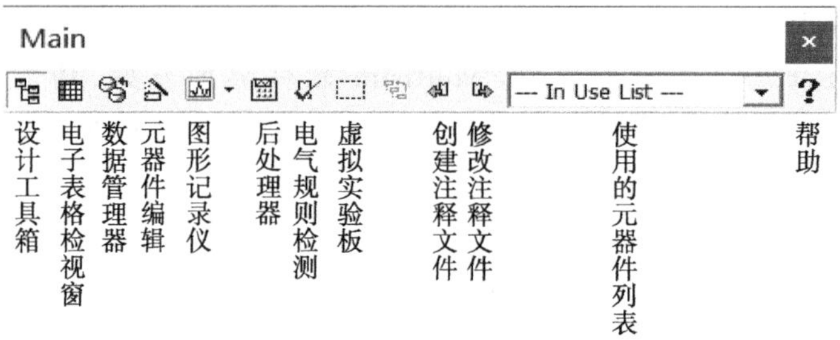

图 4.38 主工具栏

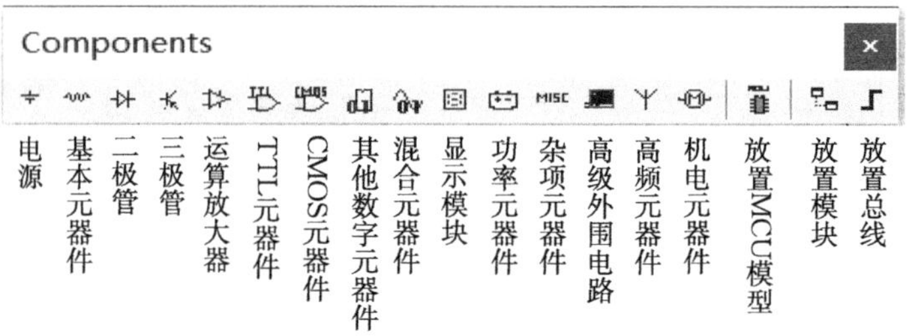

图 4.39 元器件工具栏

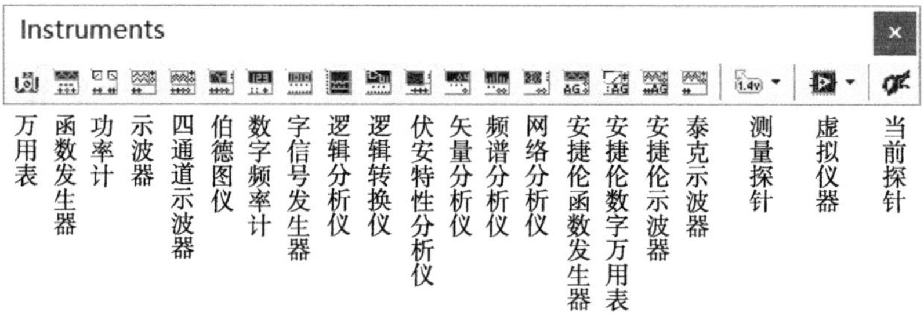

图 4.40 虚拟仪器工具栏

项目管理器位于 Multisim 10 工作界面的左半部分，电路以分层的形式展示，主要用于层次电路的显示，3 个标签为 Hierarchy(层次)、Visibility(布局)和 Project View(工程视图)。其中，Hierarchy 用于对不同电路进行分层显示，单击 New 按钮将生成 Circuit2 电路；Visibility 用于设置显示电路的各种参数标识，如集成电路的引脚名；Project View 用于显示同一电路的不同页。

2. 基本操作

Multisim 10 仿真的基本操作包括建立电路文件、放置元器件和仪器仪表、元器件编辑、连线和调整、电路仿真和输出分析结果等。下面对各种具体操作进行简要介绍。

1)建立电路文件

类似于编写文档，要搭建仿真电路，先要建立空白电路文件(也可以打开原有文件)，具体实现方法有以下几种：

(1)打开 Multisim 10 时自动打开空白电路文件 Circuit1，保存时可以重新命名。

(2)选择菜单【File】(文件)→【New】(新建文件)。

(3)单击标准工具栏 New(新建文件)按钮。

(4)单击快捷键 Ctrl+N。

2)放置元器件和仪器仪表

建立空白电路文件之后，需要根据设计放置虚拟电子元器件和仪器仪表。Multisim 10 的元器件数据库有：主元器件库(Master database)、用户元器件库(User database)和合作元器件库(Corporate database)，后两个库由用户或合作人创建，新安装的 Multisim 10 中这两个数据库是空的。

放置元器件的方法有：

(1)选择菜单【Place】(放置)→【Component】(元器件)。

(2)单击元器件工具栏相应元器件按钮。

(3)在绘图区右击，利用弹出菜单放置。

(4)单击快捷键 Ctrl+W。

放置仪器仪表可以点击虚拟仪器工具栏中的相应按钮，或者使用菜单方式。以晶体管单管共射放大电路放置+12 V 电源为例，点击元器件工具栏 Place Source(放置电源)按钮，得到如图 4.41 所示界面，修改电压值为 12 V(图 4.42)后，点击 OK 即可放置在电路图编辑区。其他元器件及仪器仪表采用相同方法放置，只是选择的工具栏不同。

图 4.43 为放置了元器件和仪器仪表的效果图，其中，左下角是函数信号发生器，右上角是双通道示波器。电子元器件的放置需要提前考虑电路的整体布局，避免由于布局混乱造成后期布线复杂甚至出现错误。

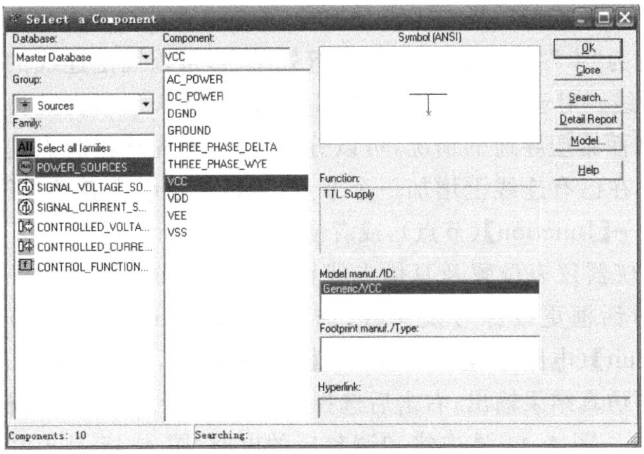

图 4.41　放置电源

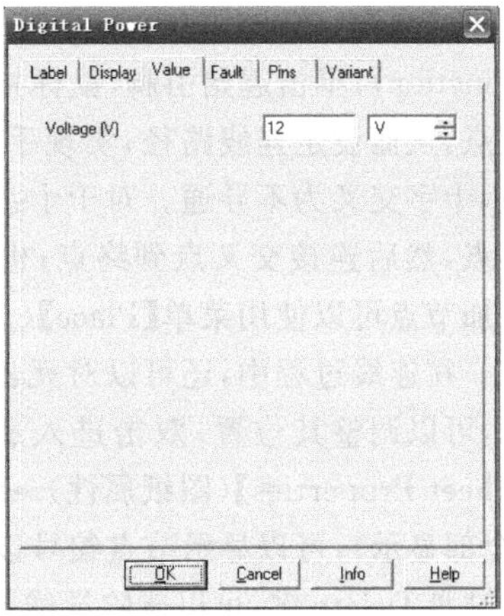

图 4.42　修改电源的电压值

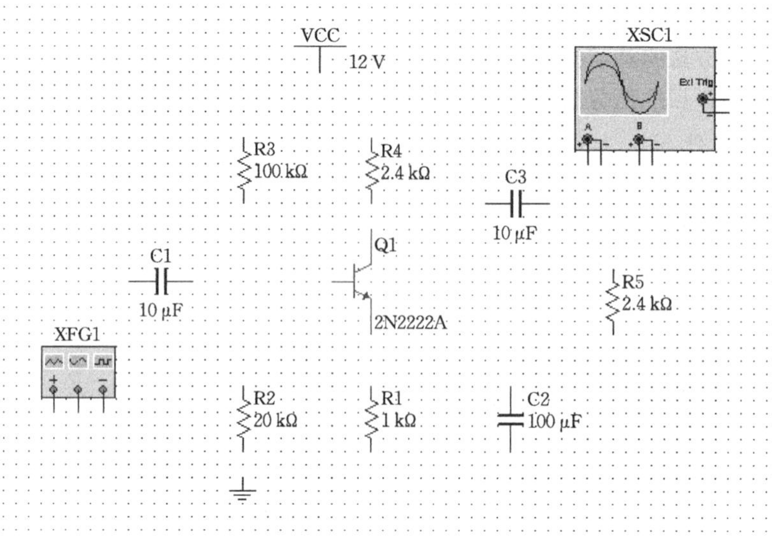

图 4.43 放置了元器件和仪器仪表的效果图

3)元器件编辑

如果放置的元器件无法满足要求,可以重新对其进行参数设置或者编辑修改。双击元器件,弹出相关对话框,选项卡包括:①标签(Label),即 RefDes 编号,由系统自动分配,可以修改,但须保证编号的唯一性;②显示(Display);③数值(Value);④故障设置(Fault),包括漏电(leakage)、短路(short)、开路(open)或无故障(none);⑤引脚(Pins),包括各引脚编号、类型和电气状态。

对于特殊要求,可以用元器件向导(Component Wizard)编辑自己的元器件,一般是在已有元器件基础上进行编辑和修改。方法是:选择菜单【Tools】(工具)→【Component Wizard】(元器件创建向导),按照规定步骤进行编辑,编辑生成的元器件放置在用户元器件库(User Database)中。

4)连线和调整

元器件和仪器仪表放置完成后,需要进行引脚、端口之间的连线,最终形成完整的仿真电路。连线分为自动和手动两种方式。单击起始引脚,鼠标指针变为"十"字形,移动鼠标至目标引脚或导线,单击,则自动连线完成,当导线连接后呈现丁字交叉时,系统自动在交叉点放节点(junction);单击起始引脚,鼠标指针变为"十"字形后,在需要拐弯处单击,可以固定连线的拐弯点,从而设定连线路径,实现手动连线。对于连线交叉点,Multisim 10 默认丁字交叉为导通,十字交叉为不导通。对于十字交叉而希望导通的情况,可以分段连线,即先连接起点到交叉点,然后连接交叉点到终点;也可以在已有连线上增加一个节点,从该节点引出新的连线。添加节点可以使用菜单【Place】(放置)→【Junction】(节点),或者使用快捷键 Ctrl+J。

在连线过程中,还可以对元器件、仪器仪表位置及具体走线作进一步调整。单击选中目标,可以调整其位置;双击进入属性对话框更改标号及参数;选择菜单【Options】(选项)→【Sheet Properties】(图纸属性)→【Circuit】(电路)→【Net Names】(网络名称),选择 Show All(全部显示),可以显示节点编号以方便仿真结果输出;右击后选择 Delete,或者点击选中目标,按键盘 Delete 键,可以删除导线或节点。图 4.44 是连线和调整后的电路,图 4.45 是与之对应的显示节点编号的电路。

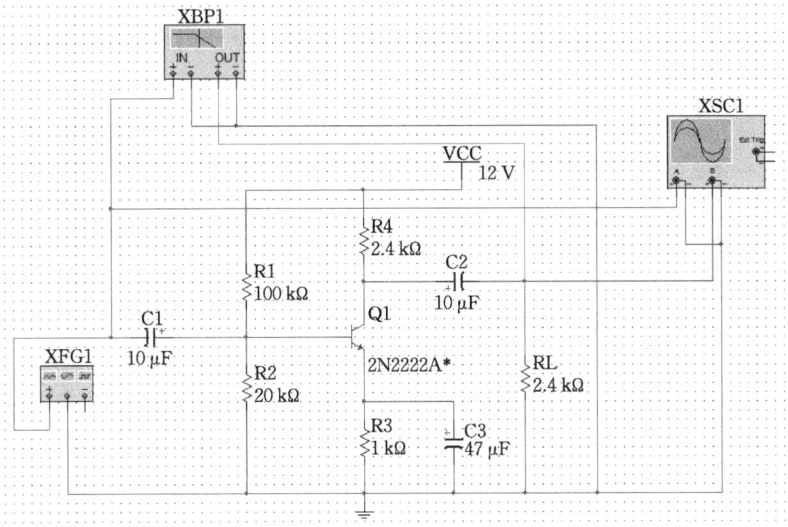

图 4.44　连线和调整后的电路

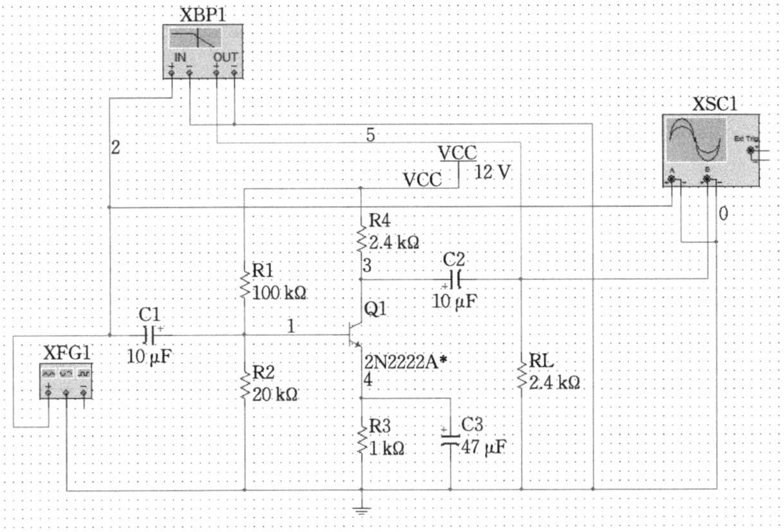

图 4.45　显示节点编号的电路

5)电路仿真

连线完成后,可以对电路进行仿真。按下仿真开关,电路开始工作,Multisim 10 界面的状态栏右端出现仿真状态指示,双击虚拟仪器,进行仪器设置,在仪表盘上读取仿真结果。图 4.46 是示波器界面,双击示波器,进行仪器设置,可以点击 Reverse(反转)按钮将其背景反色,使用两个测量标尺,显示区给出对应时间及该时间的电压波形幅值,也可以用测量标尺测量信号周期。

4.3.2　Protel DXP

Protel DXP 是一款基于 Windows NT 和 Windows XP 的全 32 位电子设计系统,为用户提供从概念到最终电路板的一套完全集成设计环境。Protel DXP 中所有工具需要在设计探索者(Design Explorer)中运行,启动 Protel DXP,将呈现原理图、印制电路板、电路仿真等设计工具。本节主要介绍较常用的原理图建立和印制电路板设计内容,具体包括项目创建、原理图绘制和印制电路板绘制。

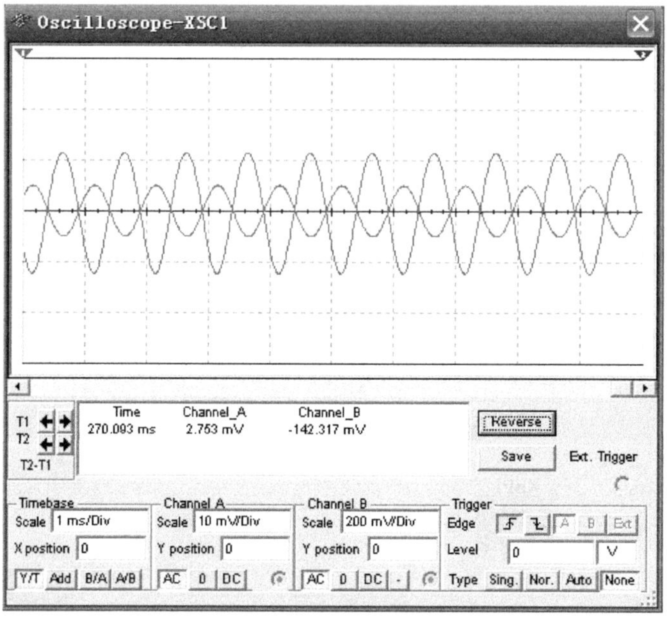

图 4.46 示波器界面

1. 项目创建

软件安装后,要启动 Protel 并打开设计探索者,可以从 Windows【开始】菜单选择 Protel DXP,也可以点击桌面快捷方式。打开 Protel DXP 后,将显示最常用的初始任务以方便选择,如图 4.47 所示。下面从新项目创建入手,简要介绍 Protel DXP 的基本操作。

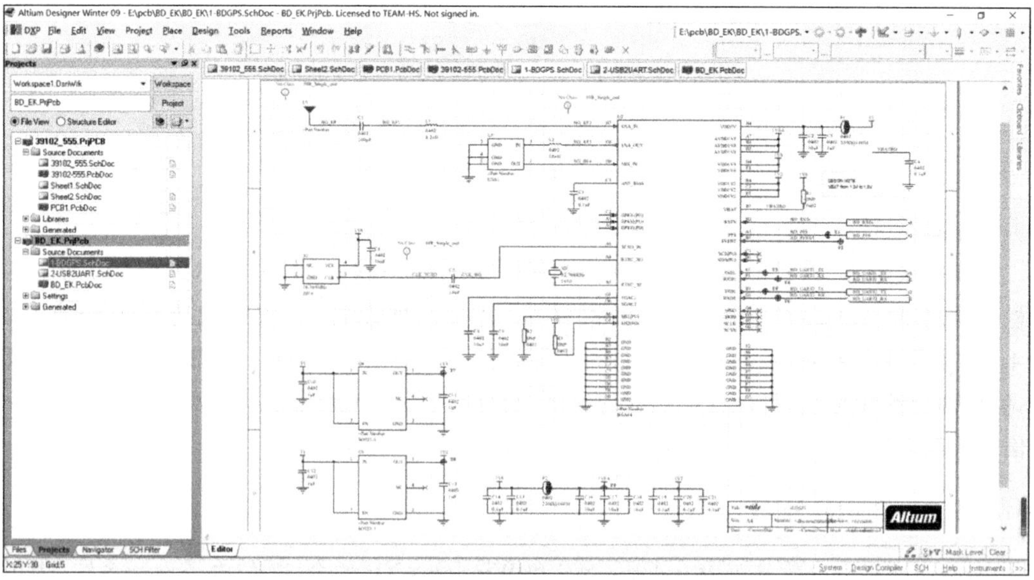

图 4.47 Protel DXP 界面

Protel DXP 中的项目包括所有文件夹的连接和与设计有关的设置，就像一间可以添置各种家具、家电的房子，在软件中可以添加各种设计文件，如元器件库、原理图、印制电路板等。一般来说，一个设计文件对应一个项目，如 ×××.PrjPCB 是一个 ASCII 文本文件，用于列出项目中的文件以及有关输出的配置。与原理图图纸和目标输出相关的连接，如印制电路板、现场可编程门阵列（FPGA）、VHDL 代码或库封装等，将添加到项目中，一旦项目被编辑，项目中原始印制电路板或原理图的任何修改都会被更新。

创建一个新项目的步骤对各种类型项目都是相同的。以印制电路板（PCB）项目为例，先要创建一个项目文件，如图 4.48 所示，点击菜单【File】（文件）→【New】（新建文件）→【Project】（工程）→【PCB Project】（印制电路板工程）。新项目创建完成后，新项目文件 PCB Project1.PrjPCB 与 No Documents Added（未添加文件）文件夹同时出现，如图 4.49 所示。

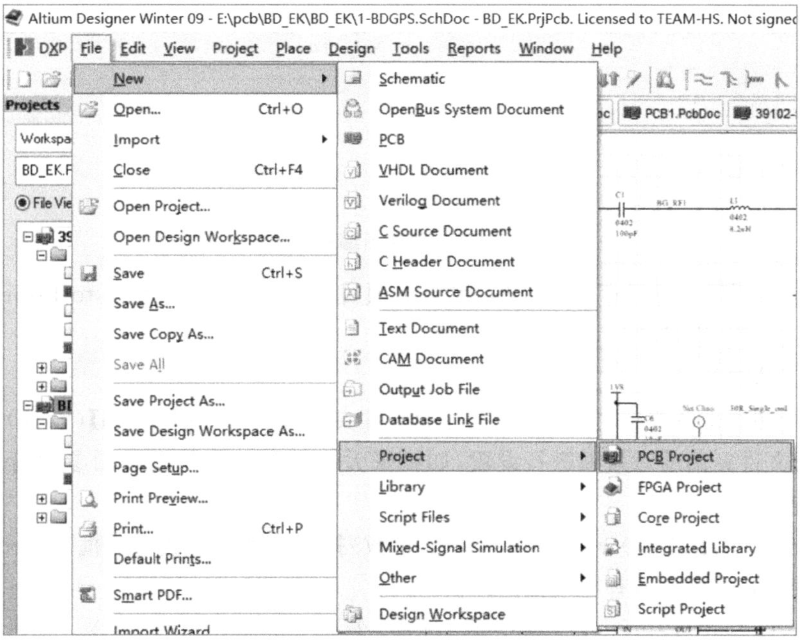

图 4.48　PCB 项目创建方法

图 4.49　PCB 项目创建完成界面

PCB Project1.PrjPCB 为默认文件名，可以通过选择【File】（文件）→【Save Project As】（工程保存为）将新项目重命名，在文件名栏里输入需要保存的文件名，并指定保存位置，点击 Save 即可。

2. 原理图绘制

1）原理图图纸创建

新项目中尚不存在任何设计文件，需要创建一个原理图并添加到空项目文件。要创建一个新原理图图纸，按照以下步骤来完成：

(1)选择【File】(文件)→【New】(新建文件)并点击 Schematic Sheet(原理图)。一个名为 Sheet1. SchDoc 的原理图图纸出现在设计窗口中，并且原理图文件夹也自动添加(连接)到项目。这个原理图图纸出现在 Projects(工程)标签中紧靠项目名称的 Schematic Sheet 文件夹下。

(2)通过选择【File】(文件)→【Save As】(保存为)将新原理图图纸重命名(扩展名为 *. SchDoc)。指定原理图保存位置，在文件名栏输入需要保存的文件名，并点击 Save。

(3)当空白原理图图纸打开后，工作区也会发生变化，主工具栏增加了一组新按钮，新工具栏出现，并且菜单栏增加了新菜单项，也就是说，现在处于原理图编辑环境中，如图 4.50 所示。

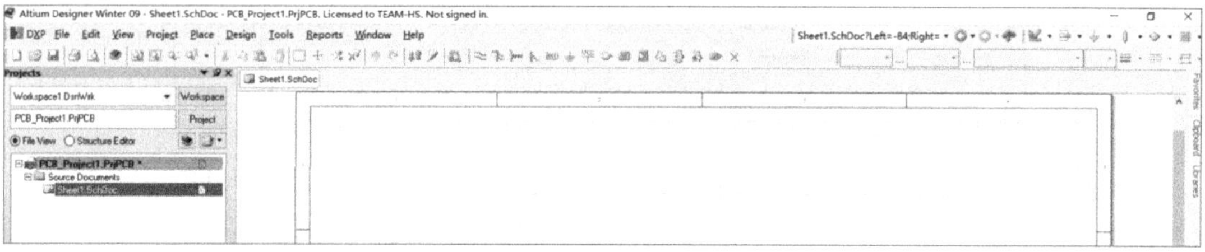

图 4.50 原理图编辑环境

注意：如果原理图已经存在，可以右键点击项目，选择 Add Existing to Project(添加已经存在的文件到工程)直接添加原理图。

2)原理图选项设置

在开始绘制原理图之前，需要设置正确的文件夹选项。选择【Design】(设计)→【Options】(选项)，打开文件夹选项对话框进行设置，如纸张大小等。一般的原理图参数可以在【Tools】(工具)中设置：

(1)选择【Tools】(工具)→【Preferences】(参数)打开原理图参数对话框。这个对话框允许设置全部参数，并应用到所有原理图图纸。

(2)点击 Default Primitives(默认值)标签，勾选 Permanent(永久)。点击 OK 关闭对话框。

(3)在开始绘制原理图之前，保存这个原理图图纸，选择【File】(文件)→【Save】(保存)。

3)放置元器件

准备工作完成后，就可以绘制原理图了。下面以图 4.51 所示的电路为例进行介绍。

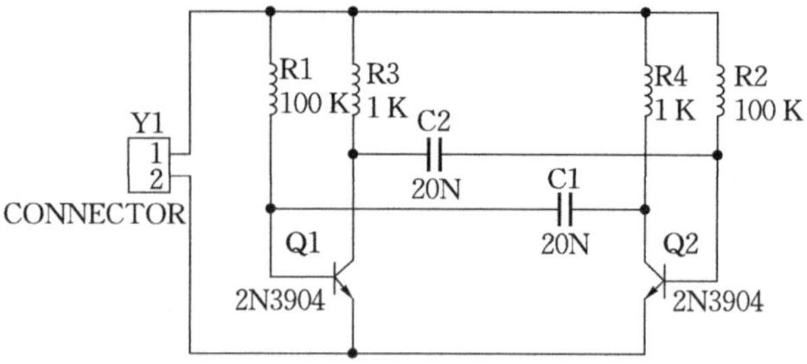

图 4.51 原理图草图

Protel DXP 中包含很多元器件库，管理数以千计的原理图符号。为了便于查找，原理图编辑器提供了强大的库搜索功能。虽然库文件已经随软件安装，但是在许多情况下仍需手动添加。以晶体管 2N3904 为例，可以通过以下步骤来定位并添加电路所要用到的库：

(1)点击 Libraries(库)标签，显示 Libraries(库)面板。

(2)点击 Search(查找)按钮，或选择【Tools】(工具)→【Find Component】(查找元器件)，打开查找库对话框。

(3)确认 Scope(范围)被设置为 Libraries on Path(路径上的库)，并且路径区含有指向目标库的正确路径。如果接受安装过程中的默认目录，路径中会显示 C:\Program Files\Altium\Library\。确认 Include Subdirectories(包含子目录)未被勾选。

(4)查找所有与 3904 有关的元器件，在 Search Criteria(查找索引)单元的 Name 文本框内输入*3904*。

(5)点击 Search(查找)按钮开始查找，如果输入的规则正确，将在查找库对话框中显示找到的库。

(6)点击 Miscellaneous Devices. IntLib 库。

(7)点击 Install Library(安装库)按钮使该库在原理图中可用。

(8)关闭查找库对话框。

类似地，电阻、电容也在该库中。如果需要初始化其他库，方法相同。接下来，可以放置元器件，步骤如下：

(1)选择【View】(视图)→【Fit Document】(放大到整个文档)，确认原理图图纸显示在整个窗口中。

(2)点击 Libraries(库)标签，显示 Libraries(库)面板，点击 Miscellaneous Devices. IntLib 库使其成为当前库。

(3)使用过滤器快速定位需要的元器件，默认通配符(*)将列出在库中找到的所有元器件，在库名下的过滤器栏内输入*3904*设置过滤器。

(4)在列表中点击 2N3904，然后点击 Place(放置)按钮，或直接双击元器件名。

(5)光标将变成“十”字状，并且在光标上悬浮着一个晶体管轮廓，此时处于元器件放置状态，移动光标，晶体管轮廓也会随之移动。

(6)在晶体管轮廓悬浮在光标上时，按 TAB 键打开元器件属性对话框，并设置元器件序号、对应封装等。相应的序号、封装等，在后期也可以更改。

(7)移动光标(附有晶体管符号)到图纸中间偏左一点的位置，按 X 键、空格键可以进行元器件符号镜像或旋转，左击或按 Enter 键将晶体管放在原理图上。

(8)移动光标，会发现晶体管的一个复制品已经放在原理图图纸上了，而光标仍处于元器件放置状态，这是由于 Protel DXP 允许依次放置多个相同型号的元器件而不需要重新选择。如果第二个元器件与第一个属性不同，也可以按照前述方法编辑，在默认设置中，Protel DXP 会自动增加一个元器件序号值。

(9)放置完毕后，右击鼠标或按 ESC 键退出元器件放置状态，光标则恢复为标准箭头。

按照上述方法，依次放置电阻、电容和连接器，就可以得到如图 4.52 所示的原理图。

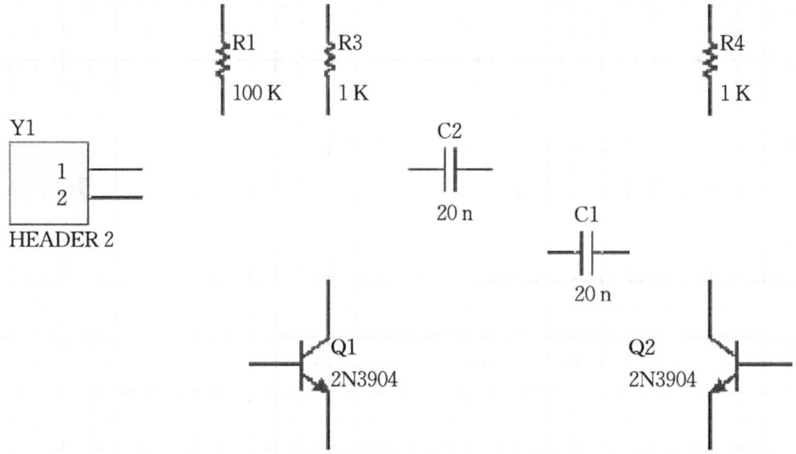

图 4.52 放置元器件后的原理图

4)电路连接

连线在电路中起到在各种元器件之间建立连接的作用。要在原理图中连线,可以参照以下步骤进行:

(1)确认原理图图纸有一个好的视图,选择【View】(视图)→【Fit All Objects】(应用到全部对象)。

(2)将电阻 R1 与晶体管 Q1 的基极连接起来,选择【Place】(放置)→【Wire】(连线)或从 Wiring Tools(连线工具)工具栏点击 Wire(连线)按钮进入连线模式,光标变为"十"字形状。

(3)将光标放在 R1 的下端。当放对位置时,一个红色的连接标记(大的星形标记)会出现在光标处,这表示光标在元器件的一个电气连接点上。

(4)左击或按 Enter 键固定第一个导线点,移动光标会发现一根导线从光标处延伸到固定点。

(5)将光标移到 R1 下边 Q1 的基极的水平位置上,左击或按 Enter 键在该点固定导线,则第一个和第二个固定点之间的导线就放好了。

(6)将光标移到 Q1 的基极上,光标变为一个红色连接标记,左击或按 Enter 键连接到 Q1 的基极。

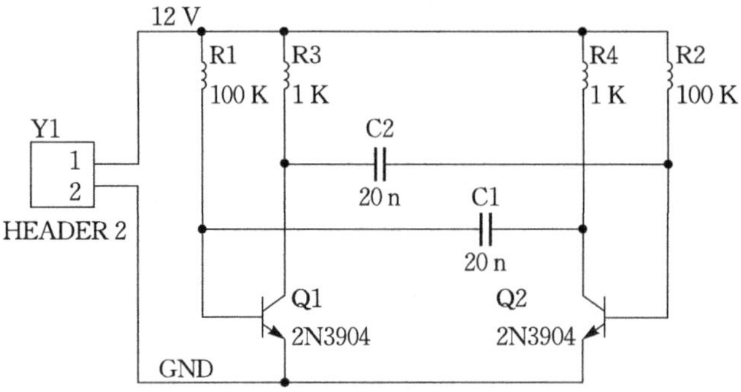

图 4.53 完成连线的原理图

(7)右击或按 ESC 键退出,完成本段导线放置。

此时,光标仍然为"十"字形状,表示还放置其他导线。要完全退出放置模式并恢复箭头光标,需要再一次右击或按 ESC 键。若有很多元器件需要连接,不需要完全退出,可以按照上述方法完成所有连线。连接好的原理图如图 4.53 所示。

5)网络与网络标签

一组彼此连接在一起的元器件引脚称为网络(net)。例如,一个网络包括 Q1 的基极、R1 的一个引脚和 C1 的一个引脚。原理图中的"12 V"(电源)和"GND"(接地)标识,其实就是网络标签。网络标签可以通过下面步骤实现:

(1)选择【Place】(放置)→【Net Label】(网络标签),一个虚线框将悬浮在光标上。

(2)在放置网络标签之前应先编辑,按 Tab 键显示网络标签对话框。

(3)在 Net 栏输入 12 V,点击 OK 关闭对话框。

(4)将该网络标签放在原理图上,使该网络标签的左下角与最上边的导线靠在一起。

(5)放完第一个网络标签后,仍然处于网络标签放置模式,在放第二个网络标签之前按 Tab 键进行编辑。

(6)在 Net 栏输入 GND,点击 OK 关闭对话框并放置网络标签。

(7)选择【File】(文件)→【Save】(保存)保存电路。

到此,一张完整的原理图就画完了,在将其转化为电路板之前,需要进行错误规则检查、连接矩阵、比较设置、ECO(优化)启动、输出路径、网络选项等相关操作设置。由于本书主要针对接收机模块级检修,重点培养读图识图的能力,这些操作不再介绍。

3. PCB 绘制

原理图可以理解成一种概念图,它只是描述了元器件之间的连接关系,对于元器件的尺寸、摆放位置等没有具体要求。把原理图转化成与实际焊接的电路板一致的电路图,还需要根据原理图以及元器件封装等绘制印制电路板(PCB)图纸。

1)PCB 文件创建

将设计文件从原理图编辑器转换到 PCB 编辑器之前,需要创建一个空白 PCB 文件。在 Protel DXP 中创建一个新 PCB 文件的最简单方法是使用 PCB 向导,在此基础上,可以自定义板子的尺寸,也可以使用 Back 按钮来检查或修改以前的内容。主要步骤如下:

(1)在 Files(文件)标签底部的 New from Template(根据样板新建)单元点击 PCB Board Wizard(印制电路板创建向导)创建新 PCB 文件。如果这个选项没有显示在屏幕上,可以点向上的箭头图标关闭一些单元。

(2)PCB Board Wizard(印制电路板创建向导)打开后,先显示介绍页,点击 Next。

(3)设置度量单位为英制(Imperial)单位,1 000 mils =1 inch,点击 Next。

(4)选择要使用的板子轮廓,在本书中使用自定义的板子尺寸,从板子轮廓列表中选择 Custom(自定义),点击 Next。

(5)进入自定义板选项,选择 Rectangular(矩形)并在 Width(宽)和 Height(高)栏输入 2 000,取消选择 Title Block & Scale(标题栏和比例)、Legend String(图例字符串)和 Dimension Lines(尺寸线)以及 Corner Cutoff(四角裁剪)和 Inner Cutoff(内部裁剪),点击 Next。

(6)设置板子的层数时,默认设置两个 signal layers(信号层)和两个 power planes(电源层),具体可根据需要增加或减少,点击 Next。

(7)在设计中使用的过孔(via)样式选择 Through-hole vias only(仅贯穿性过孔),点击 Next。

(8)设置元器件/导线的技术(布线)选取项时,选择 Through-hole components(贯穿性元器件)选项,将相邻焊盘间的导线数设为 One Track(单路径),点击 Next。

(9)设置一些应用到板子上的设计规则,设为默认值,点击 Next。

(10)将自定义的板子保存为模板,则可以按输入规则来创建新的板子;如果不想将该板子保存为模板,确认该选项未被选择,然后点击 Finish 关闭向导。

(11)PCB 向导创建新板子后,PCB 编辑器将显示一个名为 PCB1. PcbDoc 的新 PCB 文件。

(12)PCB 文件显示的是一个默认尺寸的白色图纸和一个空白的板子形状(带栅格的黑色区域,如图 4.54 所示)。如果要关闭图纸,选择【Design】(设计)→【Options】(选项),在电路板选项对话框取消选择 Design Sheet(设计图纸)。

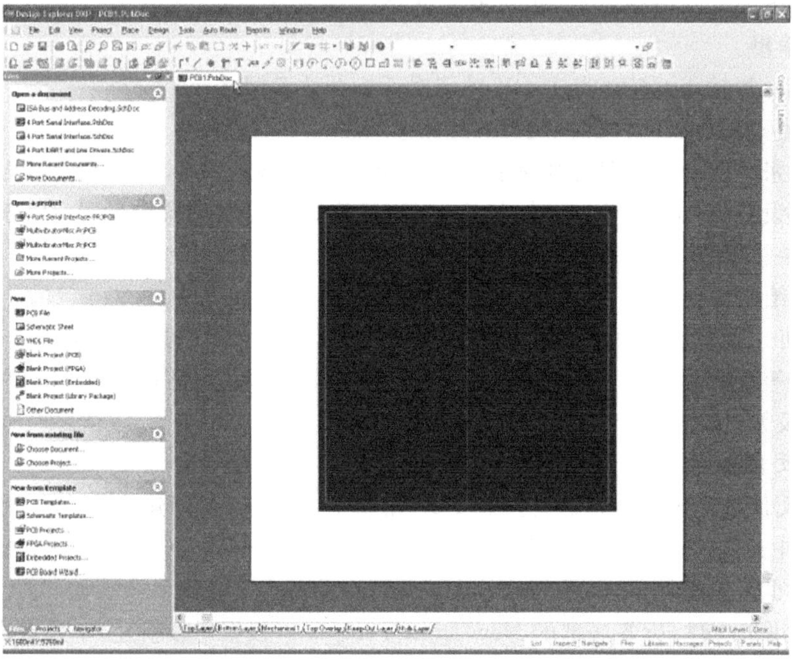

图 4.54 自定义空白 PCB 图纸

(13)图纸关闭后,选择【View】(视图)→【Fit Board】(将电路板显示到整个窗口),只显示板子形状。

(14)PCB 文件会自动添加(连接)到项目,并在 Projects(工程)标签中紧靠项目名称下面位置显示。

(15)选择【File】(文件)→【Save As】(保存为)将新 PCB 文件重命名(用 *. PcbDoc 作为扩展名),指定保存位置,在文件名栏里输入新文件名,并点击 Save。

注意:如果要添加到项目的 PCB 文件是以自由文件打开的,可以在 Projects(工程)标签的 Free Documents(自由文件)单元右击 PCB 文件,选择 Add to Project(添加到工程)将 PCB 文件连接到项目文件。

2)信息导入更新

将原理图信息转换到新空白 PCB 之前,需要确认与原理图和 PCB 关联的所有库均可用。在本书中,只用到默认安装的集成元器件库,所有封装也已经包括在内,只要项目已经编辑过,并且在原理图中的任何错误均已修复,那么使用 Update PCB 命令来启动 ECO 优化即可将原理图信息转换到目标 PCB。

将项目中的原理图信息发送到目标 PCB，可以通过以下步骤完成：

(1)在原理图编辑器选择【Design】(设计)→【Update PCB】(更新印制电路板)，工程变更命令(Engineering Change Order，ECO)对话框出现。

(2)点击 Validate Changes(更改生效)，如果所有的改变均有效，检查结果将出现在状态列表中；如果改变无效，关闭对话框，对照 Messages 面板所显示的信息并清除所有错误后，重复步骤(2)。

(3)点击 Execute Changes(执行更新)，将改变发送到 PCB，完成后，状态变为完成(Done)。

(4)点击 Close，目标 PCB 打开，原理图中的元器件出现在板子上，即完成元器件导入。

3)PCB 设计

元器件导入 PCB 文件后，就可以进行板上布线了。当然，布线之前还需要对 PCB 工作区进行设置，如栅格、层和设计规则。

在开始定位元器件之前，需要确认栅格设置正确。放置在 PCB 工作区的所有对象均排列在捕获栅格(snap grid)上，栅格设置要适合所对应的布线技术。本书电路用的是标准英制元器件，其最小引脚间距为 100 mil，所以，捕获栅格可以设定为 100 mil 的一个平均分数，如 50 mil 或 25 mil，这样所有的元器件引脚在放置时均将落在栅格点上。当然，板子上的导线宽度和间距分别是 12 mil 和 13 mil(PCB 板向导使用的默认值)，平行导线的中心之间允许的最小值为 25 mil，所以最合适的捕获栅格为 25 mil。捕获栅格设置可以通过以下步骤完成：

(1)选择【Design】(设计)→【Options】(选项)，打开 Board Options(电路板选项)对话框。

(2)在 Grids 标签中，将 Snap X、Snap Y、Component X 和 Component Y 栏的值设为 25 mil，点击 OK 关闭对话框。

PCB 编辑器是一个多层环境，在工作区的底部有一系列层标签，绘制过程中需要进行层切换操作，如元器件要摆在底层，则该元器件就要相应地设置在底层上，切换至哪一层，所画的连线也对应哪一层。使用 Board Layers(板层)对话框可以显示、添加、删除、重命名及设置层的颜色。

在 PCB 编辑器中有三种类型的层，即电气层、机械层和特殊层。其中，电气层包括 32 个信号层和 16 个平面层，在板层管理器中添加或移除电气层，选择【Design】(设计)→【Layer Stack Manager】(层叠管理)显示该对话框；机械层有 16 个不同用途的机械层，用来定义板轮廓、放置厚度，包括制造说明或其他设计需要的机械说明，这些层在打印和底片文件生成时都是可选择的，在 Board Layers 对话框可以添加、移除和命名机械层；特殊层包括顶层和底层丝印层、阻焊和助焊层、钻孔层、禁止布线层(用于定义电气边界)、多层(用于多层焊盘和过孔)、连接层、DRC 错误层、栅格层和孔层，可以在 Board Layers 对话框中控制这些特殊层的显示。

本书主要涉及维修基础中的读图识图，相关规则不作过多介绍，如果感兴趣或需要继续学习，可以网上查找相关资料。下面只介绍与 PCB 绘制直接相关的内容。

4)元器件放置

完成上述操作后，可以通过以下步骤摆放元器件：

(1)按快捷键 V、D 显示整个板子和所有元器件。

(2)放置连接器 Y1，将光标放在连接器轮廓的中部上方，按下鼠标左键不放，光标会变成一个“十”字形状并跳到元器件的参考点。

(3)不要松开鼠标左键，移动鼠标拖动元器件。拖动元器件时，按下空格键将其旋转 90°，然后将其定位在板子左边(确认整个元器件仍然在板子边界以内)，如图 4.55 所示。

(4)元器件定位好后，松开鼠标将其放下(飞线标识元器件连接关系，连线后自动消失)。

(5)放置其余元器件，当拖动元器件时，可以使用空格键来旋转元器件，这样有利于后期布线。

同样，元器件标识文字可以用同样的方式来重新定位。Protel DXP 具有强大而灵活的放置工具，使用这些工具可以保证四个电阻等间隔对齐放置，步骤如下：

(1)按住 Shift 键，左击选择每一个电阻。

(2)点击元器件放置工具中的 Align Tops of Selected Components(选定元器件顶部对齐)按钮，使四个电阻的上边对齐。

(3)点击元器件放置工具中的 Make Horizontal Spacing of Selected Components Equal (选定元器件水平等距排列)按钮。

(4)在设计窗口的其他任何地方点击，取消选择所有的电阻，四个电阻就放置好了。

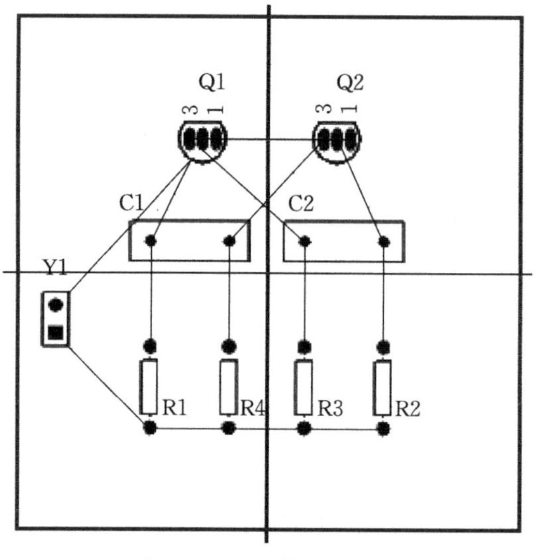

图 4.55 元器件摆放示例

5)布线

元器件放置好后，接下来就要布线了。布线分为手工和自动两种方式，这里主要介绍手工布线。由于例子中元器件连线很少，只需要在一面布线即可，并且不会产生交叉。在 Protel DXP 中，PCB 的导线是由一系列直线段组成的，每次方向改变时，都会产生新的导线段。在默认情况下，Protel DXP 初始时会使导线走向为垂直、水平或 45°角，该操作可以根据需要自定义。

下面通过默认设置进行单面板(底层)布线：

(1)检查工作区底部的层标签，确保 BottomLayer(底层)标签被激活。

(2)选择【Place】(放置)→【Interactive Routing】(交叉布线)或点击 Placement(放置)工具栏中的 Interactive Routing(交叉布线)按钮，光标变成“十”字形状，表示处于导线放置模式。

(3)将光标放在连接器 Y1 的最下面一个焊盘上，左击或按 Enter 键固定导线的第一个点。

(4)移动光标到电阻 R1 的下面一个焊盘，在接近焊盘中心位置时会出现圆环，此时点击左键，即可完成第一段导线绘制。

(5)光标仍处于导线放置模式，可以按照上述步骤继续绘制后面电阻之间的导线。

(6)完成第一个网络的布线后，右击或按 ESC 键表示已完成一条导线的放置，光标仍处于导线放置模式，再次右击将退出。

按上述步骤完成板子上剩余的布线，图 4.56 显示了手工布线的板子。

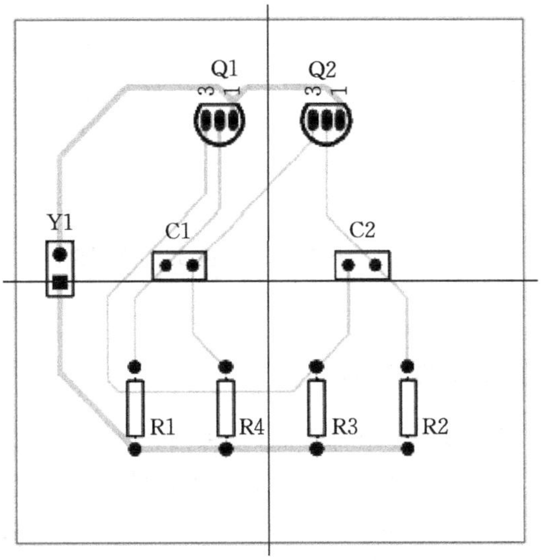

图 4.56　手工布线后的电路

注意：按空格键可以切换放置导线的垂直、水平和 45°角模式；在任何时候按 Page Up 和 Page Down 键，会以光标位置为中心放大或缩小；完成放置导线后或想要开始一条新导线时右击或按 ESC 键；要删除一条导线段，左击选择，按 Delete 键删除被选择的导线段。

通过上述设置和操作，就完成了一张简单 PCB 图纸的绘制。Protel DXP 功能强大，还包含元器件库创建编辑、图纸打印、电路仿真等功能，规则及参数设置众多。本书只介绍了部分典型常用操作，如想了解更多内容，可以查找详细手册进行学习。

第5章　接收机常见故障检修

接收机是精密的电子设备，对环境和使用要求高，易损坏，特别在战时恶劣条件下更是如此。随着我军信息化建设的发展，接收机的数量越来越多，作用和地位越来越突出，设备的维修保障是充分发挥设备效能的一个重要环节。本章从接收机的常见故障原因入手，介绍故障诊断的基本原理，以及接收机故障定位和模块级故障检测方法。

本章所涉及的实例以某一厂家的手持型接收机为主，所介绍的故障特性、成因和检修基本方法具有一般性，其他厂家的设备也是类似的。但要注意不同厂家设备中模块的一些区别，如机械结构、模块的划分、接口方式和引脚定义、电气特性等，对于不同的机型需要查阅对应文档资料，切不可张冠李戴。

5.1　故障成因与诊断

5.1.1　电路检测的基本要求和方法

接收机对使用者和使用环境的要求都很高，多种因素如温度、湿度、静电、电磁干扰、不当操作等都可能影响设备正常工作。这些影响有些是可逆的，将其排除后，设备即可恢复正常，如一般的电磁干扰等；有些影响是不可逆的，即将其排除后，设备性能可能降低，甚至设备发生损坏，如温度的影响。因此，从设备维修的角度出发，有必要对常见的故障原因进行分类分析。

1. 环境因素对设备的影响

1)环境影响与三防

电子设备的使用环境会对电子设备的使用寿命和稳定性产生重大的影响。在诸多环境因素中，潮湿、盐雾和霉菌直接威胁着电子产品的使用和储存寿命。航天、航空、航海、通信、电力等军事和民用领域内，所有长时间在户外特别是潮湿环境下工作的电子设备，由于其使用环境的特殊性更容易受到上述因素的影响。

据统计，战斗中使用的电信器材有50%的损坏是由于环境、气候引起的腐蚀、霉变等因素造成的，而存放在库房中的产品损坏率也高达60%。1971年美国对机载电子设备故障进行了分析研究，发现50%以上的故障与周边环境因素有关，电子设备的失效有20%以上是由腐蚀引起的，每年由于电路板受到腐蚀而造成的损失高达700亿美元。

在我国，导弹等武器装备在南方湿热地区储存的故障率高，而机载、舰载及沿海和海岛用的电子设备若三防(防湿热、防盐雾、防霉菌)性能差，则会导致战术技术性能指标下降以致失效，进而影响武器装备效能发挥。

由此可见，电子设备，特别是军用电子设备，在高湿热、高盐雾、易霉变的条件下，部件及电路容易受到腐蚀，从而造成绝缘电阻下降，信号传输失真，可靠性降低，最终导致设备失效，处理不当则会对军事和经济造成巨大损失。

2)温湿度对设备的影响

环境的温度和湿度对电子设备正常工作有着重要的影响。一般地，电子元器件的失效率随温度的升高而升高且随结温的升高呈指数函数增加，因此，对于处在较高温度下工作的电子设备，其元器件通常会提前失效，从而导致电子设备的可靠性降低。

半导体器件在工作时会产生热量，如果不能及时有效地散热，其结温就会升高，从而使穿透电流和电流倍数增大，这又会使温度进一步升高。若散热条件不佳，如此循环会引起热击穿，从而造成半导体器件的损坏。下面简要介绍温度对不同电子元器件性能的影响机理。

电阻在高温环境条件下使用时，由于散热困难，其额定功率下降。例如，RTX 型碳膜电阻，当其环境温度为 40℃时，允许使用的功率为标称值的 100%；当环境温度增至 100℃时，允许使用的功率为标称值的 20%；而且温度每升高或降低 10℃，其电阻值的精度大约变化 1%。

温度对电容器的影响主要是使电容器使用寿命缩短，其次是引起容量、功率因数等参数变化。在高温状态下，电解电容器的电解质中的水分易蒸发，氧化膜性能易变坏。在超过规定温度工作时，温度每增加 10℃，其使用寿命将减少 50%。

绝缘材料包括印制电路板、导线和信号线的包封等，通常希望其绝缘电阻越高越好，但高温会使介质的绝缘强度降低。此外，高温还会导致印制电路板变形翘曲(甚至局部碳化)，印制电路板上的铜箔粘贴强度降低甚至剥离，加速插头和插座金属簧片的腐蚀。

此外，过度的温度变化可引起不同设备内不同材质器件的过度膨胀或收缩。由于各部分材质的膨胀系数不同，因此器件易发生开裂而损毁。

从模拟电路和数字电路的角度分析，温度对两类电路特性的影响不同。对于模拟电路，温度的影响时刻都会体现在电路的输入输出中，因此其对电路特性的影响是渐变的、实时的，直至整个电路不能正常工作；而数字电路随温度的变化其性能是突变的，这是由于数字电路具有一定的容忍范围，小范围的温度变化对电路造成的影响不会立即体现在电路输入输出中。当温度超过电路容忍范围后，器件失效，电路输出将立即出现错误。

按照可正常工作的温度范围，电子设备一般可划分为宇航级、军用级、汽车级、工业级、商业级等，其中宇航级主要增加了高能粒子对器件的影响。电子设备在设计制造时一般都有严格的热设计，在正常的环境温度下可长时间稳定运行。在设计电路，特别是宽温电路设计中，为抵消或减小温度变化对电路性能的影响，除了选用温度范围宽的器件外，一般会在电路中设计相应的温度补偿电路模块。

作为精密电子设备，接收机也对环境温度有相应的要求(可参照设备使用手册)，如工作温度为－20℃～55℃等。一般而言，设备的存储温度范围要比工作温度范围宽一些，这是因为电子设备在工作时所消耗的电能，最终都转换为热能，使设备的温度上升，因此在设备工作时要有合适的环境温度和通风散热条件。产生较多热量的电子设备内部一般都安装了冷却风扇，用以强制空气对流，及时将热量排出机外。为了防尘，有的设备在进风口增加了过滤器，如果风扇损坏或过滤器堵塞，风冷循环就会停止或减弱，导致机内温度升高。因此应定期清洁过滤器，时常检查风扇的运转情况。

除了温度外，空气湿度也是影响设备工作的一个重要因素。空气湿度即空气的潮湿程度，一般以相对湿度度量。相对湿度用 RH 表示，其定义为单位体积空气内实际所含的水汽密度 d_1 和同温度下饱和水汽密度 d_2 的百分比，即 $RH=(d_1/d_2)\times100\%$，或实际的空气水汽压强 P_1 和同温度下饱和水汽压强 P_2 的百分比，即 $RH=(P_1/P_2)\times100\%$。相对湿度可用干湿球温度表或毛发湿度计测得。

空气的相对湿度与温度有关。在绝对湿度不变的情况下，相对湿度随温度升高而降低，随温度降低而升高。相对湿度越高，水汽在设备或电介质表面形成的水膜越厚，可形成导电通路，严重降低电路的可靠性，并加剧设备的腐蚀。相对湿度越低，也就是越干燥，外部环境越容易积累静电，所产生的静电电压越高，越容易造成设备损坏。

此外，温度的变化可引起设备的“呼吸”效应。温度降低时，设备内空气收缩，外界气体进入，水汽在设备内凝结；温度升高时，空气受热膨胀排出，而凝结的水汽还往往聚集在设备内部。这样加快了设备的氧化和腐蚀。因此设备长期储藏时，往往将其装入防静电塑料袋中，并装入干燥剂，抽出多余空气；短期不用的设备，应定期开机加热除湿。

为了确保接收机连续可靠地运行，除了严格控制温度外，还应把相对湿度控制在规定的范围内。不正常的相对湿度不仅影响设备的可靠性和寿命，还会使工作人员感到不适。一般相对湿度应控制在45%～65%之间为宜。

3)氧化和腐蚀对设备的影响

电子设备内部有大量包含金属的导线、连接器、器件，金属的氧化和腐蚀对设备正常工作的影响很大。特别是，由人的汗渍、灰尘、盐雾等所带来的一些化学物质，可加速设备内金属电蚀、化学腐蚀；由二氧化硫、氯气、氨气等有害气体与潮湿气体结合产生的酸性或碱性物质，可加速金属件腐蚀。

在一些接插件的金属触点上，一般镀有一层薄薄的金等惰性金属，以防止氧化造成接触不良。在振动、频繁插拔等的影响下，金属镀膜会磨损，引起触点的氧化或腐蚀，从而造成故障，在接收机的电池触点、按键、外接连接器等部位经常发生类似的问题。因此使用时要注意保持设备清洁，避免用手直接接触触点和频繁地插拔各种接头。

2. 静电对设备的影响

静电对电子设备影响很大，是电子设备的“无形杀手”，不论是在设备研制、生产、使用过程中，还是在电子设备维修时，都要密切注意和防护。

1)静电、静电释放、电气过载、静电敏感元器件

(1)静电(electrostatic)。静电是物体表面过剩或不足的静止电荷。静电是一种电能，存留于物体表面；是通过电子或离子转换而形成的局部范围内正负电荷失去平衡的结果。静电现象是电荷在产生和消失过程中产生的电现象的总称，如摩擦起电、人体起电等现象。

如图5.1所示，当物体表面质子(正电荷)数与电子(负电荷)数相等时，物体呈现中性；当物体表面质子数少于电子数时，物体呈负电；当物体表面质子数多于电子数时，物体呈正电。

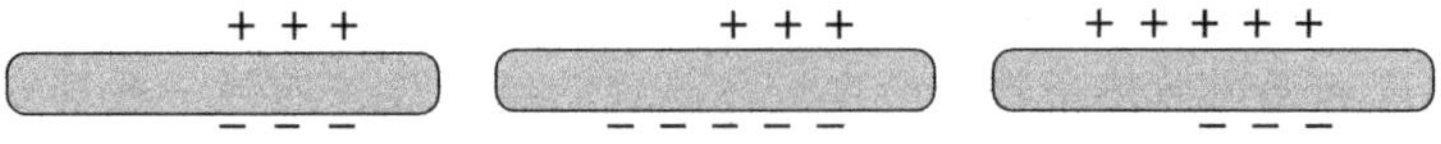

(a)中性 (b)负电 (c)正电

图5.1 静电现象

一方面，静电可以被利用，如静电喷涂、静电纺织、静电分选、静电成像等。另一方面，静电的不当处理也可能会产生重大危害和损失。例如，第一艘“阿波罗”载人宇宙飞船由于静电释放(electrostatic discharge，ESD)而发生爆炸，3名宇航员丧生；在火药制造过程中由于静电释放，爆炸事故时有发生。静电释放在电子工业中造成的危害和损失最大。

(2)静电释放。静电释放是一种由静电源产生的电子进入电子组件后迅速放电的现象。

当电能与静电敏感元器件接触或接近时，会对元器件造成损伤。

从图 5.2(a)看出，当物体表面质子(正电荷)数与电子(负电荷)数相等时，物体表面是中性的；从图 5.2(b)可看出，当两个带有不同极性电荷的导体接近或接触时，电荷会迅速从一个导体移动到另一个导体，静电荷的快速移动将静电转化为静电释放。

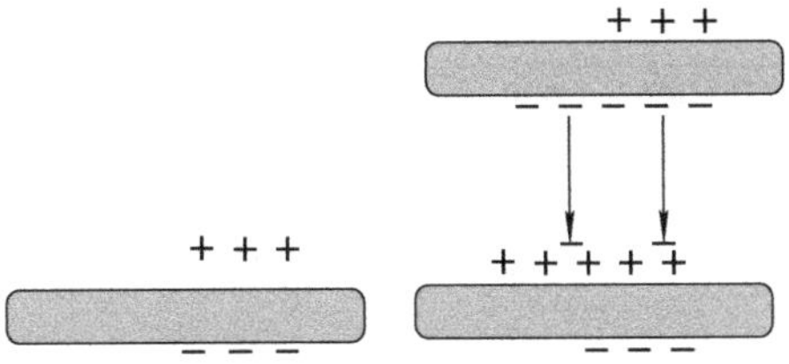

(a) 中性　(b) 静电释放

图 5.2　静电释放示意

(3)电气过载(electrical overstress，EOS)。电气过载是额外出现的电能导致元器件损害的现象，如电力生产设备、工具在操作过程中产生的电气过载。

(4)静电敏感元器件(electrostatic sensitive device，SSD)。对静电反应敏感的元器件称为静电敏感元器件。静电敏感元器件主要是指超大规模集成电路，特别是金属-氧化物-半导体(metal-oxide-semiconductor，MOS)电路。例如，金属-氧化物-半导体场效应晶体管(MOSFET)的静电敏感度范围为 100～200 V，场效应管为 140～10 000 V，CMOS 电路为 250～20 000 V。

根据静电敏感元器件能够承受而且不至于损坏的静电极限电压值(也称为静电敏感度)将其分为三级，表 5.1 为其分级表。针对不同级别的静电敏感元器件，采取不同的静电防护措施。

表 5.1　静电敏感元器件分级表

级别和静电敏感度范围	元器件类型
1 级 0～1 999 V	微波器件(肖特基二极管、点接触型二极管等)、离散型 MOSFET 器件、声表面波(SAW)器件、结型场效应晶体管(JFET)、电荷耦合器件(CCD)、精密稳压二极管(加载电压稳压度＜0.5%)、运算放大器(OP-AMP)、薄膜电阻、MOS 集成电路、使用 1 级元器件的混合电路、超高速集成电路(UHSIC)、可控硅整流器
2 级 0～3 900 V	由试验数据确定为 2 级的元器件和微电路、离散型 MOSFET 器件、结型场效应晶体管、运算放大器、集成电路、超高速集成电路、使用 2 级元器件的混合电路、精密电阻网络、低功耗双基型晶体管
3 级 0～15 999 V	由试验数据确定为 3 级的元器件和微电路、离散型 MOSFET 器件、运算放大器、集成电路、超高速集成电路、小信号二极管、硅整流器、低功耗双基型晶体管、光电器件、片式电阻、使用 3 级元器件的混合电路、压电晶体

根据 ANSI/ESD S20.20-2021 静电释放控制方案体系标准，按照人体放电模型(human body model，HBM)、机器放电模型(machine model，MM)、带电器件模型(charged device model，CDM)等不同的放电模型，静电敏感元器件可划分为若干等级的敏感度。表 5.2 给出了 HBM 静电敏感度等级分类标准。

表 5.2　ANSI/ESD S20.20-2021 采纳的 HBM 静电敏感度等级分类标准

静电敏感度等级	电压范围/V	静电敏感度等级	电压范围/V
0Z	0～50	1C	1 000～2 000
0A	50～125	2	2 000～4 000
0B	125～250	3A	4 000～8 000
1A	250～500	3B	8 000 以上
1B	500～1 000		

根据静电敏感元器件的等级，电子产品静电防护等级可划分为 1、2、3、4 级。1 级为接触 2 kV、空气 2 kV；2 级为接触 4 kV、空气 4 kV；3 级为接触 6 kV、空气 8 kV；4 级为接触 8 kV、空气 15 kV。

2）静电释放和电气过载的危害

随着电路集成度越来越高，集成电路的内绝缘层越来越薄，互连导线宽度与间距越来越小。例如，CMOS 器件绝缘层的典型厚度约为 0.1 μm，其相应耐击穿电压为 80～100 V；VMOS 器件的绝缘层更薄，击穿电压为 30 V。而在电子设备制造及运输、存储、使用等过程中所产生的静电电压远远超过 CMOS 器件的击穿电压，往往会产生器件硬击穿或软击穿（器件局部损伤）的现象，使其失效或严重影响设备的可靠性。

为了控制和消除静电释放，美国等多个国家制定了国家、军用和企业标准或规定，涵盖了从静电敏感元器件的设计、制造、购买、入库，到检验、仓储、装配、调试、半成品与成品的包装、运输等环节，对静电防护器材的制造、使用和管理也有较严格的规章制度要求。针对重要领域和行业，我国相关部门也参照国际标准制定了军用和企业标准。

3）静电源

（1）人体静电。人体静电是指人体活动以及人与衣服、鞋、袜等物体之间的摩擦、接触和分离等产生的静电，是导致元器件发生硬（软）击穿的主要原因。人体活动产生的静电电压约为 0.5～2 kV。另外，空气湿度对静电电压的影响很大，因此在干燥环境中静电电压还要高 1 个数量级。表 5.3 为典型的相对湿度与人体活动带静电的关系。

表 5.3　相对湿度与人体活动带静电的关系

人体活动	静电电压/V	
	相对湿度 10%～20%	相对湿度 65%～90%
地毯上行走	35 000	1 500
聚乙烯地板上行走	12 000	250
坐在工作椅上	6 000	100
聚乙烯封套作业	7 000	600
工作台面上拿起塑料袋	20 000	200
坐在有泡沫垫的工作座椅上	18 000	500

人体带电后触摸地线，会产生放电现象，同时人体会产生不同程度的电击感反应，反应的程度称为电击感度。表 5.4 为不同静电释放过程中人体的电击感度。

（2）服装。化纤或棉制工作服与工作台面、坐椅摩擦时，可在服装表面产生 6 000 V 以上的静电电压，并使人体带电。此时人体与元器件的接触会导致放电，容易损坏元器件。橡胶或塑料鞋底的绝缘电阻高达 10^{13} Ω，当与地面摩擦时会产生静电，并使人体带电。

（3）包装和运输。将用树脂、漆膜、塑料膜封装的元器件放入包装运输时，元器件表面与包装材料摩擦能产生几百伏的静电电压，并对敏感元器件放电。

表 5.4　人体带电电位与电击感度

人体电位/kV	电击感度	备注
1	没有感觉	
2	手指外侧有感觉，但不疼痛	
2.5	有针刺感、哆嗦感，但不疼痛	
4	有较强针刺感，手微疼痛	光暗时能见到放电微光
5	从手掌到前腕感到疼痛	
6	手指感到剧痛，后腕部有强烈电击感	
7	手指、手掌剧痛，有麻木感	

(4)塑料、树脂等高分子材料的各种包装和器具。用聚丙烯、聚乙烯、聚丙乙烯、聚氨酯和聚酯、树脂等高分子材料制作的各种包装、料盒、周转箱等，都可能因摩擦、冲击而产生 1～3.5 kV 静电电压，对敏感元器件放电。

(5)电子设备和工具。交直流电路、机箱冷却风扇及电烙铁、波峰焊机、贴装机、调试检测仪器等设备内的高压变压器，都会在设备上感应出静电。如果设备防静电泄漏措施不完善，极易引起静电敏感元器件在制造、使用和维修过程中失效。

4)*静电防护基本原理与方法*

在电子设备的使用、维护中，静电现象是不可避免的。产生静电不是危害所在，危害在于静电积聚以及由此产生的静电释放。静电防护的主要原理如下：

(1)对可能产生静电的地方要采取措施，防止静电积聚，使静电边产生、边释放，并将静电电压控制在安全范围内。

(2)对已经存在的静电积聚要迅速消除，使其即时释放。

因此，静电防护的核心是静电消除，如使用防静电材料、采取静电泄漏与接地措施，以及采取使用静电消除剂、控制环境温湿度、穿着防静电服和防静电鞋及佩戴防静电腕带等措施。

此外，导致设备产生故障的因素还有很多，如重压、冲击、振动等，以及用户的不当操作等都可对设备造成显而易见的损害，这里不再赘述。

5.1.2　故障诊断基本方法

故障诊断与处理技术，主要包括故障分析、故障检测、故障定位、故障隔离、故障辨识、故障决策和容错处理等内容，在航空航天、复杂控制系统等领域得到了广泛的研究和应用。故障分析是指对故障、故障设备或系统进行细致的分析，明确可能发生故障的环节、故障传播途径，了解故障的典型形式和特征，结合对象的工作机理了解故障的产生机理、关联性和危害，是故障诊断的首要环节；故障检测的首要任务是判断并指明系统是否发生了故障；故障定位是指明发生故障的部件或子系统。

故障诊断一般要综合设备的工作原理、设计、使用等各个方面的知识，并结合实际维修经验，在某种意义上讲，并不比单纯设计一个系统简单。因此，科学的故障诊断方法对于提高对故障诊断的认知和提升检修能力具有重要的意义。

其实做任何事情都要用一定的“方法”，故障诊断也是如此。例如，在用钢笔写字时，发现慢慢写不出来了，就知道没有墨水了，这就是一个故障诊断的例子。之所以能够做出这样的诊断，是因为人们具有“钢笔写不出字是因为没有墨水”这样的先验知识。然而只具有这样的先验知识还是不够的，还必须能够准确发现和描述故障现象。还以钢笔写字为例，如果闭着眼睛写字，就发现不了“写不出字来”这一故障现象，更谈不上故障诊断。接收机的维修也是如此，发现并准确描述故障现象，是进行故障诊断的前提。

可即便发现并准确描述了故障现象，并且具有先验知识，对于故障诊断来说仍是不完备的。还如上例，假如写字方法不对，笔尖没有接触到纸，还是写不出字来，即设备“没有正确使用”；或者钢笔笔尖的供墨阻塞，即使还有墨水，仍然写不出字来。这就是说，做出“钢笔没有墨水了”这个诊断之前，其实要检查钢笔在正常使用的情况下，其他部位是否工作正常，即“设备检测”。

通过以上分析可以初步了解到，所谓复杂的故障诊断，其实就是一个简单推理过程，在方法上和诊断“钢笔写不出字来”没有本质区别。

先验知识的获取可以是设备长期运行的统计结果，也可以是了解设备内的各部件工作机理和相互制约关系的结果。如“电源部分很容易损坏”就是长期统计的结果，这样的先验知识会经常遇到。又如“当钢笔供墨阻塞或没有墨水时写不出字来”，这个先验知识可根据统计结果分析得到（不涉及钢笔内部结构和工作原理），也可根据钢笔内部的工作机理得到。

如果设备的每个故障点，仅对应一种故障现象，那么故障检修就很容易，如钢笔写不出字就加墨水。事实上这也是故障检测中一种简单易行的方法，即根据故障现象与故障原因的统计结果，直接查故障现象所对应的故障原因。

但是一种故障现象可能由多种原因引起，如“钢笔写不出字”这个故障现象，是“没有墨水”或“供墨阻塞”等多个可能的故障原因导致的故障现象。当系统很复杂时，可能组合出非常多的故障现象，从故障统计结果中很难找出与其严格对应的故障现象（复杂系统中，故障统计结果往往不能覆盖所有故障，或者有很多未发生过的故障），或即使找到了也无法定位故障原因。故障树分析法是一种应用广泛的应对故障分析方法。

故障树分析法（fault tree analysis，FTA）是 1961 年由美国贝尔研究室的沃森提出的一种故障分析方法。该方法在航空和航天系统设计、设备维修、原子反应堆、大型设备以及大型电子计算机系统中得到了广泛的应用。目前，故障树分析法还在不断完善和发展中。

故障树分析法是一种从系统到部件，再到零件，按“下降形”分析的方法。它从系统开始，通过一个由逻辑符号绘制出的逐渐展开成树状的分枝图，分析故障事件（又称顶端事件）发生的概率。同时也可以用来分析零件、部件或子系统故障对系统故障的影响，包括人为因素和环境条件等。故障树分析法不但可以做定性分析，还可以做定量分析；不仅可以分析由单一构件所引起的系统故障，还可以分析由多个构件不同模式故障而产生的系统故障情况。此外，由于故障树分析法使用逻辑图方法进行故障分析，因此不论是设计人员还是使用和维修人员都容易掌握和运用，并且可派生出其他专门用途的“树”。例如，可以绘制出专门用于研究维修问题的维修树，用于研究经济效益及方案比较的决策树。

故障树分析法在使用中同样存在一定的局限性，如构造故障树步骤多、故障树庞大、计算复杂等。另外，利用故障树分析法进行定量分析，必须事先确定所有基本事件发生的概率，难度较大，对分析人员的要求也较高，这在一定程度上限制了该方法的推广和普及。在构造故障树时要运用逻辑运算，在其未被分析人员充分掌握的情况下，很容易发生错误和失察。例如，很可能把重大的影响系统故障的事件漏掉。同时，每个分析人员的研究范围各有不同，其所得结论的可信性也就有所不同。故障树是一种逻辑门所构成的逻辑图，适合用电子计算机来计算，而对于复杂系统的故障树的构成和分析，只有在应用计算机的条件下才能实现。对于接收机的模块级故障定位和维修来说，可以不使用故障树分析法，但其所表达的基本思想，对于接收机的故障分析具有重要参考意义。

此外，还有其他的故障定位方法，如穷举法、直观诊断法等，这里不再赘述。

5.2　模块电路故障检测

本节主要以手持型接收机为例，介绍接收机的构成、拆装、各模块的接口特性、常见故障及其成因。其他接收机的故障检测方法与之类似，不再赘述。

5.2.1　整机拆装

1. 整机构成

北斗一号手持型接收机外包装为军绿色铝皮密码包装箱，包装箱上写有“北斗一号手持型接收机”字样，输入正确密码后打开包装箱。箱内各部件均放置在海绵凹槽内(图 5.3)，主要包括如下部件：

(1)皮套(含背带)。便于单兵携带，按下开启按钮即可打开皮套取出接收机主机。

(2)接收机主机。北斗一号手持型接收机将信号、信息的接收、发射、处理部分全部集成一体。

接收机的正面包括天线、指示灯、充电指示灯、屏幕区和按键区，如图 5.4 所示。其中，天线用于向空间发射或接收信号；指示灯包括电源指示灯(电源指示灯在电源开启后常亮)、锁定指示灯(锁定指示灯在信号锁定后常亮)和发射指示灯(发射指示灯只在每次发射瞬间闪烁)；充电指示灯在插上电源适配器给电池充电时点亮，表示正在充电，电池充满电后，该指示灯熄灭；屏幕区用于显示用户的操作界面以及定位、导航、通信等信息，可以通过手写笔操作；按键区包括各种功能键、方向键、紧定键、睡眠开关键、数字键等。

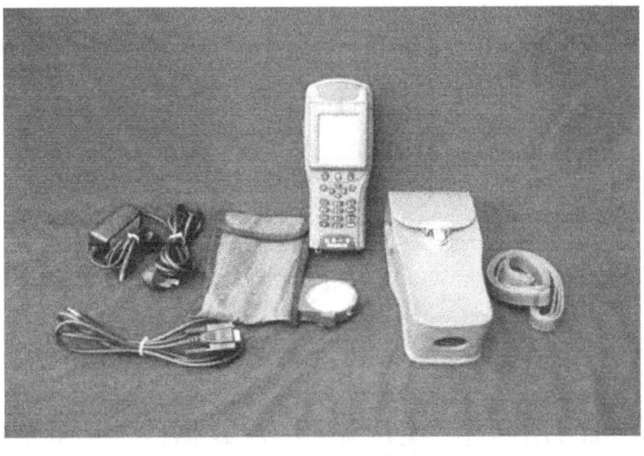

图 5.3　整机装备

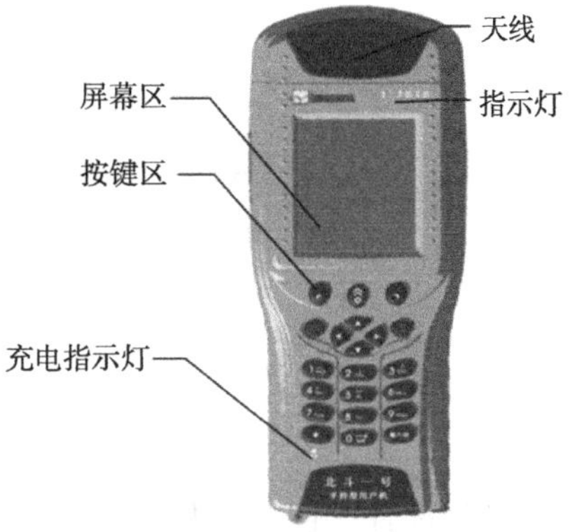

图 5.4　接收机正面

如图 5.5 所示，接收机的背面包括电池后盖、电池盖锁紧螺钉、智能卡(IC 卡)槽、电池扣、电池触点等。

接收机的侧面有 SD 卡接口，底部包括笔槽、充电插座、串口和电源开关等，如图 5.6 所示。其中笔槽内有手写笔；充电插座为电池充电口，通过手持机专用适配器对电池充电；串口为标准 RS-232 串口。为保证手持机快速启动，建议不要取下手持机电池。在屏幕区界面中有电池电量显示，当电池电量显示极低或提示充电时，请及时对电池充电。如果电池被取下或者电池完全放电，则整机完全断电，重新加电后整机重新初始化。该初始化过程大约用 15～20 s，之后自动进入主程序界面。

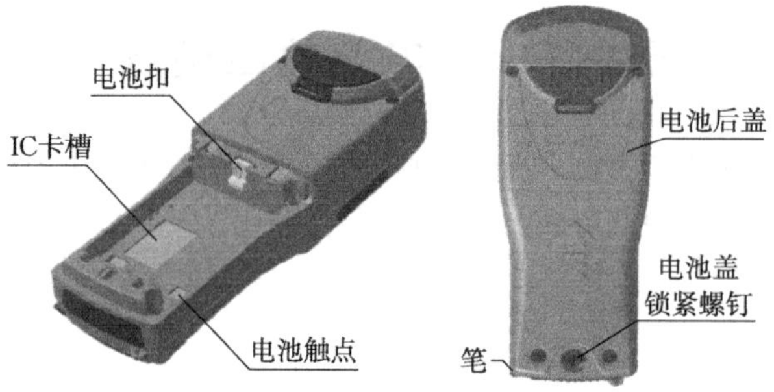

图 5.5　接收机背面

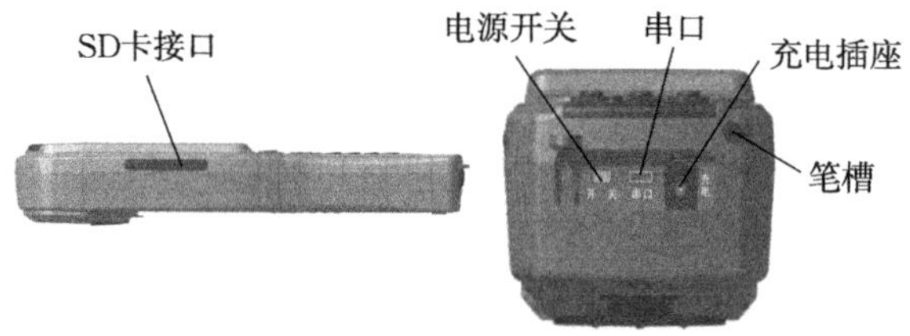

图 5.6　接收机侧面和底部

(3)电池。接收机内置锂离子电池，需用随设备配备的适配器对其充电。

(4)电源适配器。电源适配器是接收机充电专用适配器，输入为交流 220 V，如图 5.7 所示。

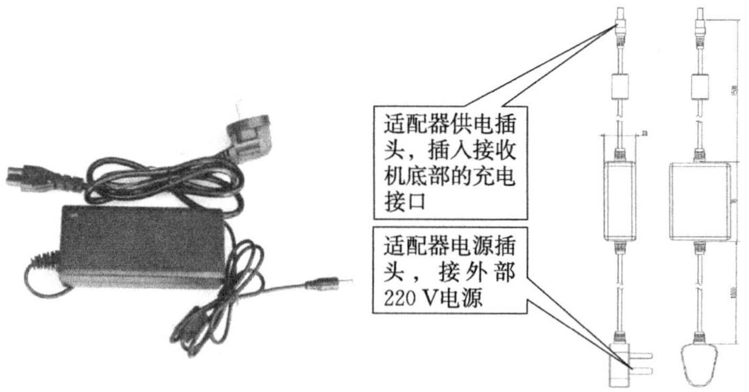

图 5.7　接收机电源适配器

(5)其他配件。包装箱内还包括：产品合格证、质保卡、使用说明书、数据线、座式充电器、罗盘仪、罗盘仪说明书、工具包以及装箱清单。

2. 接收机拆装

接收机的拆分或者组装应在设备断电的状态下进行，以免损坏设备。此外，在拆装过程中要细心，严格按照分解流程操作，切勿用蛮力生拉硬扯。具体拆分步骤如下：

(1)将手持机电池盖锁紧螺钉按标识方向逆时针旋转 90°，取下电池后盖。

(2)如图 5.8 所示,按卡槽上的标识向下拨动卡槽上的锁片打开卡槽锁片,卸下 IC 卡并妥善保管,锁紧锁片。

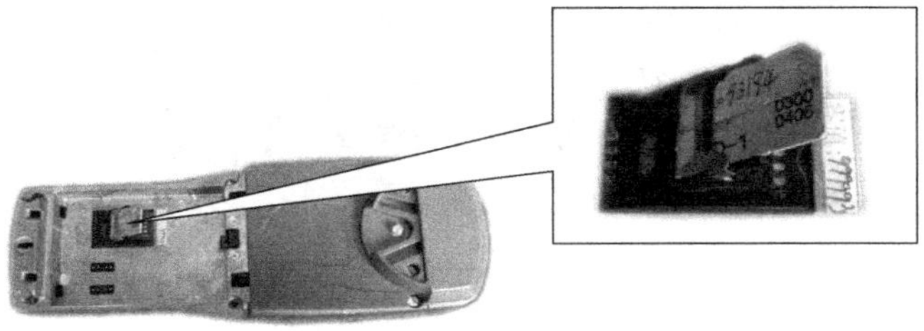

图 5.8　IC 卡拆卸

(3)取下螺孔保护胶块,如图 5.9 所示。

(4)卸下上下机壳紧固螺栓,如图 5.10 所示。

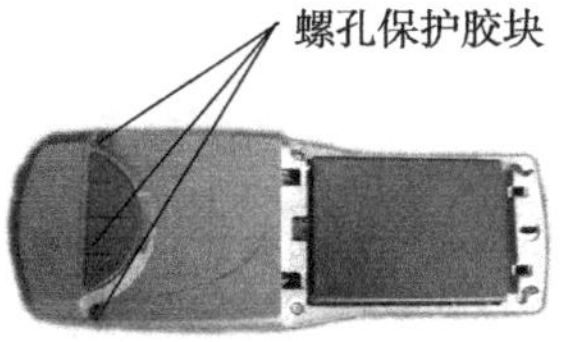

图 5.9　主机顶部拆分

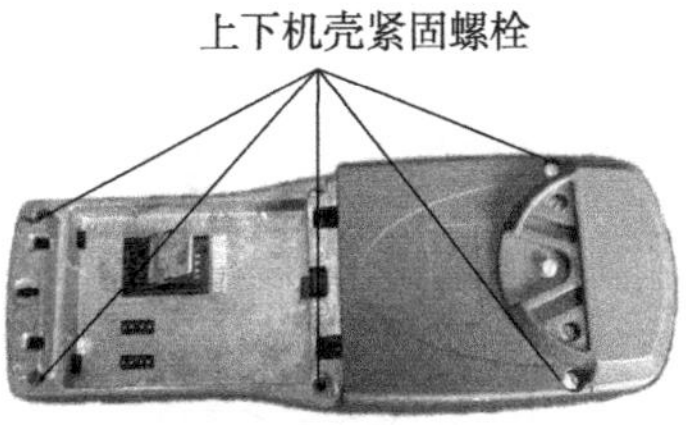

图 5.10　主机背面拆分

(5)断开显控板与主板连接排线,并分开上下机壳,如图 5.11 所示。

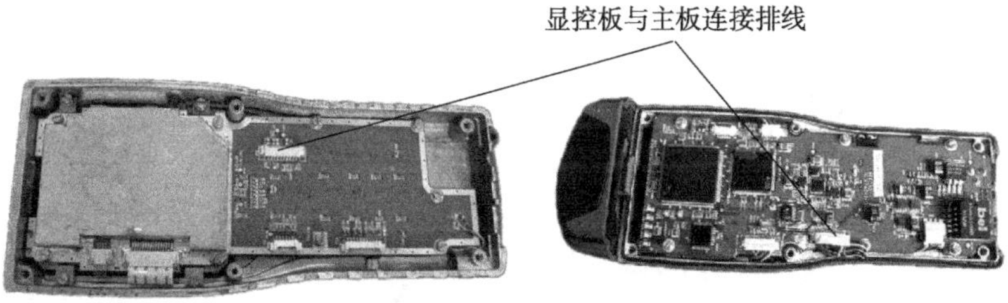

图 5.11　主板拆分 1

(6)断开主板连接线,卸下主板紧固螺栓,可取出主板,如图 5.12 所示。

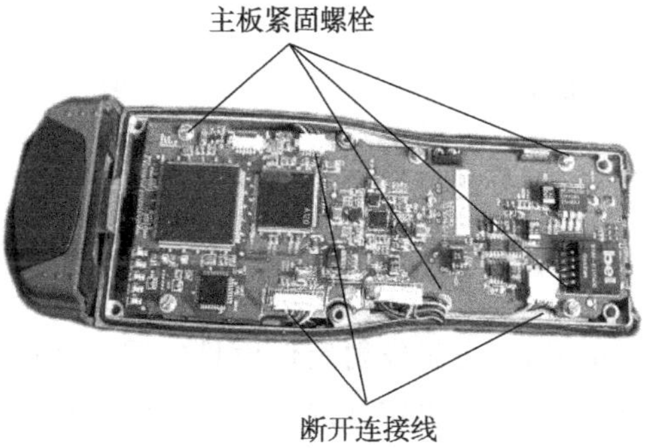

图 5.12　主板拆分 2

(7)卸下高频模块紧固螺栓与高频电缆,可取出高频模块,如图 5.13 所示。

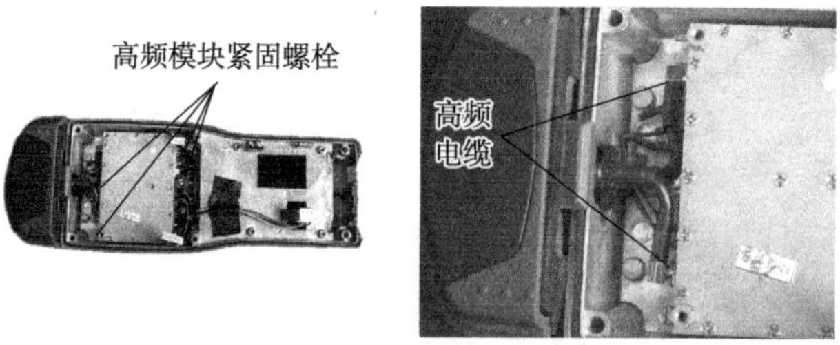

图 5.13 高频模块及高频电缆拆分

(8)卸下天线紧固螺栓,可取下天线,如图 5.14 所示。

(9)断开液晶显示屏与显控板连线,卸下显控板紧固螺栓,可取出显控板,如图 5.15 所示。

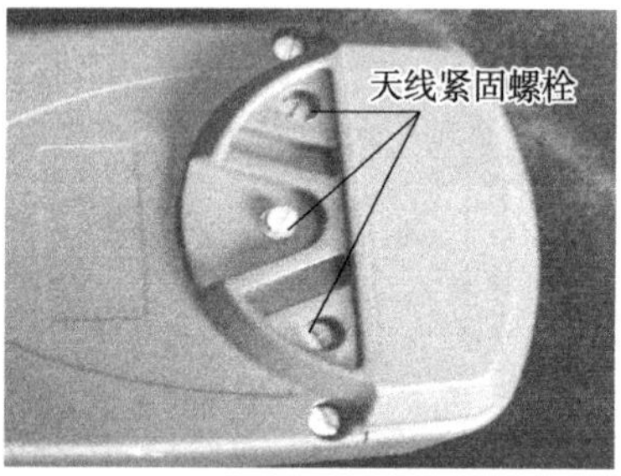

图 5.14 天线拆分

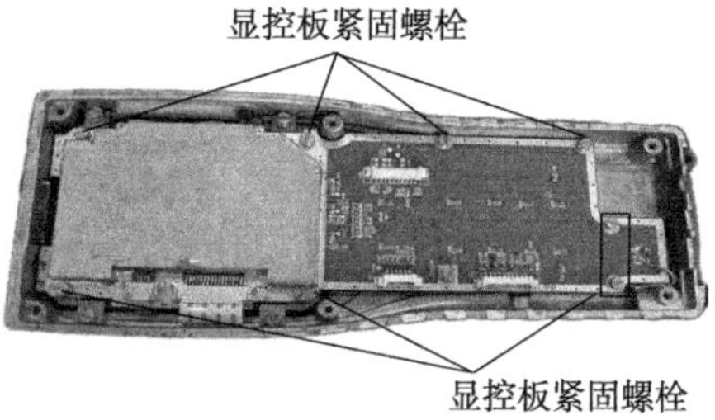

图 5.15 显控板拆分

(10)取出键盘,如图 5.16 所示。

(11)卸下显示屏托架紧固螺栓,可取出显示屏,如图 5.17 所示。

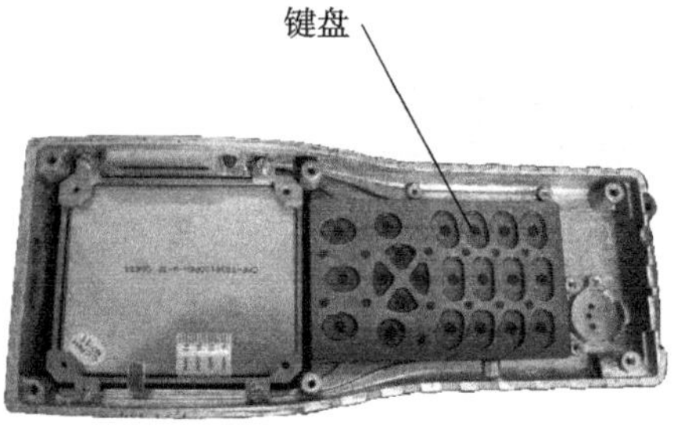

图 5.16 键盘拆分

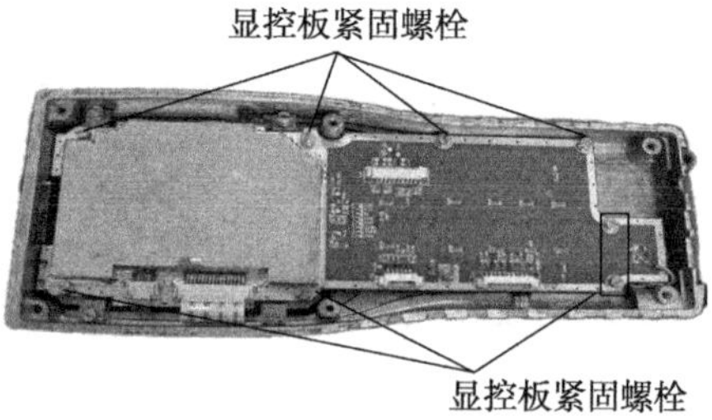

图 5.17 显示屏拆分

主机的组装与拆分相反,按拆分的逆向顺序即可完成。

5.2.2 天线模块

天线是接收机接收卫星信号、向卫星发射定位信息的重要部件,是接收机和空间电磁波信号的传播接口,对整个接收机的性能有决定性的影响。天线模块主要由多层圆极化贴片、外壳及输出线缆等组成,如图 5.18 所示。性能见表 5.5 所示。

天线的功能就是接收和发射信号,这里采用的是多层圆极化贴片的微带天线;天线的外壳采用聚氯乙烯塑料，对电磁波传输影响很小，同时起到固定及保护天线的作用。

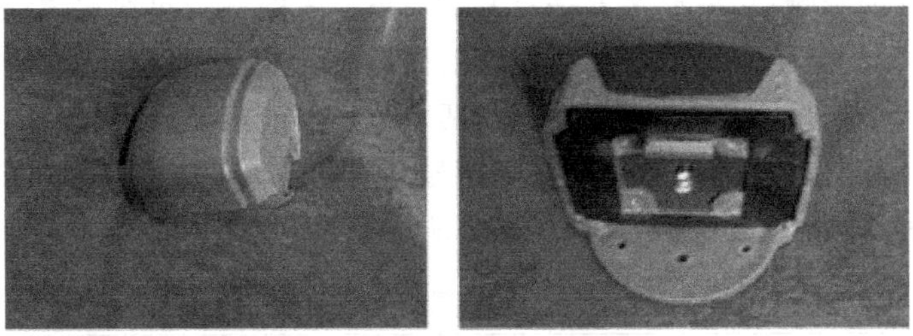

（a）顶视图　　（b）底视图

图 5.18　手持机天线部分

表 5.5　天线主要技术指标

主要技术指标		数值
天线尺寸		77 mm×65 mm×35 mm(长×宽×高)
顶部增益		4 dB
增益	(仰角 50°～70°)	≥0 dB
	(仰角 20°～50°)	≥－3 dB

天线通过射频连接器分别连接接收机射频模块的接收通道与发射通道，其输入接口通常为 MCX 座，输出接口采用 OSX 座。

微带天线为无源器件，而且封闭在天线罩内，一般不容易损坏。常见的故障原因主要有使用不当，以及射频连接器虚焊、松动、接触不良或过度腐蚀等。一般使用电烙铁重新焊接、除去氧化层或更换天线贴片即可排除故障。

需要特别注意的是，为保证天线有效地发射和接收信号，在天线罩上不要有任何覆盖物，如人体或手遮挡、张贴标签标志。此外，在维修时不要把焊锡滴到天线的非焊接部位，特别是天线贴片上，或者在贴片上刻画等。以上均会严重影响天线的性能，甚至导致接收机无法收发信号而影响接收机的正常工作。

天线的检测比较复杂，如方向图等性能指标的测量需要网络分析仪、频谱分析仪、微波暗室等设备和场地条件，测试成本比较高(超过天线本身的价格)。在模块级维修时往往不具备这样的条件，实际上主要通过目测外观的方法来判断天线故障。

5.2.3　射频模块

射频模块包括接收通道和发射通道，位于天线和接收机主板之间，如图 5.19 所示。接收通道将天线接收到的微波信号放大、混频和下变频后，得到 4.08 MHz 的中频信号，输出至后端接收机主板的模数转换器；发射通道将后端接收机主板发送的基带信号经二进制相移键控（binary phase shift keying，BPSK）调制、上变频、功率放大后，输出至天线。其中，接收通道的低噪声放大器和发射通道的功率放大器为接收机射频前端的重要和易损部件。

图 5.19　射频模块

低噪声放大器是对微带天线接入的信号进行选频和放大，与天线一样，其性能同样会对整机性能产生决定性的影响；功率放大器是对发射通道送来的信号再次放大(功率放大)，经隔离器送至天线，并由天线向空间辐射。接收和发射微波信号都采用 OSX 接口的射频连接器，经过同轴电缆线与天线连接。需要注意的是，这两个一定不能接反，否则可能损坏设备。

射频模块与接收机主板的信号包括接收信号和发射信号，通过低频线与主板相连接。其连接器信号定义和特性分别如表 5.6 和表 5.7 所示。

表 5.6　接收信号 6 芯插头

插头对应引脚	颜色	信号特性	信号特征
1	蓝	输出中频射频信号	2 V 左右，4.08 MHz
2	黑	GND	0 V
3	红	输入电源	+5 V
4	黑	GND	0 V
5	黄	输出时钟信号	32.732 50 MHz ± 10 Hz
6	黑	GND	0 V

表 5.7　发射信号 10 芯插头

插头对应引脚	颜色	信号特性	信号特征
3	灰	输入(校频信号)	2.5 V 左右
4	黑	GND	0 V
5	蓝	输出发射时钟信号	16.32 MHz
6	黑	GND	0 V
7	红	输入电源	+5 V
8	白	输出伪随机码	2.5 V 左右校频信号
9	黑	GND	0 V
10	黄	输入(发射控制)	发射时高电平

注：引脚 1、2 悬空未连接。

射频模块供电包括+12 V 和+5 V，其中+12 V 用于射频发射功率放大部分，如表 5.8 所示。

表 5.8　发射电源 3 芯插头

插头对应引脚	颜色	信号特性	信号特征
1	黑	GND	0 V
2	红	输入	+5 V
3	黄	输入(发射电压)	发射时+12 V

射频模块的故障主要集中在低噪声放大器和功率放大器。低噪声放大器损坏原因包括感应雷击、静电释放、电磁干扰等。其中，感应雷击多发生在天线和低噪声放大器有较长电缆的情况(如室外天线)下，电线附近的雷击会在馈线上产生强大的感应电流而造成低噪声放大器损坏；若人体和设备具有较高的电位差，接触天线时发生的静电释放也会造成低噪声放大器损坏；强烈的电磁干扰也有可能造成低噪声放大器故障。功率放大器的损坏主要是热损坏，其产生原因主要为接收机发射信号的功率过大、环境过热、散热不良和发射频繁等。

射频模块的性能测试也需要频谱分析仪、网络分析仪等仪器。在进行模块级检修时，需将检测重点放在模块是否损坏上。具体检测步骤如下：

(1)目测射频模块的完好性。检查有无氧化腐蚀、接头松动、接触不良、烧毁等现象。

(2)检查射频模块的供电端口是否异常。具体做法是，使用万用表检测各供电端对地电阻，即检查模块的 3 芯、5 芯、8 芯插头的 V+(红线)对地电阻。与正常模块的测量值相比(一般应为几欧姆到几百欧姆，不同端口可能不一样)，差别过大即认为是故障。如阻值过低(短路)或过高都需要更换模块。

(3)检查射频模块的射频输入与输出端口。使用万用表检测 OSX 射频连接器中信号线的对地直流电阻，比较其是否与正常模块相同。

(4)在具备信号源、示波器、频谱分析仪等仪器时，可进一步检测收发通道。操作方法包括检测发射通道和检测接收通道。

检测发射通道的操作为，通过直流电源为发射通道 10 芯插头中的红色线芯(5 V)，3 芯插头中的红色线芯(5 V)、黄色线芯(发射瞬间为 12 V)供电，将信号源伪随机码输出的信号发送到发射通道 10 芯插头中的白色线芯，发射通道输出的信号通过大功率衰减器(衰减值=40 dB)后送至频谱分析仪，将频谱分析仪中心频率设为 1 615.68 MHz，频带宽度设为 100 MHz。按下频谱分析仪“峰值查询”按钮，读取的峰值应大于等于 0 dBm。

检测接收通道的操作为，通过直流电源为接收通道 6 芯插头中的红色线芯($U=5$ V，$I\leqslant 100$ mA)供电。使用示波器的探头检测 6 芯插头中的黄色线芯处，在频率计上会得到一个 32.732 50 MHz±10 Hz 的信号频率。如果得到的信号频率不对，则更换收发通道模块或与厂家联系。

5.2.4　处理主板

该接收机的处理主板(图 5.20)由信号处理模块、信息处理模块、智能卡(IC 卡)接口、直流电源等组成，其功能是实现收发数据的处理。

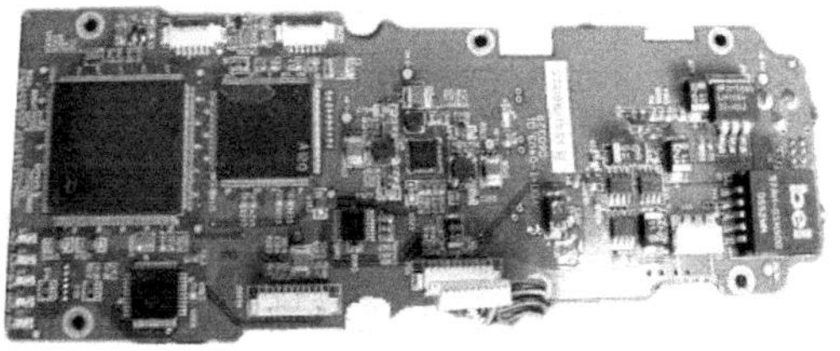

图 5.20　处理主板

信号处理模块主要由 FPGA、模数转换器、数模转换器等组成，它在数字信号处理器的辅助控制下，实现对中频信号的采样量化、捕获跟踪、解调和解扩、时差提取等功能，并将解调出的报文通过中断的方式发送给信息处理模块。信息处理模块将通信定位申请报文，送入信号处理模块进行扩频和信道编码等处理后，提交给射频模块的发射通道，FPGA 控制功率放大器加电工作，并将信号通过天线向卫星发射。

信息处理模块由数字信号处理器芯片和相关的外围接口电路(如同步动态随机存储器、闪存、串口、智能卡等)组成。它响应信号处理模块的中断，提取卫星发送的电文和时差数据(用于定位申请)，进行格式转换和解密处理，最后通过串口，按照数据接口协议，把数据发送到显示控制模块或者对外串口。信息处理模块还从串口接收命令，经过数据接口协议解析，按照入站格式打包，再通过保密模块进行加密，发送到信号处理模块进行相关处理。

处理主板也包括 DC/DC 直流变换电路，将电池或者适配器的供电输入进行电压转换和稳压处理，输出后作为处理主板上各芯片以及射频模块等所需要的不同电压和特性的电源。

处理主板还包括对外异步数据串口(RS-232)、直流电源输入接口(DC-005-φ2)、智能卡接口(小型 SIM 卡座)、接收通道接口(6 芯插座，XS201)、发射通道接口(10 芯插座，XS200)以及发射电源接口(3芯插座,XS5),它们与射频模块中所提及的接口是对应的。部分接口定义分别如表5.9、表5.10和表5.11所示。

表5.9 接收通道接口定义

插头对应引脚	信号特性	信号特征
1	输出中频射频信号	2 V左右,4.08 MHz
2	GND	0 V
3	输入电源	+5 V
4	GND	0 V
5	输出时钟信号	32.732 50 MHz ± 10 Hz
6	GND	0V

表5.10 发射通道接口定义

插头对应引脚	信号特性	信号特征
1	—	—
2	—	—
3	输入(校频信号)	2.5 V左右
4	GND	0 V
5	输出发射时钟信号	16.32 MHz
6	GND	0 V
7	输入电源	+5 V
8	输出伪随机码	2.5 V左右校频信号
9	GND	0 V
10	输入(发射控制)	发射时高电平

表5.11 发射电源接口定义

插头对应引脚	信号特性	信号特征
1	GND	0 V
2	输入	+5 V
3	输入(发射电压)	发射时+12 V

此外,在处理主板上还有显示控制接口,它采用10芯插座(XS2),与显示控制模块连接。其接口定义如表5.12所示。

表5.12 显示控制接口定义

插头对应引脚	信号特性	信号特征
1	输入(主板接收)	串口接收,RS-232电平
2	输出(主板发射)	串口接收,RS-232电平
3	GND	0 V
4	GND	0 V
5	输出电源	+16 V
6	GND	0 V
7	输入(主板电源控制)	使能端,TTL电平
8	输出	3.3 V
9	GND	0 V
10	输出	3.3 V

处理主板的故障主要集中在 DC/DC 直流变换电路部分和串口电平转换芯片。信息处理模块的器件，如 FPGA、DSP 等，功耗比较低、发热量低，与外部输入输出又隔着射频模块、显示控制模块，并且一般位于设备内部，有金属壳保护，因此一般的静电释放或电源冲击不会对它造成损伤。而 DC/DC 直流变换部分负责整机供电，电流大、发热量高，从电源引入的一些冲击会直接作用到这部分电路，因此故障率比较高。串口电平转换芯片也是如此。

此外，由于处理主板上的接口比较多，接触不良、氧化腐蚀、接插件松动等也是常见的故障。

对处理主板的检测主要集中在电源转换部分，具体步骤如下：

(1)目测模块的完好性。检查有无氧化腐蚀、接头焊点松动、接触不良、断路等现象。

(2)检查模块有无短路。在断电的情况下，使用万用表测量处理主板电源对地电阻；用万用表检测＋1.2 V、＋2.5 V、＋3.3 V、＋1.8 V、＋5 V 测试点对地电阻；判断测试点对地是否短路。

(3)检查电源转换是否正常。使用万用表、直流稳压电源检测，先输入 16 V 额定电压，将开关 S1 打至导通，用万用表分别按测试点标注电压检测其电压值，检测信息处理模块电源电压及误差范围。如果电压不正常，应及时断电。

5.2.5　显示控制模块

显示控制模块包括处理器板、液晶显示屏(或触摸屏)、按键、SD 卡接口等部分，其功能是显示实现定位、通信和导航等功能的操作界面(人机接口)，如图 5.21 所示。

其中，处理器板包含中央处理器、动态随机存储器和闪存等主要芯片，与液晶显示屏(或触摸屏)、按键一起构成人机交互的平台，实现信息的输入(按键和触摸屏输入)和输出(屏幕显示)。SD 卡接口可插入 SD 存储卡，实现软件系统升级、地图数据存储和其他用户数据的保存等功能。

显示控制模块与处理主板连接，实现信息交换和控制。其中，接口包括电源供电接口、串口和电源控制线接口等，接口定义可参考表 5.12。

显示控制模块的故障率比较高，主要集中在液晶显示屏(或触摸屏)、按键等部位。故障原因包括液晶显示屏(或触摸屏)划伤、按键触点氧化、按键导电橡胶老化破裂等。

图 5.21　显示控制模块

显示控制模块电路和液晶显示屏(或触摸屏)的检修内容包括：

(1)目测显示控制模块和液晶显示屏(或触摸屏)有无安装不良、物理损坏的现象，检查电路有无腐蚀、氧化、断路或短路、连接不良等现象。具体的操作方法是，在整机情况下点击触摸屏，确认故障现象，打开主机，再卸下上盖的主板及液晶板固定螺钉，在没有接触上盖的情况下，开机测试，如果故障消除，则说明是安装不当引起的；目测液晶板与上盖接触的地方是否有异物，如有则清除，保证接触面平整无异物并重新安装，加电测试。

(2)显示控制模块短路检测。在断电情况下，用万用表检测测试点(＋1 V、＋3.3 V、

V3.3 V、power)对地是否短路。

(3)显示控制模块电压测试。如果上述测试点未对地短路,则加电进行电压检测,使用万用表分别检测测试点(+1 V、+3.3 V、V3.3 V)电压,其值应满足指标要求,测试点+1 V、+3.3 V 和 V3.3 V 测试电压应分别为(1.4±0.2)V、(3.3±0.1)V 和±0.1 V。

5.2.6 其他附件

1. 电池和电源适配器

接收机在工作时需要电能供给,供电可来自电池或电源适配器(图 5.22)。其中,电源适配器将 220 V 的交流市电转换为直流提供给接收机使用,在不接入电源适配器的情况下,由电池提供接收机工作所需的能量。电池可以用座式充电器充电,也可以装入接收机并接上电源适配器充电。电池和电源适配器的性能见表 5.13 和表 5.14。

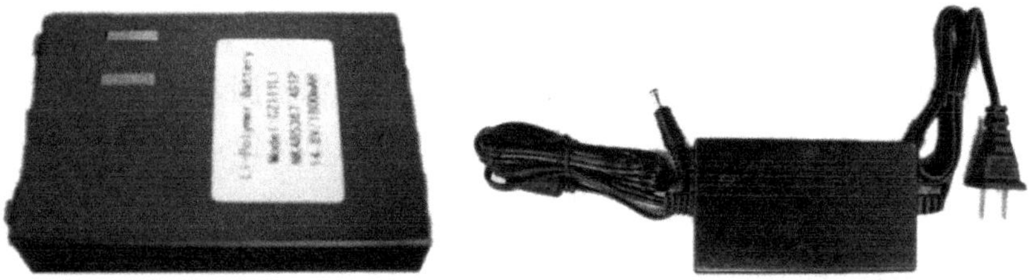

图 5.22 电池(左)和电源适配器(右)

表 5.13 电池的主要特性指标

主要电气特性	数值	主要电气特性	数值
输出电压	16.8 V	可充电次数	≥ 500 次
最大输出电流	4 A	电池容量	标准容量≥1.8 Ah
终止放电电压	11 V±0.1 V	电池尺寸	81 mm×58 mm×24 mm
供电时间	≥5 h(待机状态)	电池重量	180 g

表 5.14 电源适配器的主要电气特性

主要电气特性	数值
输入	220 V±22 VAC,50 Hz±5 Hz
输出	16.8 V,800 MA,DC
纹波噪声电压	小于输出电压的 1%

电池和电源适配器同样是容易损坏的部件,可使用万用表检测:

(1)电池的检测。用万用表检测电池的两个金属触片,显示电压应为 12.8 V~16.8 V。如果低于 12.8 V,请对电池充电。若充电后电压值仍低于 12 V,则表示电池已经损坏。

(2)电源适配器的检测。将电源适配器接入市电,使用万用表测试充电器的输出端是否达到 19 V 恒定电压。若没有达到,则表明电源适配器故障,需更换。

2. 串口电缆

串口电缆(图 5.23)用于接收机和上位机(如个人计算机)的通信,也可用于接收机数字信号处理器软件的升级、系统测试或者二次开发。

串口电缆的一端为标准的 D 型 9 芯插头(RS-232 电平),用于连接测试系统或者计算机,采用的是三线制(RXD、TXD、GND)接口;另一端类似立体声音频接头,用于连接接收机。

串口电缆的主要故障包括接头老化、焊点或触点松动脱落、导线断裂等。

图 5.23　串口电缆

3. SD 卡

SD 卡(图 5.24)是一种采用 SD 接口规范的闪存卡,广泛应用于便携式数码产品。SD 卡具有较高的数据传送速度,可在侧面设置写保护控制,以避免一些数据意外写入。SD 卡的速度一般按以 150 kB/s 为 1 倍速的速率来计算,如 4 倍速卡的传输速率即为 600 kB/s。TF 卡或 miniSD 卡是 SD 标准卡的缩小版本。SD 卡的接口可参考有关接口规范。

图 5.24　SD 卡

SD 卡主要用于显控软件的升级和显控软件数据的交换。SD 卡通过插座连接到主机,在接收机的侧面可以看到 SD 卡的插座。使用 SD 卡时,打开防尘盖将 SD 卡轻插入插座,会听到弹簧打开的声音,此时表示 SD 卡已经插入插座。如果 SD 插入时方向错误,将无法插入;取下 SD 卡时,打开防尘盖将 SD 卡向接收机里面轻压,会听到弹簧打开的声音,此时将 SD 卡向外拔,取出即可。

注意切勿在 SD 卡读取过程中将其取出,这样不仅可能损坏 SD 卡,还可能损坏设备及卡内的数据。此外,SD 卡一般采用与非型(NAND)闪存,数据存储的可靠性较差,应注意关键数据的备份。

5.3　整机故障定位

5.3.1　基本方法与流程

本节主要介绍设备的模块级维修,基本不涉及模块内部的维修,重点介绍模块接口、特性及状态的简单判别。修复整机是把模块当成黑匣子,因此,从原理上说,维修过程不需要复杂的推断和测试,而且完成故障定位后,更换相应的模块即可。模块级维修同样需要养成良好的电子设备使用操作习惯,需要深入了解电子元器件特性,以及设备工作原理和基本组成,需要严格遵循操作规程。

下面介绍模块级维修的基本方法与流程,目的主要是规范维修过程,使维修人员在理解每一步操作必要性的同时,提高对设备的保护意识,避免在维修过程中盲目随意操作进一步损害设备。

1. 维修流程

整机的模块级维修主要包含故障定位和故障排除两个过程,如图 5.25 所示。其中,故障排除是相对简单的,一般仅需用好的模块替换坏的模块;而故障定位是一个相对复杂、需要动手动脑的过程。动手就是对接收机或模块进行检测,获取其状态;动脑就是根据检测到的故障和状态数据,判断设备或模块是否有故障,并决定下一步采取的处理措施,即故障分析的过程。整个维

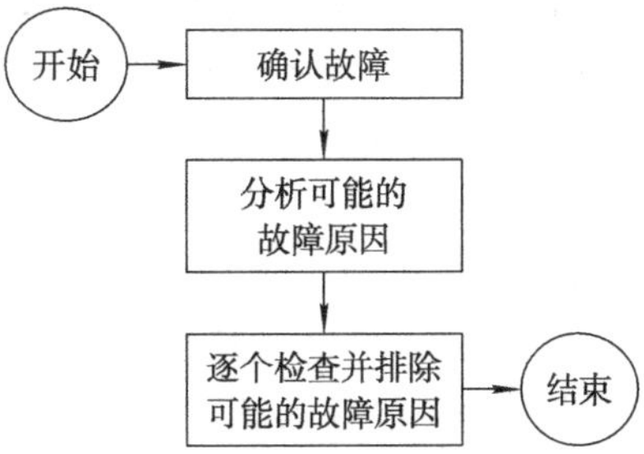

图 5.25　整机的模块级维修总流程

修过程，都是不断地从故障检测、故障分析到故障排除，再从故障检测、故障分析到故障排除的循环过程。检测过程包括整机检测、模块检测，甚至更细微部位检测，即在这个过程中，将维修对象不断细化、不断分解，最终准确定位故障部件。

2. **检测流程**

故障检测的基本流程如图 5.26 所示。首先根据检测任务准备检测环境。检测环境包括检测所必需的诸如万用表、示波器、电烙铁、螺丝刀等各种仪器、工具，必要的静电防护以及其他必要的保护措施和检测条件。

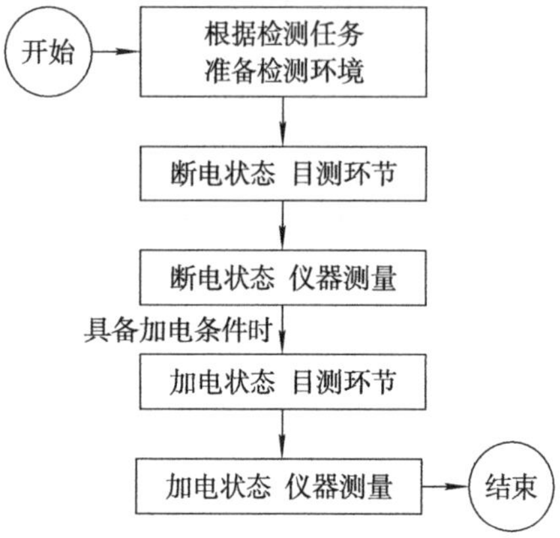

图 5.26 故障检测基本流程

在检测时，应先在断电状态下采用目测和仪器测量的方法对检测对象进行检测，检测重点应是供电部分和输入输出部分，一般情况下这些地方是最容易损坏的。其中，目测主要检测整机和模块的完好性和故障表现，如老化、氧化腐蚀、松动、虚焊、短路、断路等故障；在断电状态下，可用仪器测量输入输出端口的特性，以及电源网络故障等，获取被检测整机和模块的状态，并判断检测对象是否可以安全加电检测。在不具备加电条件时强行加电，只会对检测对象造成新的或更严重的损害，如在存在短路的情况下强行加电，有可能烧毁器件和电源。

加电检测重点是检测其供电和电源装换部分、工作指示状态及性能和功能是否达到要求，包括目测和仪器检测。其中目测主要是对检测对象的各种指示灯的指示、器件的温升以及整个检测环境的状态（如电源电压、电流等）进行检测，如发现短路应及时断电；采用万用表、示波器等仪器主要是检测功能和性能，如放大器的增益等。

在检测过程中，应做好各个环节测试的记录工作，如各种测试条件、测量结果等，以方便后续的分析。

3. **分析流程**

获取故障和状态数据后，需要结合接收机原理、故障现象与故障原因对应关系、故障间的相互联系，判断检测对象（设备或模块）是否有故障，确定引起检测对象故障的可能原因和下一步采取的处理措施。

无论是整机故障分析，还是模块故障分析，在形式上是类似的，可以用如图 5.27 所示的流程来总结概括。

如果分析对象是整机，则需要根据故障现象来判断引起故障的是设备（整机）自身的问题，还是设备外部的问题（即设备“输入”的问题），如电磁干扰、信号遮挡、用户未正常操作、供电异常等外部因素；排除外部因素后，才能根据正常接收机的功能和特性来判断其是否发生故障；确定引起设备故障内部原因时，即哪个或哪些模块可能有问题，根据设备故障现象列出“嫌疑模块”的清单。通过以上过程，就从设备整机故障分析，深入设备内部模块故障分析。

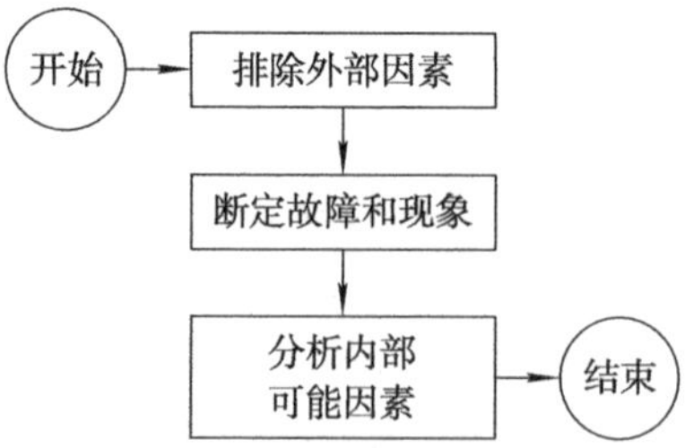

图 5.27 故障分析基本流程

类似地，如果分析对象是模块，先要排除模块外部因素造成的问题，如接插件接触不良、模块供电异常等；排除外部因素后，需要判断模块自身是否有问题，即从模块的输入输出入手，根据功能、性能和特征是否异常来断定；确定模块故障后，再分析模块内部。在模块级维修中，一般不考虑其内部具体故障，直接更换模块即可。

本节所讨论的流程是高度抽象的，并未涉及具体的接收机，因此不仅适用于接收机，同样也适用于其他电子设备。该流程操作简单，主要是根据电子设备（含接收机）的特性和工作原理，按照故障现象与故障原因的关系，采用故障隔离的方法逐步从设备级到模块级、端口级和元器件级进行分析。本节没有给出单一设备的检修流程图，读者可在了解接收机常见模块故障和检测方法后，通过学习总结，针对某一具体设备自行画图。

5.3.2　故障定位检测实例

接收机在使用过程中，随着使用环境的不断变化和使用年限的增长，不可避免地会出现故障，虽然不同类型接收机的组成部分有差异，同时由于生产厂家不同，模块的划分与组成也不尽相同，但是其出现的故障现象基本相同。本节重点介绍接收机的常见故障及维修的思路和方法。

(1)无法开机。接收机整机（含天线、手柄、显示器等）连接以后，打开电源开关，无加电指示。出现该故障可根据图 5.28 所示流程进行检测维修。

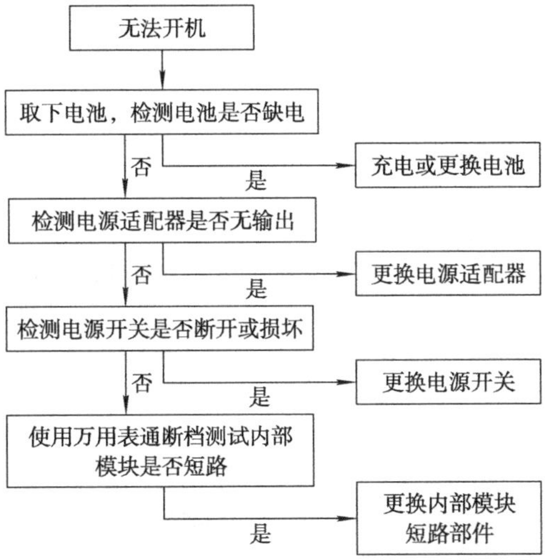

图 5.28　无法开机检测流程

(2)计算机与接收机无法联通。利用数据线连接计算机与接收机，打开接收机电源开关，设备加电正常，但计算机测试软件无法读取设备参数。出现该故障可根据图 5.29 所示流程进行检测维修。

(3)开机后无法识别 IC 卡。接收机整机连接以后，打开电源开关，设备加电正常，连接计算机测试软件调试或通过其他人机交互装置，无法显示 IC 卡信息（即读卡失败）。出现该故障可根据图 5.30 所示流程进行检测维修。

(4)无法锁定卫星信号。接收机整机连接以后，打开电源开关，设备加电正常，连接计算机测试软件调试或通过其他人机交互装置，读取设备参数均正常，但不能锁定卫星信号。出现该故障可根据图 5.31 所示流程进行检测维修。

(5)无法通信定位。接收机整机连接以后，打开电源开关，设备加电正常，连接计算机测试软件调试或通过其他人机交互装置，读取设备参数均正常，在能锁定卫星信号的情况下，无法定位通信。出现该故障可根据图 5.32 所示流程进行检测维修。

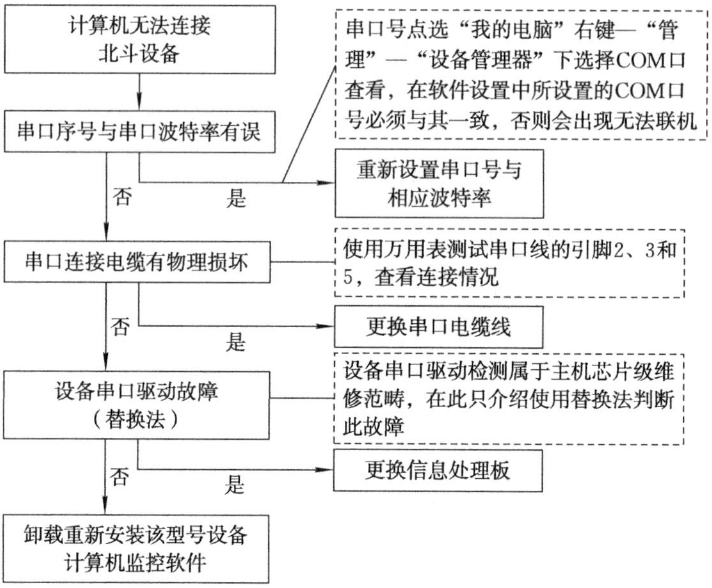

图 5.29 串口不通检测流程

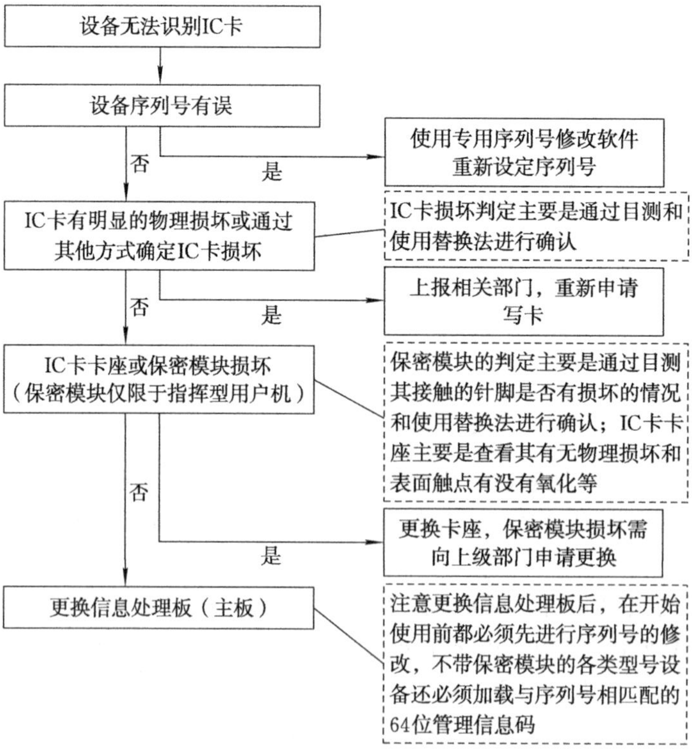

图 5.30 无法识别 IC 卡检测流程

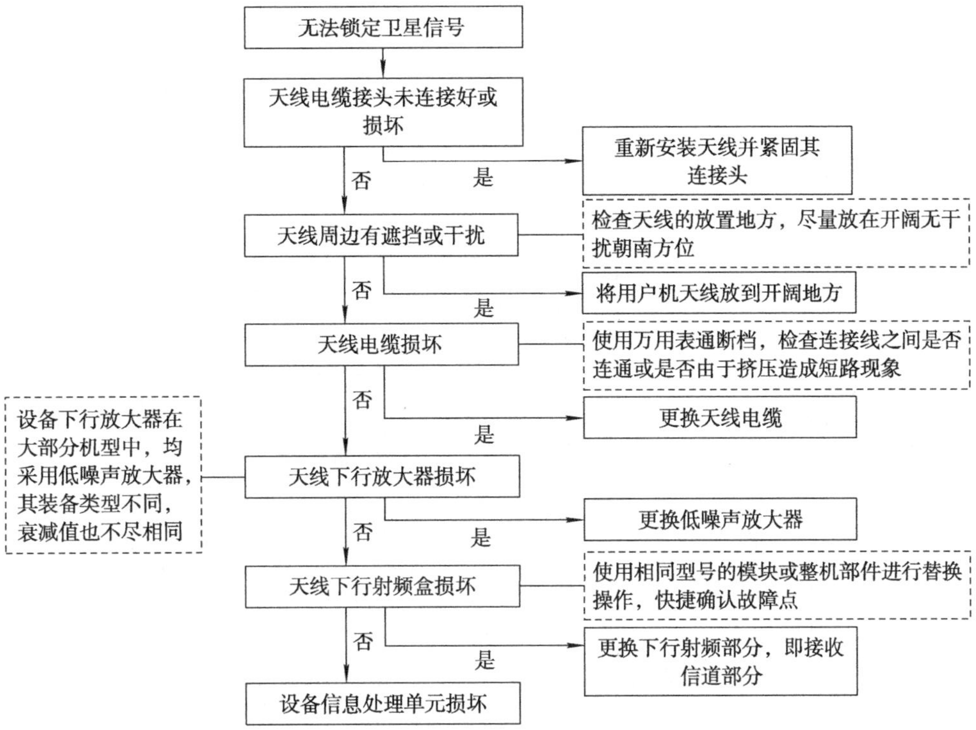

图5.31　无信号检测流程

(6)定位数据偏差大。打开指挥型接收机电源开关，设备加电正常，连接计算机测试软件调试或通过其他人机交互装置，读取设备参数、设备定位通信均正常，但是定位数据与已知点参考数据差异较大。出现该故障可根据图5.33所示流程进行检测维修。

(7)其他附件故障。根据装箱清单，部分配件损坏或故障时，直接更换即可。

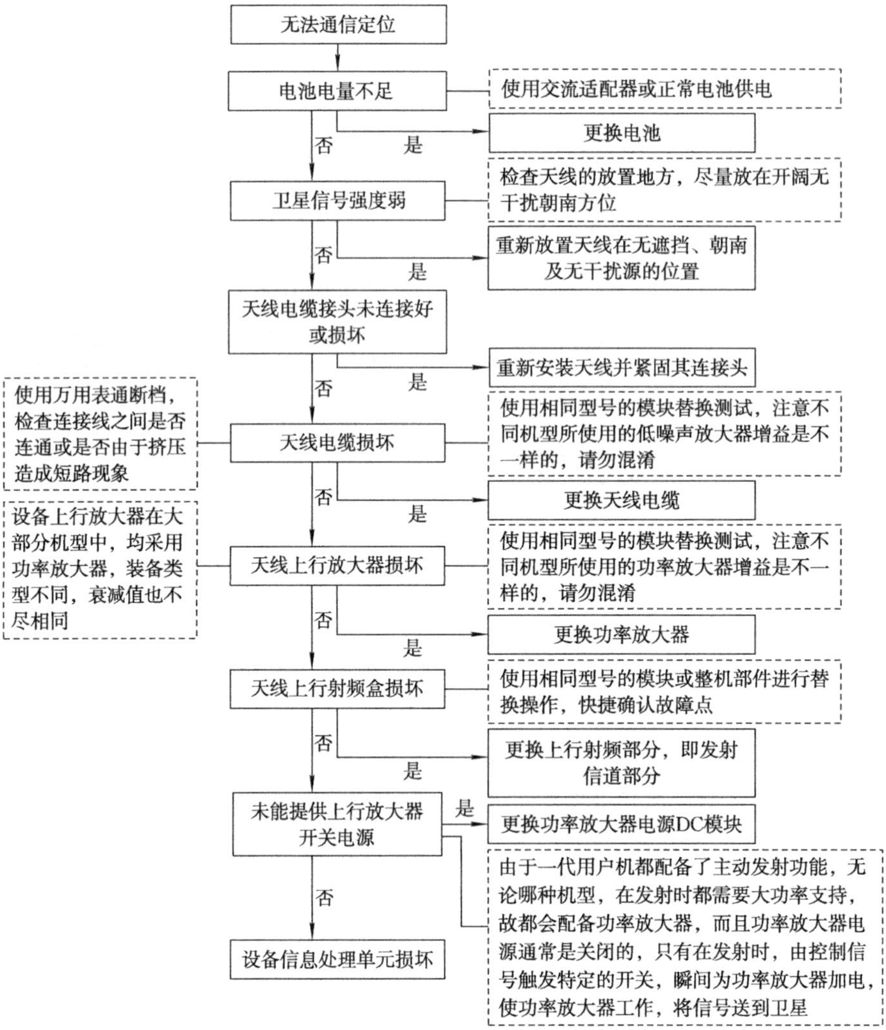

图 5.32 无法通信定位检测流程

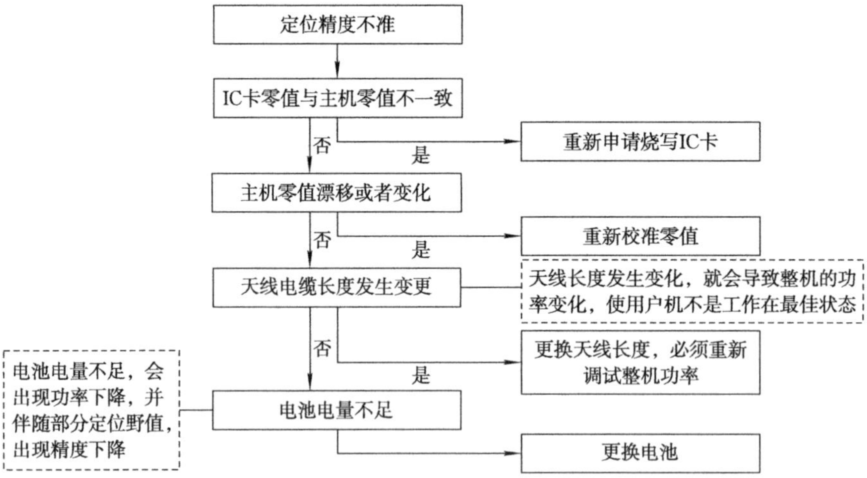

图 5.33 定位偏差大检测流程

第 6 章　检修实验

实验一　常用仪器仪表使用

一、实验目的

本实验通过常用仪器仪表的使用，使学生掌握万用表、示波器等仪器仪表的基本操作方法，掌握使用万用表测量直流电压、电阻、电路通断等的基本方法，掌握使用示波器测量信号的频率、振幅、脉冲宽度、上升时间等的方法。

二、实验器材

实验所需的主要器材如表 6.1 所示。

表 6.1　主要实验器材

器材名称	型号	数量	备注
数字万用表		1 台	
数字示波器		1 台	
信号发生器		1 台	
直流电源		1 台	

三、实验内容

1. 万用表使用

1) 电阻测量

将红表笔插入“Ω”插孔，黑表笔插入“COM”插孔；将功能量程选择旋钮置于“Ω”测量档，并将表笔并联到被测电阻 1 两端；从显示器上直接读取被测阻值，将结果填入表 6.2；交换表笔或改变表笔位置，对电阻 1 再测量两次，将结果填入表 6.2；对电阻 2 重复上述步骤。

表 6.2　电阻测量结果

项目	标称值	第一次测量	第二次测量	第三次测量	平均值
电阻 1					
电阻 2					

2) 直流电压测量

将红表笔插入“V”插孔，黑表笔插入“COM”插孔；将功能量程选择旋钮置于直流电压测量档，并将表笔并联到待测直流电源正负端子上；将直流电压设置为 6 V，打开直流电源开关，从显示器上直接读取被测电压值，将结果填入表 6.3。

表 6.3 直流电压测量结果

项目	测量结果
6 V	

3)电路通断测量

将红表笔插入“Ω”插孔,黑表笔插入“COM”插孔;将功能量程选择旋钮置于通断测量档,并将表笔并联到被测电路两端(如果蜂鸣器不响,认为电路断路;如果蜂鸣器连续声响,认为电路良好导通);从显示器上直接读取被测电路的近似阻值,单位为 Ω。

2. 示波器基本操作

连接信号发生器和示波器电源,按下电源开关(POWER),等待设备启动。设备启动后,设置信号发生器输出信号种类(方波)、幅度、占空比等参数,并按下输出按钮。

1)波形观测

将探头连接器连接到示波器通道 1(CH1)上,然后将探头连接到信号发生器输出端子上;按下“自动设置”按钮并观察记录波形;观察显示屏上下方显示的各种信息,填入表 6.4,并与信号发生器的设置参数进行比对。

表 6.4 方波信号基本信息

项目	频率	峰峰值	周期	水平方向 每格代表时间	垂直方向 每格代表电压
方波信号					

通过菜单使用系统的按钮选择上升沿和下降沿,观察波形和屏幕显示信息的变化;通过调节水平“位置”(POSITION)旋钮和“时间/格”(TIME/DIV)旋钮调整波形水平位置及缩放比例,使显示屏上显示至少 1 个完整周期的方波波峰,并且方波的上升沿与显示屏的垂直中轴对齐。

通过调节通道 1 垂直“位置”(POSITION)旋钮和“伏/格”(VOLTS/DIV)旋钮调整波形垂直位置及缩放比例,使显示屏上的方波在垂直方向占用三格左右,并且方波的波谷与显示屏的水平中轴对齐。

按下“通道 1 菜单”(CH1 MENU)激活通道 1 的垂直控制部分,通过菜单使用系统的按钮将通道 1 的耦合方式改为直流耦合(DC),再改为交流耦合(AC),观察波形和屏幕显示波形的变化。

选择“触发控制”(TRIGGER)功能按钮,调整“电平”(LEVEL)旋钮,观察不同触发电平(旋转旋钮时屏幕出现的水平虚线)下波形和屏幕显示波形的变化;当触发电平在方波波形垂直范围内和不在垂直范围内时,分别按下前面板的“单次触发”(SINGLE SEQ)按钮,拔下探头观察屏幕波形变化。

2)光标测量

依次按“恢复默认设置”(DEFAULT SETUP)按钮、“自动设置”(AUTO SET)按钮,在示波器前面板上方的功能按钮部分,按“光标”(CURSOR)按钮;通过菜单使用系统的按钮选择“类型”为时间,选定“信源”为 CH1;在垂直控制(VERTICAL)部分,旋转通道 1 “位置”(POSITION)旋钮,将光标 1 的位置改变到信号第一个上升沿 50%的位置,旋转通道 2 “位置”(POSITION)旋钮,将光标 2 的位置改变到信号第一个下降沿 50%的位置;通过屏幕显示“增量”(Delta)读出脉冲宽度的读数。按照此方法测量方波周期,并改变“类型”为电压,测量方波的幅度。

3)自动测量

依次按“恢复默认设置”(DEFAULT SETUP)按钮、按“自动设置”(AUTO SET)按钮，在示波器前面板上方的功能按钮部分，按“测量”(MEASURE)按钮；通过菜单使用系统的按钮选择通道 1(CH1)，选择“类型”为频率，测量信号的频率；继续利用菜单使用系统的按钮选择返回；重复上述步骤，分别自动测量周期(Period)、平均值(Mean)、峰峰值(Pk-Pk)、有效值(RMS)等参数。

4)用示波器调出并观测李萨如图形

在示波器设置中将工作方式改为 X-Y 模式；从示波器的两个通道输入两个频率相同的正弦波信号，调出并观测李萨如(Lissajous)图形；改变两个正弦波信号频率的比率，观测李萨如图形的变化，并结合示波器原理分析产生该现象的原因。

四、注意事项

1. 当测量在线电路通断时，在测量前必须先将被测电路内所有电源关断，并将所有电容器放尽残余电荷。

2. 电路通断测量时，开路电压约为 3 V。

3. 尽量避免输入直流 60 V 或交流 30 V 以上的电压，避免伤害人身安全。

4. 在完成所有的测量操作后，要断开表笔与被测电路的连接。

5. 用万用表表笔或探头接触被测点时，要点压不要按压，以免损坏探头或表笔。

6. 测量时不要超过万用表量程，以免损害人身安全或烧坏仪器。估计不准时，测量电流和电压应先从大量程开始逐渐减小，测量电阻时应从最小量程逐渐增加。

7. 示波器使用时，要尽量避免频繁开机、关机。

8. 示波器测量时，要正确接地。

五、思考题

1. 在万用表测量电阻的过程中，身体是否可以接触表笔金属笔尖，为什么？

2. 对比电压测量过程，在测量电流时，应当如何操作？

3. 示波器测量中，触发控制功能有何作用？

4. 对于突发信号，能否利用示波器进行捕捉观测？如果能，请描述具体操作过程。

实验二　基本焊接技术

一、实验目的

本实验通过通用贴装印制电路板(PCB)和调频调幅收音机的焊接，使学生理解电子电路的基本概念，了解手工焊接技术要点和操作技巧，掌握焊接工具的使用方法，识别不同种类的电子元器件封装形式。

二、实验器材

本实验主要器材如表 6.5 所示。

表 6.5 主要实验器材

器材名称	型号	数量	备注
数字万用表		1 台	
收音机套件		1 套	含 PCB 和配套电子元器件、电路图等
贴装 PCB		1 块	
恒温电烙铁		1 台	温度可调电烙铁(含焊锡丝、焊锡膏、海绵、镊子等)
剥线钳		1 把	
斜口钳		1 把	
电子元器件		若干	不同封装阻容

三、实验内容

1. 检查与准备

按照如表 6.5 所示内容,检查实验仪表、设备是否齐全,功能是否正常;用万用表检查所有电阻、电容、二极管等分立器件是否完好,并自动绘制表格记录测量结果。

2. 焊接与调试

准备好焊接工具及焊锡丝等材料,打开恒温电烙铁,按照要求调整到合适温度(350℃左右),将海绵用水浸湿。

1)通用贴装印制电路板焊接

如图 6.1 所示,其中所有器件均为贴片阻容,包括 0402、0603、0805、1206 四种常用封装,按要求对应焊接。具体操作步骤为:清理焊盘,将其中一个引脚镀上焊锡,焊接阻容,焊接另外一个引脚,修整焊点。

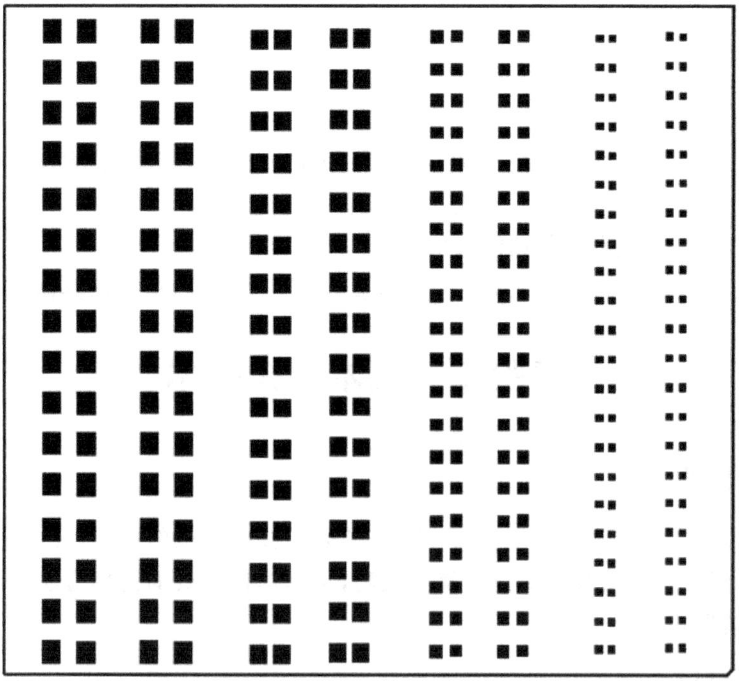

图 6.1 通用贴装印制电路板

2)收音机套件焊接

结合原理图和印制电路板图,按先焊小元器件、再焊大元器件、再焊集成块、最后焊机械部件的原则进行操作。所有器件均为直插式封装,元器件焊接步骤为去氧化层、元器件弯制、元器件插放和元器件焊接。

四、注意事项

1. 焊接

(1)焊接前,烙铁头要擦拭干净,而且在使用过程中,不得甩锡。

(2)元器件(含贴装和直插式封装)尽量贴着底板,型号一一对应,不得将元器件插错。

(3)通用贴装印制电路板中,元器件无外接电路,导热较快,焊接第二个引脚时间不宜过长,以免元器件松动而影响焊接质量。

(4)收音机集成芯片引脚排列比较密集,焊接时要用尖烙铁头快速焊接,如果一次焊接不成功,应等冷却后再进行下一次焊接,以免烫坏集成块。

(5)焊完后应反复目测或用万用表检测有无虚、假、错焊,有无拖锡短路造成故障,并剪掉插装器件过长的引脚。

2. 收音机调试

确保焊接天线后,按照说明书要求进行收音机调试,具体步骤如下:

(1)调幅(AM)波的调整。由于采用集成电路设计,因此调试很简单,只需将接收频率范围拉到中波段即可。

(2)调频(FM)波的调整。L1 和 L2 分别调整高频部分的覆盖(配合调 C3 顶端的微调)和振荡频率(配合调 C4 顶端的微调),调整时用无感起子拨动它们的松紧度。这里 L2 的调整非常重要,直接影响频率的覆盖范围。T1、T2、T3 在出厂前均已调在规定的频率上,调整时仅需要左右微调。

3. 电烙铁使用

1)焊接时的防护

由于助焊剂加热后挥发出的化学物质对人体有一定危害,如果操作时鼻子距离烙铁头太近,则很容易将有害气体吸入体内。一般烙铁头离开鼻子的距离应不小于 30 cm,通常以 40 cm 为宜。此外,不要随意甩动烙铁或触摸金属部分,以免烫伤。

2)电烙铁的选择

电烙铁经过长时间使用后,烙铁头会生成一层氧化物,这时容易出现烙铁头发黑不沾锡的情况,可以将电烙铁通电,等烙铁头微热时插入松香或助焊剂中,涂上焊锡即可继续使用(如氧化严重,可利用砂纸或锉刀修整烙铁头,然后再进行镀锡),新烙铁头也必须先上锡然后才能使用。

3)焊锡和助焊剂

选用低熔点的焊锡丝和没有腐蚀性的助焊剂,如松香;不宜采用工业焊锡和有腐蚀性的酸性焊油;最好采用含有助焊剂的焊锡丝,使用起来非常方便。

4)焊接方法

焊接前应观察各个焊点(铜皮)是否光洁、未氧化等,如果有杂物要用毛刷清理干净后再进行焊接。电子元器件在保存时,由于空气氧化的作用,引脚上附有一层氧化膜,同时还有其他污垢,焊接时可用助焊剂除去氧化膜,再进行焊接。经过上述处理后,元器件焊接牢固,不容易出现虚焊现象。

5)焊接后的检查

焊接结束后必须检查有无漏焊、虚焊以及焊锡流淌造成元器件短路的现象。虚焊较难发现,可用镊子夹住引脚轻轻拉动,如发现摇动应立即补焊。

五、思考题

1. 判断焊接质量的标准有哪些?
2. 焊接时有哪些要注意的问题?
3. 简述五步焊接法。

实验三　电路判读与仿真

一、实验目的

本实验通过对经典波形发生器电路的仿真,使学生理解电路工作的基本原理,熟悉常用电子元器件及其作用,掌握典型电路仿真软件的基本操作,了解虚拟仪器的使用方法,能够对简单电路进行功能分析。

二、实验器材

本实验主要器材如表 6.6 所示。

表 6.6　主要实验器材

器材名称	型号	数量	备注
计算机		1 台	安装 Protel DXP、Multisim(或 EWB)等软件

三、实验内容

1. NE555

NE555 为 8 引脚时基集成电路,各引脚主要功能为:①地;②触发;③输出;④复位;⑤控制电压;⑥门限;⑦放电;⑧电源电压。仿真实验前,认真阅读芯片手册,了解其基本特性及引脚功能,理解电路基本工作原理(图 6.2)。

接通电源后,LED 灯作为电源指示将被点亮,同时电容器 C2 被充电,当电容器 C2 上端电压 VC 升到 2(VCC-6V)/3 时,NE555 引脚③输出电压 V_o 为低电平。随后,NE555 内部放电三极管 T 导通,此时电容器 C2 通过 R2、R1 放电,VC 下降。当 VC 下降到(VCC-6V)/3 时,V_o 翻转为高电平。电容器 C2 放电所需的时间为

$$TPL = (R_2 + R_1) \times C_2 \times \ln 2 \qquad (6.1)$$

当放电结束时,T 截止,电源通过 R1、R2、R4 向电容器 C2 充电,VC 由(VCC-6V)/3 上升到 2(VCC-6V)/3 所需的时间为

$$TPH = (R_1 + R_2 + R_4) \times C_2 \times \ln 2 \qquad (6.2)$$

当 VC 上升到 2(VCC-6V)/3 时，电路又翻转为低电平。

如此周而复始，在电路的输出端就得到一个周期性的矩形波，其振荡频率为

$$f = \frac{1}{TPL + TPH} \tag{6.3}$$

通过式(6.1)和式(6.2)可以看出，在其他电阻不变的情况下，改变 R_4 的大小可以产生不同占空比的矩形波。当 $R_1 + R_2$ 远远大于 R_4 时，波形近似为方波。同样，改变电阻和电容的值，也可以产生不同频率的波形。

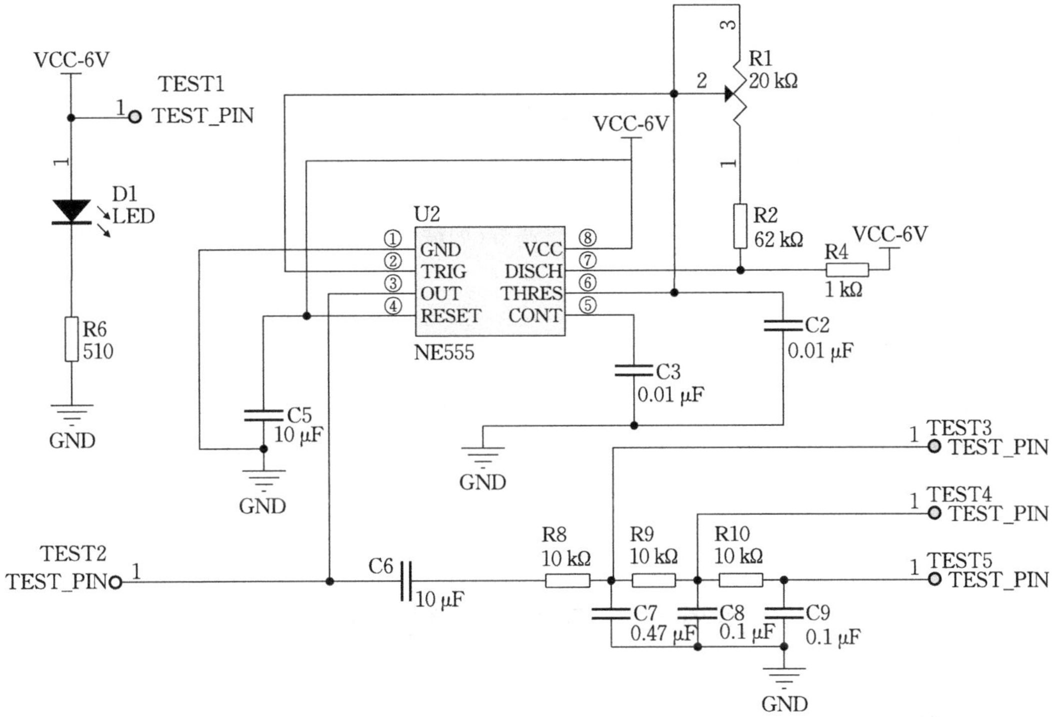

图 6.2　NE555 函数发生器原理

2. 电路仿真

(1)打开 Multisim(或 EWB)软件。

(2)从器件菜单中选择相应虚拟器件，拖拽到工作区，并按照电路原理图进行走线连接。

(3)从仪器仪表菜单中添加虚拟示波器、电源、万用表等(尽量选用与品牌对应的仪器仪表，其操作与实际仪器仪表完全相同)，并连接测试点。

(4)设置器件、电源等参数，检查电路连接无误后，打开虚拟开关。

(5)双击示波器、万用表，按照实际仪器仪表操作，对测试点信号进行观测、测量，并将测量结果填入表 6.7 中。

表 6.7　仿真测试记录表

<table>
<tr><th>项目</th><th>设置值</th><th colspan="3">测量值</th></tr>
<tr><td>TEST1</td><td></td><td colspan="3"></td></tr>
<tr><td rowspan="2">TEST2</td><td rowspan="2"></td><td>峰峰值</td><td>高电平时间</td><td>低电平时间</td></tr>
<tr><td></td><td></td><td></td></tr>
</table>

续表

项目	设置值	测量值	
TEST3		峰峰值	频率
TEST4		峰峰值	频率
TEST5		峰峰值	频率

四、注意事项

1. 原理图中器件引脚编号要与印制电路板中一一对应，但可以自由排列。
2. 画仿真图时，走线尽量不要交叉，以方便检查。
3. 地线一定要连接。
4. 测量波形时，对 X、Y 轴刻度进行适当调节(如波形尽量占满整个纵轴)，通过测量多个周期获得信号频率，进而减小测量误差。

五、思考题

1. TEST2、TEST3、TEST4 和 TEST5 四个测试点信号的幅度与频率是否相同，为什么？
2. 改变电位器的接入阻值时，输出波形会发生什么变化？
3. R8、R9、R10 和 C7、C8、C9 后端的阻容在电路中起什么作用？

实验四 接收机模块识别

一、实验目的

本实验通过拆装接收机及测量各个模块，使学生熟悉接收机的工作原理和硬件组成，掌握接收机整体和各部件的拆分、组装，掌握各个模块的连接关系及接口测试方法，并能够结合接收机的工作原理识别其工作电路。

二、实验器材

本实验主要器材如表 6.8 所示。

表 6.8 主要实验器材

器材名称	型号	数量	备注
数字万用表		1 台	
手持型接收机		1 台	
车载型接收机		1 台	
工具		1 套	螺丝刀、扳手等

三、实验内容

1. 整机拆分及各部件识别

接收机主要由主机、天线、显示控制器(车载型手柄)、电池组件四部分组成。

将整机拆分成各个部件,识别各部件并将各部件之间的连接(装配)关系按照给定格式记录到表 6.9 中。

表 6.9　设备整机组成及互联关系表

<table>
<tr><th>部件名称</th><th>接口名称</th><th>引脚</th><th>连接情况</th><th>备注</th></tr>
<tr><td rowspan="4">主机</td><td rowspan="3">后面板××端口</td><td>××</td><td>接××部件××端口××引脚</td><td rowspan="5"></td></tr>
<tr><td></td><td></td></tr>
<tr><td></td><td></td></tr>
<tr><td></td><td></td><td></td></tr>
<tr><td></td><td></td><td></td><td></td></tr>
</table>

2. 天线的拆分、模块识别及组装

(1)天线的拆分及模块识别。用螺丝刀卸下天线底部的紧固螺钉,打开天线,识别并拆下低噪声放大器、功率放大器等,记录天线各模块的互连关系,并按照给定格式记录到表 6.10 中。

(2)组装。安装功率放大器、低噪声放大器,合上天线,装上紧固螺钉。

表 6.10　天线模块组成及互连关系表

<table>
<tr><th>模块名称</th><th>接口名称/标号</th><th>引脚</th><th>连接情况</th><th>备注</th></tr>
<tr><td rowspan="4">低噪声放大器</td><td rowspan="2">××端口</td><td>××</td><td>接××模块××端口××引脚</td><td rowspan="4"></td></tr>
<tr><td></td><td></td></tr>
<tr><td rowspan="2"></td><td></td><td></td></tr>
<tr><td></td><td></td></tr>
<tr><td rowspan="2"></td><td></td><td></td><td></td><td rowspan="2"></td></tr>
<tr><td></td><td></td><td></td></tr>
</table>

3. 主机的拆分、元器件识别及组装

(1)主机的拆分及元器件识别。卸下固定主机的螺钉,打开主机,识别并卸下保密模块、主板及中频模块,结合接收机的工作原理识别主板上各元器件,并画出接收机工作原理框图,用万用表测试主板各接口引脚,并记录主机内各模块间的电气连接关系,画出连接示意图,并将结果记入表 6.11 中。

表 6.11　主机组成及互联关系表

<table>
<tr><th>模块名称</th><th>接口名称/标号</th><th>引脚</th><th>连接情况</th><th>备注</th></tr>
<tr><td rowspan="4">电源模块</td><td rowspan="2">5 V 电源端</td><td>××</td><td>接××模块××端口××引脚</td><td rowspan="4"></td></tr>
<tr><td></td><td></td></tr>
<tr><td rowspan="2"></td><td></td><td></td></tr>
<tr><td></td><td></td></tr>
<tr><td rowspan="2"></td><td></td><td></td><td></td><td rowspan="2"></td></tr>
<tr><td></td><td></td><td></td></tr>
</table>

(2)组装。安装中频模块、主板及保密模块,装上固定主机的螺钉并紧固。

4. 手柄的拆分、元器件识别与组装

(1)手柄的拆分及元器件识别。卸下手柄紧固螺钉,识别并卸下按钮接口和显示屏接口,识别电路板上电子元器件,了解手柄工作原理,找出接口的供电端和接地端,测试并记录手柄内各模块间的电气连接关系,并将结果记入表6.12中。

表6.12 手柄组成及互联关系表

<table>
<tr><th>模块名称</th><th>接口名称/标号</th><th>引脚</th><th>连接情况</th><th>备注</th></tr>
<tr><td rowspan="4">手柄主板</td><td rowspan="2">×××</td><td>××</td><td>接××电路板××端口××引脚</td><td rowspan="4"></td></tr>
<tr><td></td><td></td></tr>
<tr><td rowspan="2"></td><td></td><td></td></tr>
<tr><td></td><td></td></tr>
<tr><td rowspan="2"></td><td></td><td></td><td></td><td rowspan="2"></td></tr>
<tr><td></td><td></td><td></td></tr>
</table>

(2)组装。装上按钮接口和显示屏接口,装上手柄紧固螺钉并紧固。

5. 整机的组装

将接收机各部件(主机、天线、显示控制器、电池组件)组装完毕。

四、注意事项

1. 上述各步骤未明确区分手持型和车载型接收机,在实验过程中根据实际情况拆解各个模块。
2. 接收机中的各种连接线较多,部分硬连接较脆弱,拆解时需注意。
3. 注意收好紧固螺钉,做好装配记录。
4. 上述测量均在无电情况下操作,操作前注意切断电源(电池)。

五、思考题

1. 试总结车载型和手持型接收机的异同点。
2. 不考虑频点问题,功率放大器是否可以用低噪声放大器代替,为什么?
3. 常用的射频连接器和同轴电缆都有哪些(查阅资料)?

实验五 接收机制作与检修

一、实验目的

本实验为综合性实验,通过对接收机焊接调试,使学生掌握高密度电路板的焊接方法,理解系统设计与实现的基本概念,掌握接收机检修的基本方法,培养学生的电路图识读、检修仪器操作等基础能力。

二、实验器材

本实验主要器材如表6.13所示。

表 6.13　主要实验器材

器材名称	型号	数量	备注
计算机		1 台	安装 Protel DXP、Microsoft Office 等软件
数字万用表		1 台	
数字示波器		1 台	
接收机套件		1 套	含 PCB、器件等，主要基于 UC221、CP2105 等器件设计
热风拔焊台		1 台	
恒温电烙铁		1 台	温度可调电烙铁（含焊锡丝、焊锡膏、海绵、镊子等）

三、实验内容

1. 实验准备

打开 Protel DXP 软件，按照要求打开相应工程，其中包含如图 6.3 所示的接收机电路板电路图、原理图、器件清单等文件。结合上述文件和主要器件手册（课前自行查找），了解主要器件功能指标，熟悉接收机设计原理，确定器件封装和焊接位置。

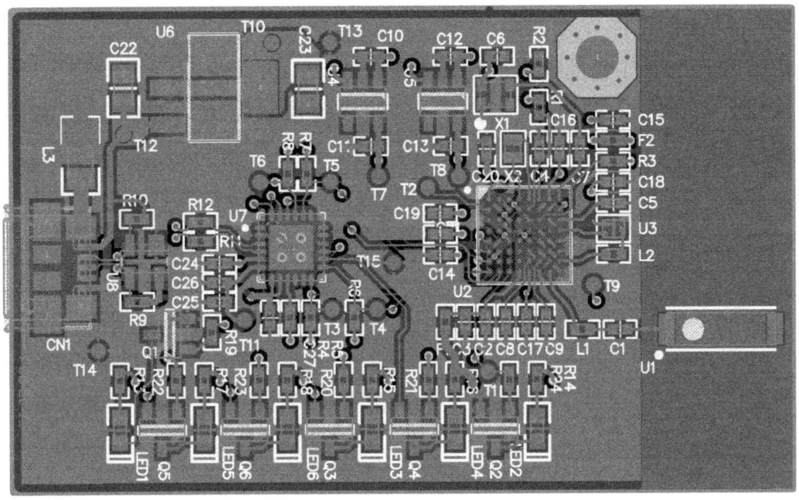

图 6.3　接收机电路板

2. 电路焊接

（1）球阵列封装（BGA）器件焊接。电路中 UC221 和 TA0757A 为球阵列封装，需要使用热风拔焊台，具体操作请认真参考课上示范。

（2）其他器件焊接。按照实验二方法焊接。

3. 电路调试

（1）加电前测试。加电前，需要利用万用表对电源和地进行短路测试，包括电源输入、低压差线性稳压器（LDO）输出、滤波电容等位置，须认真排查，直至无短路情况出现为止。

（2）加电测试。上电后，电源指示灯亮起，利用万用表测量电源转换芯片输出电压是否正常，然后利用示波器测量 X1 和 X2 两个芯片的输出信号频率。

（3）软件测试。打开测试软件 uSTAR，选择相应串口，设置波特率为 9 600，打开并接收数据，参考 NMEA 0183 协议，读取数据信息。

（4）上述环节如果出现问题，按电路原理图逐级查找原因。

四、注意事项

1．部分器件引脚连接有大面积覆铜，散热较快，焊接时需将电烙铁温度适当调高，否则容易虚焊。

2．使用热风拔焊台焊接时，在加热过程中器件不能挪动。

3．Micro USB 底座侧面一定要焊接，否则容易损坏，掌握好焊锡量，过多会造成 USB 线缆无法连接。

4．发光二极管(LED)有正负极之分，焊接时注意方向。

5．加电测试时注意计算机左下角位置和电路板发热情况，如果左下角出现“电涌”警告或发现电路板过热，请及时断开 USB 供电。

6．软件测试时，如果断电，需要先关闭软件，否则会造成软件死机。

7．测试过程中，电路板需要置于室外开阔地带，避免信号遮挡影响接收。

五、思考题

1．总结球阵列封装器件焊接要点。

2．依据信号流向，画出本接收机的组成框图。

3．本接收机外部采用无源天线，增益较小，如果要换成有源天线(5 V 供电)以提高接收灵敏度，如何改造电路？

参考文献

边少锋,李文魁,2005. 卫星导航系统概述[M]. 北京:电子工业出版社.

古良玲,金晓莉,等,2014. 电路仿真与电路板设计项目化教程[M]. 北京:机械工业出版社.

郝金明,吕志伟,2015. 卫星定位理论与方法[M]. 北京:解放军出版社.

李瀚荪,2009. 电路分析基础[M]. 北京:高等教育出版社.

冉承其,2019. 北斗卫星导航系统建设与发展[J]. 卫星应用(7):8-11.

谢钢,2009. GPS原理与接收机设计[M]. 北京:电子工业出版社.

赵琳,丁建成,马雪飞,2011. 卫星导航原理及应用[M]. 西安:西北工业大学出版社.

赵明富,石新峰,2014. 电路仿真设计与制作[M]. 北京:清华大学出版社.

BORRE K, AKOS D M, BERTELSEN N, 2009. 软件定义的GPS和伽利略接收机[M]. 杨东凯,张飞舟,张波,译. 北京:国防工业出版社.

KAPLAN E D, HEGARTY C J, 2012. GPS原理与应用[M]. 寇艳红,译. 2版. 北京:电子工业出版社.

MISRA P, ENGE P, 2008. 全球定位系统:信号、测量与性能[M]. 罗鸣,曹冲,肖雄兵,译. 北京:电子工业出版社.

SCHERZ P, MONK S, 2009. 实用电子元器件与电路基础[M]. 夏建生,王仲奕,刘晓晖,等,译. 2版. 北京:电子工业出版社.

北斗卫星导航应用管理学院（筹）支持本书出版